普通高等教育基础课系列教材

微 积 分

下 册

主 编 王 娜 杨淑辉 罗敏娜
参 编 吴志丹 卢立才 吴 优 刘 智

机械工业出版社

本套书是编者根据20年的教学经验凝练而成的. 内容的深度和广度符合《经济管理类本科数学基础课程教学基本要求》. 本套书分上、下两册, 本书是下册, 内容包括: 定积分及其应用、无穷级数、多元函数微积分学、微分方程及其应用以及差分方程及其应用等. 每节配有相应的练习题, 每章配有总复习题和自测题及答案, 习题难度逐级提升, 编者也筛选了相应的考研真题.

本书结构严谨, 逻辑清晰, 注重应用, 文字流畅, 例题丰富. 扫描书中的二维码可观看重点例题讲解、习题详解等数字教学资源. 本书适合高等院校经济管理类各专业教学使用, 可作为自学考试、硕士研究生入学考试的参考用书.

图书在版编目（CIP）数据

微积分. 下册/王娜, 杨淑辉, 罗敏娜主编.
北京: 机械工业出版社, 2025. 2. -- （普通高等教育基础课系列教材）. -- ISBN 978-7-111-77778-6
I. O172
中国国家版本馆CIP数据核字第2025E4K708号

机械工业出版社（北京市百万庄大街22号　邮政编码100037）
策划编辑: 汤 嘉　　　　责任编辑: 汤 嘉　张金奎
责任校对: 张爱妮　李 婷　　封面设计: 张 静
责任印制: 常天培
固安县铭成印刷有限公司印刷
2025年2月第1版第1次印刷
184mm×260mm · 13.75印张 · 349千字
标准书号: ISBN 978-7-111-77778-6
定价: 45.00元

电话服务　　　　　　　　　　网络服务
客服电话: 010-88361066　　　机 工 官 网: www.cmpbook.com
　　　　　010-88379833　　　机 工 官 博: weibo.com/cmp1952
　　　　　010-68326294　　　金 书 网: www.golden-book.com
封底无防伪标均为盗版　　　　机工教育服务网: www.cmpedu.com

前 言

本套书参照教育部最新颁布的研究生入学数学考试的考试大纲编写，内容的深度和广度符合《经济管理类本科数学基础课程教学基本要求》，适合高等院校经济管理类各专业教学使用.

编写团队在多年教学实践的基础之上，精心编撰了本套书，本套书被推荐为沈阳师范大学"十四五"规划教材，这也是团队优秀教学成果的集中体现.

本套书分为上、下两册，从介绍微积分的研究对象——函数、逻辑基础——极限开始，接下来介绍一元函数微分学及其应用，一元函数积分学及其应用，进而推广到多元函数微积分，其中也介绍了无穷级数、微分方程和差分方程.

本书在编写过程中尽量体现以下特点：

1. 在保持数学学科本身的科学性和系统性的同时，体现应用性，尽量采用生活实例和经济案例来引入基本概念，内容层次分明，体现教学重点和难点.

2. 在教学内容上，进行了必要的调整，适当淡化运算上的一些技巧，降低了一些理论要求，删除了一些不必要的论证过程，突出了理论的应用，强化理论与实际的结合.

3. 根据每章教学内容，设计了 MATLAB 数学实验，增强学生的建模和解决问题的能力，提升实践创新能力.

4. 配有章末阅读资料，从历史的角度揭示数学概念和方法的演变过程，帮助学生理解数学的内在逻辑和发展规律，培养学生的科学思维和创新能力。

5. 习题类型丰富，层次递进. 每节同步习题为基础题目，是对学生的基本要求. 章末总复习题难度加大，知识点综合运用. 自测题可供学生进行全章内容的复习与检验.

6. 为立体化教材，扫描书中的二维码可观看例题精讲、习题详解、教学案例等丰富的线上学习资源.

特别声明：本套书的编写参考了众多的国内外教材. 尤其是在绪论及每章的阅读材料部分，引用了山东教育出版社出版的《数学史辞典新编》的部分内容. 此部分引用已经征得主编杜瑞芝教授的同意，在此感谢辞典编委会的其他参编学者.

机械工业出版社的领导和编辑对本书的编审和出版给予了热情的支持和帮助，在此表示致谢！

尽管我们在编写过程中精益求精，但由于水平有限，书中仍难免有不足之处，恳请广大读者不吝赐教.

编 者
2024 年 7 月

目　　录

前言
第6章　定积分及其应用 …………………… 1
6.1　定积分的概念及性质 ………………… 2
6.2　微积分基本定理 ……………………… 10
6.3　定积分的换元积分法与分部积分法 …… 16
6.4　反常积分 ……………………………… 22
6.5　定积分在几何上的应用 ……………… 26
6.6　定积分在经济上的应用 ……………… 32
6.7　MATLAB 数学实验 …………………… 37
6.8　阅读材料 ……………………………… 37
总复习题 …………………………………… 40
自测题 ……………………………………… 43

第7章　无穷级数 …………………………… 45
7.1　常数项级数的概念和性质 …………… 46
7.2　正项级数的审敛法 …………………… 53
7.3　任意项级数 …………………………… 63
7.4　幂级数 ………………………………… 68
7.5　函数展开成幂级数 …………………… 77
7.6　傅里叶级数 …………………………… 84
7.7　MATLAB 数学实验 …………………… 92
7.8　阅读材料 ……………………………… 95
总复习题 …………………………………… 98
自测题 ……………………………………… 99

第8章　多元函数微积分学 ………………… 101
8.1　多元函数的基本概念 ………………… 102
8.2　偏导数 ………………………………… 108
8.3　多元复合函数的求导法则 …………… 113
8.4　隐函数的导数 ………………………… 118
8.5　全微分 ………………………………… 121

8.6　二元函数的极值与最值 ……………… 127
8.7　二重积分的概念与性质 ……………… 134
8.8　二重积分的计算 ……………………… 140
8.9　MATLAB 数学实验 …………………… 147
8.10　阅读材料 …………………………… 149
总复习题 …………………………………… 150
自测题 ……………………………………… 152

第9章　微分方程及其应用 ………………… 154
9.1　微分方程的基本概念 ………………… 155
9.2　一阶微分方程的解法 ………………… 157
9.3　可降阶的高阶微分方程 ……………… 165
9.4　二阶线性微分方程 …………………… 168
9.5　微分方程的简单应用 ………………… 177
9.6　MATLAB 数学实验 …………………… 180
9.7　阅读材料 ……………………………… 181
总复习题 …………………………………… 187
自测题 ……………………………………… 188

第10章　差分方程及其应用 ………………… 190
10.1　差分方程的基本概念 ………………… 191
10.2　线性差分方程解的性质与结构 ……… 193
10.3　一阶线性常系数差分方程 …………… 194
10.4　差分方程在经济学中的应用 ………… 197
10.5　阅读材料 …………………………… 199
总复习题 …………………………………… 200
自测题 ……………………………………… 200

参考答案 …………………………………… 202
参考文献 …………………………………… 216

第 6 章
定积分及其应用

【学习目标】

1. 了解定积分的概念和基本性质.
2. 了解定积分中值定理,理解积分上限函数并会求它的导数.
3. 掌握牛顿-莱布尼茨公式.
4. 掌握定积分的换元积分法和分部积分法.
5. 会利用定积分计算平面图形的面积、旋转体的体积和函数的平均值.
6. 会利用定积分计算旋转体的体积和函数的平均值.
7. 会利用定积分求解简单的经济应用问题.

在第 5 章研究了求导问题的逆问题,即不定积分问题. 本章将研究微小量的无限累加问题,即定积分问题. 首先介绍定积分的概念和性质,接下来的微积分基本定理是本章的重要内容,该定理建立了定积分与原函数之间的关系,使得第 5 章的知识在第 6 章当中得到进一步的运用,之后探讨如何计算定积分及反常积分,最后学以致用,研究定积分在几何和经济中的应用.

本章知识结构图

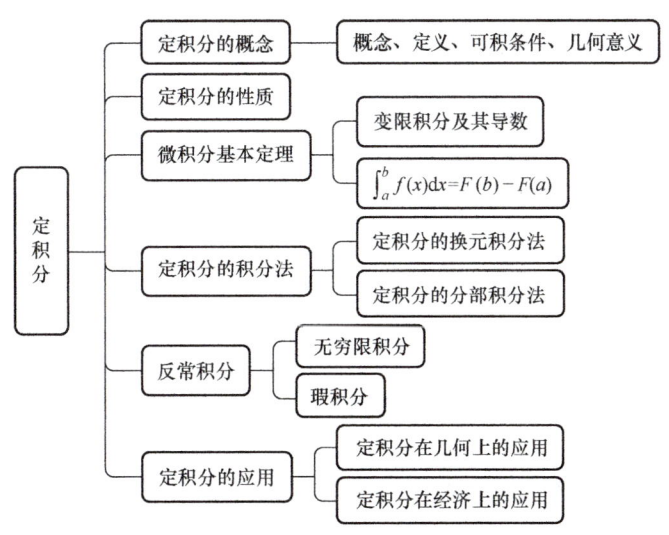

6.1 定积分的概念及性质

本节首先由几何问题与经济问题的实例引出定积分的概念,然后探讨定积分的性质.

6.1.1 定积分的概念

1. 引例

我们由初等数学可以计算多边形、圆形和扇形等规则图形的面积,但对于计算不规则图形的面积却无能为力. 由于生产、生活的需要,人们对不规则图形的面积一直抱有浓厚的兴趣. 尤其是到了 17 世纪——文艺复兴时期,随着天文学的发展,天文学家开始对行星矢径扫过的面积等问题进行深入研究. 正是对这些问题的深入研究,加快了积分学的诞生.

下面介绍德国数学家黎曼求曲边梯形面积的思想方法.

例 6.1.1 曲边梯形的面积

设 $y=f(x)$ 在闭区间 $[a,b]$ 上连续,且 $f(x) \geqslant 0$,则由曲线 $y=f(x)$,直线 $x=a$ 与 $x=b$,x 轴所围成的图形称为**曲边梯形**(见图 6.1). 其中曲线弧称为**曲边**.

分析:

(1) 若函数 $f(x) \equiv c$(常数),则该曲边梯形实际上是个矩形,面积 $A = (b-a)c$.

(2) 若函数 $f(x)$ 是区间 $[a,b]$ 上的连续函数,则曲边梯形对于底边上各点处的高 $f(x)$ 在一段极小区间上的变化很小. 因此,将区间 $[a,b]$ 划分为许多小区间,相应的将大曲边梯形划分为许多小曲边梯形. 在每个小区间上取某一点处的高来近似代替同一小区间上各点处小曲边梯形的高. 于是将每个小曲边梯形近似看成窄矩形. 把所有窄矩形面积之和近似看作曲边梯形的面积. 当把区间 $[a,b]$ 无限划分,以至于任意一个小区间的长度都趋于零,此时所有窄矩形面积的极限就是曲边梯形的面积(见图 6.2).

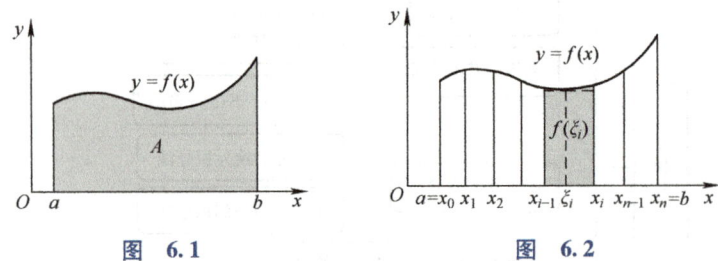

图 6.1　　　　　图 6.2

上述方法可分为四步,不妨称其为**四步法**,其具体步骤如下:

(1) 分割

在区间 $[a,b]$ 内任意插入 $n-1$ 个分点:

$$a = x_0 < x_1 < x_2 < \cdots < x_{i-1} < x_i < \cdots < x_n = b,$$

将区间 $[a,b]$ 划分成 n 个小区间
$$[x_0,x_1],[x_1,x_2],\cdots,[x_{n-1},x_n],$$
长度依次为
$$\Delta x_1 = x_1 - x_0, \Delta x_2 = x_2 - x_1, \cdots, \Delta x_n = x_n - x_{n-1},$$
经过每个分点做平行于 y 轴的直线段，将曲边梯形分成 n 个小曲边梯形.

(2) 近似代替

在每个小区间 $[x_{i-1},x_i]$ 上任取一点 ξ_i，$x_{i-1} \leqslant \xi_i \leqslant x_i$. 以 $[x_{i-1},x_i]$ 为底，$f(\xi_i)$ 为高的小矩形面积 $f(\xi_i)\Delta x_i$，近似代替小曲边梯形的面积 ΔA_i，即 $\Delta A_i \approx f(\xi_i)\Delta x_i$，$i = 1, 2, \cdots, n$.

(3) 求和

n 个小矩形的面积和是原曲边梯形面积的一个近似值，即有
$$A = \sum_{i=1}^{n} \Delta A_i \approx \sum_{i=1}^{n} f(\xi_i)\Delta x_i.$$

(4) 取极限

为了保证每个小区间的长度都无限小，我们记 $\lambda = \max\{\Delta x_1, \Delta x_2, \cdots, \Delta x_n\}$. 要求当 $n \to \infty$ 时，$\lambda \to 0$. 此时曲边梯形的面积
$$A = \lim_{\lambda \to 0} \sum_{i=1}^{n} f(\xi_i)\Delta x_i.$$

例 6.1.2 收益问题

设某商品的价格 P 是销售量 x 的函数 $P = P(x)$，设 x 为连续变量. 求当销售量从 a 变动到 b 时的收益 R 为多少？

实际上，商品的价格不是一成不变的，而是随销售量 x 的变动而变动的，但是当销售量变化不大时，其价格的变化也不大，我们也可以用上述的四步法来解决这个问题，其具体步骤如下：

(1) 分割

在区间 $[a,b]$ 内任意插入 $n-1$ 个分点：
$$a = x_0 < x_1 < x_2 < \cdots < x_{i-1} < x_i < \cdots < x_n = b,$$
将区间 $[a,b]$ 分成 n 个小区间，每个小区间上的销售量为
$$\Delta x_i = x_i - x_{i-1}, i = 1, 2, \cdots, n.$$

(2) 近似代替

在每个小区间 $[x_{i-1},x_i]$ 上任取一点 ξ_i，$x_{i-1} \leqslant \xi_i \leqslant x_i$，把 $P(\xi_i)$ 作为该段的近似价格，则收益近似为 $\Delta R_i = P(\xi_i)\Delta x_i$，$i = 1, 2, \cdots, n$.

(3) 求和

n 段销售量所对应的收益的和，是销售量从 a 变动到 b 时的收益 R 的近似值，即
$$R = \sum_{i=1}^{n} \Delta R_i \approx \sum_{i=1}^{n} P(\xi_i)\Delta x_i.$$

(4) 取极限

记 $\lambda = \max\{\Delta x_1, \Delta x_2, \cdots, \Delta x_n\}$. 要求当 $n \to \infty$ 时，$\lambda \to 0$. 此时销售量从 a 变动到 b 时的收益为

$$R = \lim_{\lambda \to 0} \sum_{i=1}^{n} P(\xi_i) \Delta x_i.$$

四步法除了适用于求曲边梯形的面积和经济学上的收益问题,还可以解决许多其他问题,如求变速直线运动的路程,求函数的均值等.

抛开这些问题的实际意义,我们抓住它们在数量关系上的共同本质:

1. 解决问题的方法步骤相同——分割、近似代替、求和、取极限;
2. 所求量极限结构式相同——特殊乘积和式的极限.

由此引出下述定积分的定义.

2. 定积分的定义

定义 6.1.1 设函数 $f(x)$ 在闭区间 $[a,b]$ 上有界,在 $[a,b]$ 内任意插入 $n-1$ 个分点

$$a = x_0 < x_1 < x_2 < \cdots < x_{i-1} < x_i < \cdots < x_n = b,$$

把 $[a,b]$ 分成 n 个小区间 $[x_{i-1}, x_i]$, $i = 1, 2, \cdots, n$, 在每个小区间 $[x_{i-1}, x_i]$ 上任取一点 ξ_i, $x_{i-1} \leq \xi_i \leq x_i$, 记 $\lambda = \max\{\Delta x_1, \Delta x_2, \cdots, \Delta x_n\}$, 若存在一个数 I, 使得不论如何划分区间 $[a,b]$, 不论 ξ_i 如何选取,都有

$$\lim_{\lambda \to 0} \sum_{i=1}^{n} f(\xi_i) \Delta x_i = I$$

存在,则称 $f(x)$ 在 $[a,b]$ 上是**可积的**,而 I 称为 $f(x)$ 在区间 $[a,b]$ 上的**定积分**,将 I 记作 $\int_a^b f(x) \, dx$, 即

$$\int_a^b f(x) \, dx = \lim_{\lambda \to 0} \sum_{i=1}^{n} f(\xi_i) \Delta x_i, \tag{6.1.1}$$

其中符号 $\int_a^b f(x) \, dx$ 读作"从 a 到 b, $f(x)$ 对于 x 的积分". 其中各个组成部分名称如下: $\int$ 称为积分号, a 是积分下限, b 是积分上限, $f(x)$ 称为**被积函数**, $f(x) \, dx$ 称为**被积表达式**, x 是**积分变量**.

注 (1) 定积分 $\int_a^b f(x) \, dx$ 表示一个数值,只与被积函数 $f(x)$ 和积分区间 $[a,b]$ 有关,而与积分变量用什么字母表示无关. 如

$$\int_a^b f(x) \, dx = \int_a^b f(t) \, dt = \int_a^b f(u) \, du.$$

(2) 定义中区间 $[a,b]$ 的划分方法和 ξ_i 的取法是任意的.

定积分 $\int_a^b f(x) \, dx$ 的这种符号表示是德国数学家莱布尼茨首创的. 他把极限形式下的希腊字母"$\sum$"换成了拉长的罗马字母"S"(Sum 的首字母),这样 $\int_a^b f(x) \, dx$ 体现了定积分等于"和"这一意义. 在极限过程中 ξ_i 挤在一起,我们可以认为 ξ_i 是 a 到 b 之间的一个连续取样, x 是 a 到 b 之间的任意一点. 而 Δx 在微分中可以记作 dx. 如此看来,莱布尼茨将定积分记作

$\int_a^b f(x)\,\mathrm{d}x$ 绝对是恰如其分的.

微积分自诞生以来，一直因其逻辑基础的不严密而备受诟病，甚至由此引发了第二次数学危机. 在分析严格化的进程当中，柯西尝试对微积分的基本概念进行定义，用四步法给出了定积分的定义，不过柯西将 ξ_i 固定取在每个小区间的左端点 x_{i-1} 上. 德国数学家黎曼推广了柯西的定义方法，将 ξ_i 取为区间内任意一点处，并进一步给出了定积分的现代化定义. 为了纪念黎曼，把积分和 $\sum_{i=1}^{n} f(\xi_i)\Delta x_i$ 称为**黎曼和**，把这种形式的积分称为**黎曼积分**.

3. 函数 $f(x)$ 在闭区间 $[a,b]$ 上可积的条件

定积分的定义要求函数 $f(x)$ 在闭区间 $[a,b]$ 上有界，只要积分和的极限存在，则定积分就存在，那么定积分存在的函数应满足哪些条件呢？

定理 6.1.1（充分条件） 若函数 $f(x)$ 在闭区间 $[a,b]$ 上连续，则 $f(x)$ 在 $[a,b]$ 上可积.

定理 6.1.2（充分条件） 若函数 $f(x)$ 在闭区间 $[a,b]$ 上有界，且只有有限个间断点，则 $f(x)$ 在 $[a,b]$ 上可积.

定理 6.1.3（充分条件） 如果函数 $f(x)$ 在 $[a,b]$ 上有定义且单调，则 $f(x)$ 在 $[a,b]$ 上可积.

需要注意的是，函数的可积性和原函数的存在性是两个不同的概念.

可积函数的原函数可能存在，也可能不存在. 如闭区间上的连续函数，闭区间上的单调有界函数，闭区间上有界且只有有限个既非第一类间断点也非无穷间断点的函数，均既可积又存在原函数.

可积函数的原函数. 如函数

$$f(x) = \begin{cases} 0, & x \in [0,\frac{1}{2}) \cup (\frac{1}{2},1], \\ 1, & x = \frac{1}{2}. \end{cases}$$

该函数在闭区间 $[0,1]$ 上有界，只有一个间断点 $x = \frac{1}{2}$，由定理 6.1.2 可知，$f(x)$ 在 $[0,1]$ 上可积. 但点 $x = \frac{1}{2}$ 是 $f(x)$ 的第一类跳跃间断点，$f(x)$ 在 $[0,1]$ 上无原函数，可以在学习变上限函数之后证明该结论.

不可积的函数，原函数可能不存在，也可能存在. 如函数

$$f(x) = \begin{cases} 2x\sin\frac{1}{x^2} - \frac{2}{x}\cos\frac{1}{x^2}, & x \neq 0, \\ 0, & x = 0, \end{cases}$$

$f(x)$ 在 $[-1,1]$ 上的原函数为

$$F(x) = \begin{cases} x^2 \sin \dfrac{1}{x^2}, & 0 < x \leq 1, \\ 0, & x = 0, \end{cases}$$

但 $f(x)$ 在 $x=0$ 点附近无界, 故在 $[-1,1]$ 上不可积.

> **定理 6.1.4 (必要条件)** 若函数 $f(x)$ 在闭区间 $[a,b]$ 上可积, 则 $f(x)$ 在 $[a,b]$ 上有界.

4. 定积分的几何意义

定积分 $\int_a^b f(x) \mathrm{d}x$ 在几何上表示介于 x 轴, 曲线 $y=f(x)$, 两条直线 $x=a, x=b$ 之间各部分面积的代数和. 在 x 轴上方的面积取正号, 在 x 轴下方的面积取负号 (见图 6.3).

本节例 6.1.1 曲边梯形的面积, 可用定积分表示为 $\int_a^b f(x) \mathrm{d}x$. 例 6.1.2 收益问题的收益, 可用定积分表示为 $\int_a^b P(x) \mathrm{d}x$.

例 6.1.3 利用定积分的几何意义计算定积分 $\int_0^1 \sqrt{1-x^2} \mathrm{d}x$.

解 如图 6.4 所示, 定积分的值就是图中阴影部分的面积, 即四分之一圆的面积. 由圆形面积公式有

$$\int_0^1 \sqrt{1-x^2} \mathrm{d}x = \frac{\pi}{4}.$$

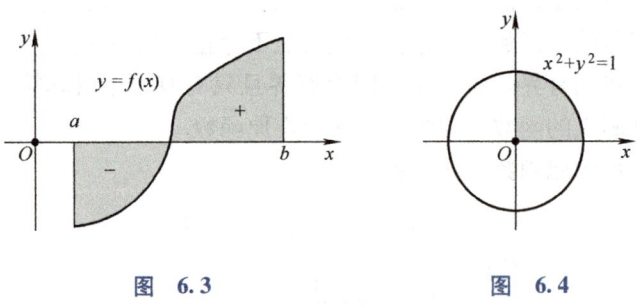

图 6.3   图 6.4

例 6.1.4 利用定积分的定义求极限

$$\lim_{n \to \infty} \frac{\sqrt{1-\left(\dfrac{1}{n}\right)^2} + \sqrt{1-\left(\dfrac{2}{n}\right)^2} + \cdots + \sqrt{1-\left(\dfrac{n-1}{n}\right)^2}}{n}.$$

解 定积分定义的本质是 n 项和式的极限, 区间的划分和 ξ_i 的选取都是任意的, 根据该极限的特征, 可看作闭区间 $[0,1]$ 的定积分, 将区间均分为 n 个小区间, 则每个小区间的长度为 $\dfrac{1}{n}$, 选取每个小区间的右端点作为 ξ_i, 被积函数 $f(x) = \sqrt{1-x^2}$.

故
$$\lim_{n\to\infty} \frac{\sqrt{1-\left(\frac{1}{n}\right)^2}+\sqrt{1-\left(\frac{2}{n}\right)^2}+\cdots+\sqrt{1-\left(\frac{n-1}{n}\right)^2}}{n} = \int_0^1 \sqrt{1-x^2}\,\mathrm{d}x = \frac{\pi}{4}.$$

6.1.2 定积分的性质

在探讨定积分性质的过程中，我们总假定所讨论的函数 $f(x)$ 在给定的闭区间上是可积的。如不特别指明，对积分区间 $[a,b]$，总假定 $a \leqslant b$. 对于定积分的性质，我们侧重于应用，除积分中值定理外都不加证明。

性质 1 $\int_a^a f(x)\,\mathrm{d}x = 0.$

性质 2 $\int_a^b f(x)\,\mathrm{d}x = -\int_b^a f(x)\,\mathrm{d}x.$

性质 3 $\int_a^b 1\,\mathrm{d}x = b-a.$

性质 4（线性性） $\int_a^b [k_1 f(x) \pm k_2 g(x)]\,\mathrm{d}x = k_1\int_a^b f(x)\,\mathrm{d}x \pm k_2\int_a^b g(x)\,\mathrm{d}x,$ k_1,k_2 为常数。

性质 5（区间可加性） $\int_a^b f(x)\,\mathrm{d}x = \int_a^c f(x)\,\mathrm{d}x + \int_c^b f(x)\,\mathrm{d}x.$

例 6.1.5 已知定积分 $\int_1^4 f(x)\,\mathrm{d}x = 3$，求

$$\int_2^2 2f(x)\,\mathrm{d}x + \int_1^2 f(x)\,\mathrm{d}x - \int_4^2 f(x)\,\mathrm{d}x + \int_1^4 5\,\mathrm{d}x$$

的值。

解 由定积分的性质有

$$\int_2^2 2f(x)\,\mathrm{d}x + \int_1^2 f(x)\,\mathrm{d}x - \int_4^2 f(x)\,\mathrm{d}x + \int_1^4 5\,\mathrm{d}x$$
$$= 0 + \int_1^2 f(x)\,\mathrm{d}x + \int_2^4 f(x)\,\mathrm{d}x + 5(4-1)$$
$$= \int_1^4 f(x)\,\mathrm{d}x + 15$$
$$= 3 + 15 = 18.$$

性质 6（保号性） 如果在区间 $[a,b]$ 上，$f(x) \geqslant 0$，则 $\int_a^b f(x)\,\mathrm{d}x \geqslant 0.$

推论 1（保序性） 如果在区间 $[a,b]$ 上，$f(x) \leqslant g(x)$，则
$$\int_a^b f(x)\,\mathrm{d}x \leqslant \int_a^b g(x)\,\mathrm{d}x.$$

推论 2（绝对可积不等式） $\left|\int_a^b f(x)\,\mathrm{d}x\right| \leqslant \int_a^b |f(x)|\,\mathrm{d}x.$

例 6.1.6 利用保序性比较下列定积分的大小：

(1) $\int_1^2 x\,\mathrm{d}x$ 与 $\int_1^2 x^2\,\mathrm{d}x$；　　(2) $\int_0^1 \ln(1+x)\,\mathrm{d}x$ 与 $\int_0^1 \ln^2(1+x)\,\mathrm{d}x.$

解 （1）当 $x \in [1,2]$ 时，$x \leqslant x^2$，由保序性可知

$$\int_1^2 x \mathrm{d}x \leqslant \int_1^2 x^2 \mathrm{d}x.$$

（2）当 $x \in [0,1]$ 时，$\ln(1+x) \geqslant \ln^2(1+x)$，由保序性可知

$$\int_0^1 \ln(1+x) \mathrm{d}x \geqslant \int_0^1 \ln^2(1+x) \mathrm{d}x.$$

性质 7（估值定理） 设 M 和 m 分别是 $f(x)$ 在闭区间 $[a,b]$ 上的最大值和最小值，则

$$m(b-a) \leqslant \int_a^b f(x) \mathrm{d}x \leqslant M(b-a).$$

例 6.1.7 估计定积分 $\int_1^2 x^3 \mathrm{d}x$ 的值.

解 因为被积函数 x^3 在闭区间 $[1,2]$ 上是单调递增函数，所以其最小值 $m = 1^3 = 1$，最大值 $M = 2^3 = 8$. 由估值定理可知

$$1 \times (2-1) \leqslant \int_1^2 x^3 \mathrm{d}x \leqslant 8 \times (2-1),$$

即

$$1 \leqslant \int_1^2 x^3 \mathrm{d}x \leqslant 8.$$

微课：例 6.1.7

性质 8（积分中值定理） 若函数 $f(x)$ 在闭区间 $[a,b]$ 上连续，则在 $[a,b]$ 上至少存在一点 ξ，使得

$$\int_a^b f(x) \mathrm{d}x = f(\xi)(b-a), a \leqslant \xi \leqslant b.$$

证 由闭区间上连续函数的性质可知，$f(x)$ 在 $[a,b]$ 上有最大值 M 和最小值 m，由性质 7 可知

$$m(b-a) \leqslant \int_a^b f(x) \mathrm{d}x \leqslant M(b-a),$$

即

$$m \leqslant \frac{1}{(b-a)} \int_a^b f(x) \mathrm{d}x \leqslant M.$$

根据闭区间上连续函数的介值定理可知，在 $[a,b]$ 上至少存在一点 ξ，使得

$$\frac{1}{(b-a)} \int_a^b f(x) \mathrm{d}x = f(\xi),$$

其中 $a \leqslant \xi \leqslant b$，从而有

$$\int_a^b f(x) \mathrm{d}x = f(\xi)(b-a).$$

注 实际上，积分中值定理中的 ξ 在开区间中也一定存在，将在学习了牛顿-莱布尼茨定理之后给出证明.

积分中值定理的几何意义：以闭区间 $[a,b]$ 为底边，曲线 $y = f(x)$ 为曲边的曲边梯形面积，等于同底而高为 $f(\xi)$ 的矩形面积，其中 $a \leqslant \xi \leqslant b$（见图 6.5）.

积分中值定理的代数意义：$\dfrac{1}{(b-a)}\int_a^b f(x)\mathrm{d}x = f(\xi)$，$f(\xi)$ 称为函数 $f(x)$ 在区间 $[a,b]$ 上的平均值.

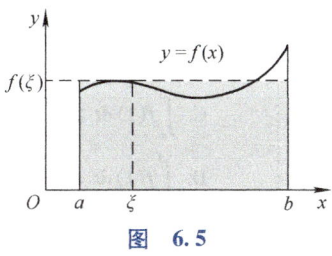

图 6.5

例 6.1.8 设函数 $f(x)$ 在闭区间 $[a,b]$ 上连续，在开区间 (a,b) 内可导，且存在 $c\in(a,b)$，使得

$$\int_a^c f(x)\mathrm{d}x = f(b)(c-a).$$

证明：在开区间 (a,b) 内存在一点 ξ，使得 $f'(\xi)=0$.

证 由函数 $f(x)$ 在 $[a,b]$ 上连续，$c\in(a,b)$，可知 $f(x)$ 在 $[a,c]$ 上连续，又由积分中值定理可知，存在 $\eta\in[a,c]$，使得

$$\int_a^c f(x)\mathrm{d}x = f(\eta)(c-a).$$

可见 $f(\eta)=f(b)$ 且 $\eta\neq b$，由罗尔中值定理可知，存在一点 $\xi\in(\eta,b)\subset(a,b)$，使得 $f'(\xi)=0$.

性质 9（对称性） 若 $f(x)$ 是奇函数，那么对任意常数 a，在闭区间 $[-a,a]$ 上，

$$\int_{-a}^a f(x)\mathrm{d}x = 0;$$

若 $f(x)$ 是偶函数，那么对任意常数 a，在闭区间 $[-a,a]$ 上，

$$\int_{-a}^a f(x)\mathrm{d}x = 2\int_0^a f(x)\mathrm{d}x.$$

证 当 $f(x)$ 为奇函数时，曲线 $f(x)$ 关于原点对称，与 x 轴及 $x=\pm a$ 所围的几何图形的代数和为零，故

$$\int_{-a}^a f(x)\mathrm{d}x = 0;$$

当 $f(x)$ 是偶函数时，$f(x)$ 关于 y 轴对称，与 x 轴及 $x=\pm a$ 所围的几何图形也关于 y 轴对称，故

$$\int_{-a}^a f(x)\mathrm{d}x = 2\int_0^a f(x)\mathrm{d}x.$$

在 6.3 节，我们将使用换元法再次证明性质 9.

6.1.3 同步习题

1. 利用定积分的几何意义计算下列定积分：

(1) $\int_{-1}^0 (x+1)\mathrm{d}x$；　　(2) $\int_0^{2\pi}\sin x\mathrm{d}x$.

2. 利用性质计算定积分 $\int_{-\pi}^{\pi} x^4\sin x\mathrm{d}x$.

3. 利用定积分的性质判别下列各式是否成立：

(1) $\int_0^{\frac{\pi}{2}} \sin^2 x dx \leqslant \int_0^{\frac{\pi}{2}} \sin x dx$;

(2) $\int_{\frac{1}{2}}^1 x^2 \ln x dx > 0$;

(3) $\int_0^1 e^x dx > \int_0^1 (1+x) dx$;

(4) $\int_{-\frac{\pi}{2}}^{\frac{\pi}{2}} \sin^3 x \cdot \cos^3 x dx > 0$.

4. 估计下列积分值:

(1) $\int_1^4 (x^2+1) dx$; (2) $\int_0^2 e^{(x^2-x)} dx$.

5. $\lim_{n\to\infty} \ln \sqrt[n]{\left(1+\frac{1}{n}\right)^2 \left(1+\frac{2}{n}\right)^2 \cdots \left(1+\frac{n}{n}\right)^2}$ = ( ).

A. $\int_1^2 \ln^2 x dx$ B. $2\int_1^2 \ln x dx$

C. $2\int_1^2 \ln(1+x) dx$ D. $\int_1^2 \ln^2(1+x) dx$

6. 设函数 $f(x)$ 与 $g(x)$ 在 $[0,1]$ 上连续, 且 $f(x) \leqslant g(x)$, 则对任意的 $c \in (0,1)$ 有( ).

A. $\int_{\frac{1}{2}}^c f(t) dt \geqslant \int_{\frac{1}{2}}^c g(t) dt$

B. $\int_{\frac{1}{2}}^c f(t) dt \leqslant \int_{\frac{1}{2}}^c g(t) dt$

C. $\int_c^1 f(t) dt \geqslant \int_c^1 g(t) dt$

D. $\int_c^1 f(t) dt \leqslant \int_c^1 g(t) dt$

7. 设 $I = \int_0^{\frac{\pi}{4}} \ln \sin x dx$, $J = \int_0^{\frac{\pi}{4}} \ln \cot x dx$, $K = \int_0^{\frac{\pi}{4}} \ln \cos x dx$, 则 I, J, K 的大小关系是( ).

A. $I < J < K$ B. $I < K < J$
C. $J < I < K$ D. $K < J < I$

6.2 微积分基本定理

微积分真正诞生的标志是牛顿与莱布尼茨分别独立发现积分与微分是一个互逆过程. 本节我们通过微积分基本定理揭示这种互逆关系, 进而把求定积分的问题转化为求原函数的问题.

6.2.1 积分上限函数及其导数

1. 积分上限函数

定义 6.2.1 设函数 $f(x)$ 在闭区间 $[a,b]$ 上连续, x 是区间 $[a,b]$ 上任意一点, 则以 x 为积分上限的定积分 $\int_a^x f(t) dt$ 是关于 x 的函数, 记作 $\varphi(x)$, 即

$$\varphi(x) = \int_a^x f(t) dt, \qquad (6.2.1)$$

称 $\varphi(x)$ 为**积分上限函数**(或变上限定积分).

2. 积分上限函数的导数

定理 6.2.1 若函数 $f(x)$ 在闭区间 $[a,b]$ 上连续, 则积分上限函数 $\varphi(x) = \int_a^x f(t) dt$ 在 $[a,b]$ 上可导, 且它的导数是 $f(x)$, 即

$$\varphi'(x) = \frac{d}{dx} \int_a^x f(t) dt = f(x). \qquad (6.2.2)$$

证 根据导数的定义, 有

$$\varphi'(x) = \lim_{\Delta x \to 0} \frac{\varphi(x+\Delta x) - \varphi(x)}{\Delta x}, x \in [a,b].$$

左端点处有右导数，右端点处有左导数.

当 $x \in (a,b)$ 时，要求 Δx 的绝对值足够小，使 $x + \Delta x \in (a,b)$，由此可得

$$\varphi'(x) = \lim_{\Delta x \to 0} \frac{\int_a^{x+\Delta x} f(t)\,dt - \int_a^x f(t)\,dt}{\Delta x}$$

$$= \lim_{\Delta x \to 0} \frac{\int_a^x f(t)\,dt + \int_x^{x+\Delta x} f(t)\,dt - \int_a^x f(t)\,dt}{\Delta x}$$

$$= \lim_{\Delta x \to 0} \frac{\int_x^{x+\Delta x} f(t)\,dt}{\Delta x}.$$

由积分中值定理可知，至少存在一点 ξ 属于 x 与 $x + \Delta x$ 之间，使得

$$\int_x^{x+\Delta x} f(t)\,dt = f(\xi) \cdot \Delta x.$$

故当 $\Delta x \to 0$ 时，$\xi \to x$，有

$$\varphi'(x) = \lim_{\Delta x \to 0} \frac{f(\xi) \cdot \Delta x}{\Delta x} = f(x).$$

当 $x = a$ 或 $x = b$ 时，相应的将 $\Delta x \to 0$ 分别改为 $\Delta x \to 0^+$ 与 $\Delta x \to 0^-$，于是得到 $\varphi'_+(a) = f(a)$ 与 $\varphi'_-(b) = f(b)$.

由定理 6.2.1 可知，$f(x)$ 构成的变上限函数 $\varphi(x) = \int_a^x f(t)\,dt$ 是 $f(x)$ 的原函数，由此可引出下面定理.

定理 6.2.2（原函数存在定理） 若函数 $f(x)$ 在闭区间 $[a,b]$ 上连续，则必在 $[a,b]$ 上存在原函数，变上限定积分 $\varphi(x) = \int_a^x f(t)\,dt$ 就是 $f(x)$ 在 $[a,b]$ 上的一个原函数.

变限定积分作为一种比较特殊的函数，常见的求导数形式有如下六种情形：

情形 1 $\varphi(x) = \int_a^x f(t)\,dt, \varphi'(x) = f(x).$

例 6.2.1 设 $\varphi(x) = \int_0^x \cos(1+e^t)\,dt$，求 $\varphi'(x)$.

解 由定理 6.2.1 可知

$$\varphi'(x) = \frac{d}{dx}\int_0^x \cos(1+e^t)\,dt = \cos(1+e^x).$$

情形 2 $\varphi(x) = \int_x^a f(t)\,dt, \varphi'(x) = -f(x).$

例 6.2.2 设 $\varphi(x) = \int_x^0 e^{2t^3}\,dt$，求 $\varphi'(x)$.

解 先将 $\varphi(x)$ 变换成变上限定积分的形式，即

$$\varphi(x) = -\int_0^x e^{2t^3} dt,$$

由定理 6.2.1 可得，$\varphi'(x) = -e^{2x^3}$.

情形 3 $\varphi(x) = \int_a^{g(x)} f(t) dt, \varphi'(x) = f[g(x)] \cdot g'(x)$.

例 6.2.3 设 $x > 0$，$\varphi(x) = \int_2^{x^2} \cos\sqrt{t} dt$，求 $\varphi'(x)$.

解 令 $x^2 = u$，$\varphi'(x) = \dfrac{d}{du}\int_2^u \cos\sqrt{t} dt \cdot \dfrac{du}{dx} = \cos\sqrt{u} \cdot 2x = 2x\cos x, x > 0$.

情形 4 $\varphi(x) = \int_{h(x)}^{g(x)} f(t) dt$，$\varphi'(x) = f[g(x)] \cdot g'(x) - f[h(x)] \cdot h'(x)$.

例 6.2.4 设 $\varphi(x) = \int_{2x}^{3x} t^3 dt$，求 $\varphi'(x)$.

解 $\varphi(x) = \int_{2x}^{3x} t^3 dt = \int_{2x}^{0} t^3 dt + \int_0^{3x} t^3 dt$

$$= \int_0^{3x} t^3 dt - \int_0^{2x} t^3 dt.$$

$$\varphi'(x) = (3x)^3 \cdot (3x)' - (2x)^3 \cdot (2x)' = 65x^3.$$

情形 5 $\varphi(x) = \int_0^x g(x)f(t) dt, \varphi'(x) = g(x)f(x) + g'(x)\int_0^x f(t) dt$.

例 6.2.5 设 $\varphi(x) = \int_0^x f(t)(x-t) dt$，其中 $f(x)$ 在 $(-\infty, +\infty)$ 内连续，求 $\varphi'(x)$.

解 先将积分表达式中的 x 提到积分号外，然后再求导.

$$\varphi(x) = x\int_0^x f(t) dt - \int_0^x tf(t) dt,$$

于是

$$\varphi'(x) = \dfrac{d}{dx}\left(x\int_0^x f(t) dt - \int_0^x tf(t) dt\right)$$

$$= \int_0^x f(t) dt + xf(x) - xf(x)$$

$$= \int_0^x f(t) dt.$$

情形 6 变量替换后再求导，这种情况将在 6.3 节中讲解.

例 6.2.6 计算 $\lim\limits_{x \to 0} \dfrac{\int_{\cos x}^1 e^{-t^2} dt}{x^2}$.

解 当 $x \to 0$ 时，该极限为 "$\dfrac{0}{0}$" 型，可使用洛必达法则求极限，

$$\lim_{x \to 0} \dfrac{\int_{\cos x}^1 e^{-t^2} dt}{x^2} = \lim_{x \to 0} \dfrac{e^{-\cos^2 x} \cdot \sin x}{2x} = \dfrac{1}{2e}.$$

微课：例 6.2.6

例 6.2.7 设函数 $f(x)$ 连续, 且 $f(0)\neq 0$, 求极限 $\lim\limits_{x\to 0}\dfrac{\int_0^x(x-t)f(t)\mathrm{d}t}{x\int_0^x f(t)\mathrm{d}t}$.

解 $\lim\limits_{x\to 0}\dfrac{\int_0^x(x-t)f(t)\mathrm{d}t}{x\int_0^x f(t)\mathrm{d}t} = \lim\limits_{x\to 0}\dfrac{x\int_0^x f(t)\mathrm{d}t - \int_0^x tf(t)\mathrm{d}t}{x\int_0^x f(t)\mathrm{d}t} = \lim\limits_{x\to 0}\dfrac{\int_0^x f(t)\mathrm{d}t}{\int_0^x f(t)\mathrm{d}t + xf(x)}$,

设函数 $f(x)$ 连续, 且 $f(0)\neq 0$, 没有明确 $f(x)$ 是否可导, 所以不能对 $f(x)$ 求导. 由积分中值定理, 有 $\int_0^x f(t)\mathrm{d}t = xf(\xi)$, 其中 $0<\xi<x$, $x\to 0$ 时, $\xi\to 0$. 故有

$$\lim_{x\to 0}\dfrac{\int_0^x f(t)\mathrm{d}t}{\int_0^x f(t)\mathrm{d}t + xf(x)} = \lim_{x\to 0}\dfrac{xf(\xi)}{xf(\xi) + xf(x)} = \lim_{x\to 0}\dfrac{f(\xi)}{f(\xi) + f(x)} = \dfrac{f(0)}{f(0)+f(0)} = \dfrac{1}{2}.$$

变上限积分是一种比较特殊的函数, 它的性质往往也是我们关心的问题.

例 6.2.8 若 $f(x)$ 是连续函数且为奇函数, 证明: $\int_0^x f(t)\mathrm{d}t$ 是偶函数; 若 $f(x)$ 是连续函数且为偶函数, 证明: $\int_0^x f(t)\mathrm{d}t$ 是奇函数.

证 设 $F(x) = \int_0^x f(t)\mathrm{d}t$, 则 $F(-x) = \int_0^{-x} f(t)\mathrm{d}t$, 设 $t=-u$, 则 $\mathrm{d}t = -\mathrm{d}u$. 当 $t=0$ 时, $u=0$; $t=-x$ 时, $u=x$, 代入 $F(-x)$, 有

$$F(-x) = -\int_0^x f(-u)\mathrm{d}u.$$

若 $f(x)$ 为奇函数, 则 $F(-x) = \int_0^x f(u)\mathrm{d}u = F(x)$, 即 $F(x) = \int_0^x f(t)\mathrm{d}t$ 是偶函数; 若 $f(x)$ 为偶函数, 则 $F(-x) = -\int_0^x f(u)\mathrm{d}u = -F(x)$, 即 $F(x) = \int_0^x f(t)\mathrm{d}t$ 是奇函数.

命题得证.

*例 6.2.9 设函数 $f(x)$ 在 $(-\infty, +\infty)$ 内连续, 且 $F(x) = \int_0^x (x-2t)f(t)\mathrm{d}t$, 若 $f(x)$ 是单调不增函数, 证明 $F(x)$ 是单调不减函数.

证 $F(x) = \int_0^x (x-2t)f(t)\mathrm{d}t = x\int_0^x f(t)\mathrm{d}t - 2\int_0^x tf(t)\mathrm{d}t$,

$$F'(x) = xf(x) + \int_0^x f(t)\mathrm{d}t - 2xf(x) = \int_0^x f(t)\mathrm{d}t - xf(x),$$

由积分中值定理, 有 $\int_0^x f(t)\mathrm{d}t = xf(\xi)$, 其中 ξ 在 0 与 x 之间, 故有

$$F'(x) = x[f(\xi) - f(x)],$$

由题设 $f(x)$ 是单调不增函数,

当 $x>0$ 时, $0<\xi<x$, $f(\xi)-f(x)\geq 0$, 故 $F'(x)\geq 0$.

当 $x=0$ 时, $F'(x)=0$.

当 $x<0$ 时, $x<\xi<0$, $f(\xi)-f(x)\leq 0$, 故 $F'(x)\geq 0$.

即 $\forall x\in(-\infty,+\infty)$, 都有 $F'(x)\geq 0$, 即 $F(x)$ 是单调不减函数, 得证.

6.2.2 牛顿-莱布尼茨公式

微积分基本定理既揭示了定积分与原函数之间的关系, 也提供了利用原函数计算定积分的方法.

定理 6.2.3（微积分基本定理） 设函数 $f(x)$ 在闭区间 $[a,b]$ 上连续, 函数 $F(x)$ 是 $f(x)$ 的一个原函数, 则有

$$\int_a^b f(x)\,\mathrm{d}x = F(b)-F(a). \tag{6.2.3}$$

证 已知 $F(x)$ 是 $f(x)$ 的一个原函数, 由原函数存在定理可知, $\varphi(x)=\int_a^x f(t)\,\mathrm{d}t$ 也是 $f(x)$ 的一个原函数, 于是有

$$F(x)-\varphi(x)=C, C\text{ 为常数}, x\in[a,b].$$

令上式中的 $x=a$, 则

$$F(a)-\varphi(a)=C.$$

又

$$\varphi(a)=\int_a^a f(t)\,\mathrm{d}t=0,$$

所以

$$F(a)=C.$$

于是

$$\varphi(x)=\int_a^x f(t)\,\mathrm{d}t=F(x)-C=F(x)-F(a).$$

再令 $x=b$, 则

$$\varphi(b)=\int_a^b f(t)\,\mathrm{d}t=F(b)-C=F(b)-F(a),$$

于是

$$\int_a^b f(x)\,\mathrm{d}x=F(b)-F(a).$$

为了方便起见, 牛顿-莱布尼茨公式也叫作**微积分基本公式**, 可简记为

$$\int_a^b f(x)\,\mathrm{d}x=F(x)\Big|_a^b.$$

牛顿-莱布尼茨公式将不定积分的计算方法引入定积分的计算, 是计算定积分最简便有效的方法.

例 6.2.10 计算 $\int_{-1}^3 x^3\,\mathrm{d}x$.

解 因为 x^3 的一个原函数是 $\dfrac{1}{4}x^4$, 故有

$$\int_{-1}^{3} x^3 dx = \frac{1}{4}x^4 \Big|_{-1}^{3} = 20.$$

例 6.2.11 计算 $\int_{0}^{\frac{\pi}{4}} \cos x dx$.

解 因为 $\sin x$ 是 $\cos x$ 一个原函数，故有
$$\int_{0}^{\frac{\pi}{4}} \cos x dx = \sin x \Big|_{0}^{\frac{\pi}{4}} = \sin\frac{\pi}{4} - \sin 0 = \frac{\sqrt{2}}{2}.$$

例 6.2.12 计算 $\int_{-1}^{\sqrt{3}} \frac{1}{1+x^2} dx$.

解 $\int_{-1}^{\sqrt{3}} \frac{1}{1+x^2} dx = \arctan x \Big|_{-1}^{\sqrt{3}} = \arctan\sqrt{3} - \arctan(-1) = \frac{\pi}{3} - \left(-\frac{\pi}{4}\right) = \frac{7\pi}{12}.$

例 6.2.13 计算 $\int_{0}^{1} |2x-1| dx$.

解 $\int_{0}^{1} |2x-1| dx = \int_{0}^{\frac{1}{2}} (1-2x) dx + \int_{\frac{1}{2}}^{1} (2x-1) dx$

$$= (x - x^2) \Big|_{0}^{\frac{1}{2}} + (x^2 - x) \Big|_{\frac{1}{2}}^{0} = \frac{1}{2}.$$

例 6.2.14 设函数 $f(x)$ 在闭区间 $[a,b]$ 上连续，证明：在开区间 (a,b) 内至少存在一点 ξ，使得
$$\int_{a}^{b} f(x) dx = f(\xi)(b-a), a < \xi < b.$$

证 因为 $f(x)$ 在 $[a,b]$ 上连续，故存在原函数 $F(x)$，即在 $[a,b]$ 上 $F'(x) = f(x)$. 根据牛顿-莱布尼茨公式，有
$$\int_{a}^{b} f(x) dx = F(b) - F(a), a < \xi < b,$$
又 $F(x)$ 在 $[a,b]$ 上满足拉格朗日中值定理的条件，即存在 $\xi \in (a,b)$，使得
$$F(b) - F(a) = F'(\xi)(b-a) = f(\xi)(b-a),$$
故 $\int_{a}^{b} f(x) dx = f(\xi)(b-a), a < \xi < b.$

本例的结论是积分中值定理的改进. 本例的证明体现了积分中值定理与微分中值定理的联系.

6.2.3 同步习题

1. 求下列函数的导数：

(1) $y = \int_{1}^{x^2} \cos t dt$；　(2) $y = \int_{x}^{5} 3t\sin t dt$；

(3) $y = \int_{x^2}^{x} xe^t dt$；　(4) $y = \int_{x^2}^{x^3} \frac{1}{t^2} dt.$

2. 求下列极限：

(1) $\lim\limits_{x \to 0} \frac{x^2}{\int_{0}^{x} e^{t^2} dt}$；　(2) $\lim\limits_{x \to 0} \frac{\int_{x^2}^{x} t dt}{x^2}$；

(3) $\lim\limits_{x \to 0} \frac{\int_{0}^{x} (1+t^2) e^{t^2-x^2} dt}{x}.$

3. 计算下列定积分：

(1) $\int_1^2 (x^2 + \dfrac{1}{x^4})dx$; (2) $\int_{-1}^0 (e^x - \dfrac{1}{1+x^2})dx$;

(3) $\int_1^2 \dfrac{1+2x^2}{x^2(1+x^2)}dx$; (4) $\int_{-1}^0 \dfrac{3x^4 + 3x^2 + 1}{x^2 + 1}dx$.

4. 设函数 $f(x)$ 连续，则在下列变上限定积分定义的函数中，必为偶函数的是（　　）．

A. $\int_0^x t[f(t) + f(-t)]dt$

B. $\int_0^x t[f(t) - f(-t)]dt$

C. $\int_0^x f(t^2)dt$

D. $\int_0^x f^2(t)dt$

5. 设 $f(x)$ 是奇函数，除 $x=0$ 点处处连续，且 $x=0$ 是第一类间断点，则 $\int_0^x f(t)dt$ 是（　　）．

A. 连续的奇函数
B. 连续的偶函数
C. 在 $x=0$ 间断的奇函数
D. 在 $x=0$ 间断的偶函数

6. 设函数 $f(x)$ 在 $(-\infty, +\infty)$ 内连续，且 $F(x) = \int_0^x (x-2t)f(t)dt$，当 $f(x)$ 是偶函数时，证明：$F(x)$ 也是偶函数．

6.3　定积分的换元积分法与分部积分法

实际上，不定积分 $\int f(x)dx$ 可以理解为函数 $f(x)$ 的任意一个给定的原函数，由此可将牛顿-莱布尼茨公式改写为 $\int_a^b f(x)dx = \left[\int f(x)dx\right]\Big|_a^b$．这说明求定积分首先应求不定积分，求不定积分的方法可以运用到求定积分中来．

6.3.1　定积分的换元积分法

定理 6.3.1　设函数 $f(x)$ 在闭区间 $[a,b]$ 上连续，函数 $x = \varphi(t)$ 满足条件：

(1) $a = \varphi(\alpha)$，$b = \varphi(\beta)$；

(2) $\varphi(t)$ 在 $[\alpha, \beta]$ 或 $[\beta, \alpha]$ 上具有连续导数，且其值域 $R_\varphi \subset [a, b]$，

则有

$$\int_a^b f(x)dx = \int_\alpha^\beta f[\varphi(t)]\varphi'(t)dt. \tag{6.3.1}$$

该公式叫作**定积分换元公式**．

例 6.3.1　计算 $\int_0^1 2x \cdot e^{x^2}dx$．

解　设 $x^2 = t$．当 $x = 0$ 时，$t = 0$；当 $x = 1$ 时，$t = 1$．则

$$\int_0^1 2x \cdot e^{x^2}dx = \int_0^1 e^{x^2}dx^2 = \int_0^1 e^t dt = e^t \Big|_0^1 = e - 1.$$

如果在使用换元法的过程中引入了新的变量 t．设 $g(x) = t$，那么 t 相当于积分变量，此时定积分的上下限应换成 x 分别取上下限时对应的 $g(x)$ 的值．

例 6.3.2 计算 $\int_0^{\frac{1}{3}} e^{3x} dx$.

解 设 $t=3x$, 则 $dt=3dx$, 且当 $x=0$ 时, $t=0$; 当 $x=\frac{1}{3}$ 时, $t=1$.
于是

$$\int_0^{\frac{1}{3}} e^{3x} dx = \frac{1}{3}\int_0^1 e^t dt = \frac{1}{3}e^t \Big|_0^1 = \frac{1}{3}(e-1).$$

在例 6.3.2 中, 如果不明显地写出新变量 t, 那么定积分的上、下限就不要变更. 现在用这种记法写出计算过程如下:

$$\int_0^{\frac{1}{3}} e^{3x} dx = \frac{1}{3}\int_0^{\frac{1}{3}} e^{3x} d(3x) = \frac{1}{3}e^{3x}\Big|_0^{\frac{1}{3}} = \frac{1}{3}(e-1).$$

例 6.3.3 计算 $\int_0^1 x\sqrt{1-x}\, dx$.

解 令 $\sqrt{1-x}=t$, $x=1-t^2$, 则 $dx=-2tdt$, 且当 $x=0$ 时, $t=1$; 当 $x=1$ 时, $t=0$. 于是

$$\begin{aligned}\int_0^1 x\sqrt{1-x}\, dx &= \int_1^0 (1-t^2)\cdot t\cdot(-2t)dt \\ &= \int_0^1 (2t^2-2t^4)dt \\ &= \left(\frac{2}{3}t^3-\frac{2}{5}t^5\right)\Big|_0^1 = \frac{4}{15}.\end{aligned}$$

例 6.3.4 计算 $\int_0^1 \sqrt{1-x^2}\, dx$.

解 令 $x=\sin t$, $0 \leqslant x \leqslant 1$, 则 $dx=\cos t\, dt$,
当 $x=0$ 时, $t=0$; 当 $x=1$ 时, $t=\frac{\pi}{2}$. 于是

$$\begin{aligned}\int_0^1 \sqrt{1-x^2}\, dx &= \int_0^{\frac{\pi}{2}} \cos t\cdot\cos t\, dt \\ &= \int_0^{\frac{\pi}{2}} \frac{1+\cos 2t}{2}dt = \frac{1}{2}\left(t+\frac{\sin 2t}{2}\right)\Big|_0^{\frac{\pi}{2}} = \frac{\pi}{4}.\end{aligned}$$

例 6.3.4 在 6.1 节中曾用定积分的几何意义计算, 本节采用了第二类换元法. 求解 $\int_a^b f(x)dx$ 的过程中相当于设 $x=\varphi(t)$, 将积分变量 x 换成了 t, 相应的上下限 a, b 也随之换成了 t 的上下限 α, β, 其中 α, β 分别对应 x 取 a, b 值时, $t=\varphi^{-1}(x)$ 的值. 即

$$\int_a^b f(x)dx = \int_\alpha^\beta f[\varphi(t)]\varphi'(t)dt.$$

例 6.3.5 若函数 $f(x)$ 在 $[-a,a]$ 上连续, 证明:

$$\int_{-a}^a f(x)dx = \begin{cases} 2\int_0^a f(x)dx, & \text{当 }f(x)\text{ 为偶函数时}, \\ 0, & \text{当 }f(x)\text{ 为奇函数时}. \end{cases}$$

证 由积分区间的可加性，有
$$\int_{-a}^{a} f(x)\,\mathrm{d}x = \int_{-a}^{0} f(x)\,\mathrm{d}x + \int_{0}^{a} f(x)\,\mathrm{d}x,$$
对积分 $\int_{-a}^{0} f(x)\,\mathrm{d}x$ 做代换 $x = -t$. 当 $x = 0$ 时，$t = 0$；当 $x = -a$ 时，$t = a$. 于是
$$\int_{-a}^{0} f(x)\,\mathrm{d}x = -\int_{a}^{0} f(-t)\,\mathrm{d}t = \int_{0}^{a} f(-t)\,\mathrm{d}t = \int_{0}^{a} f(-x)\,\mathrm{d}x.$$
于是
$$\int_{-a}^{a} f(x)\,\mathrm{d}x = \int_{0}^{a} f(-x)\,\mathrm{d}x + \int_{0}^{a} f(x)\,\mathrm{d}x = \int_{0}^{a} [f(x) + f(-x)]\,\mathrm{d}x.$$
当 $f(x)$ 为偶函数时，$f(x) + f(-x) = 2f(x)$，从而
$$\int_{-a}^{a} f(x)\,\mathrm{d}x = 2\int_{0}^{a} f(x)\,\mathrm{d}x.$$
当 $f(x)$ 为奇函数时，$f(x) + f(-x) = 0$，从而
$$\int_{-a}^{a} f(x)\,\mathrm{d}x = 0.$$
综上可得
$$\int_{-a}^{a} f(x)\,\mathrm{d}x = \begin{cases} 2\int_{0}^{a} f(x)\,\mathrm{d}x, & \text{当}\,f(x)\,\text{为偶函数时}, \\ 0, & \text{当}\,f(x)\,\text{为奇函数时}. \end{cases}$$

利用例 6.3.5 的结论，可简化奇、偶函数在关于原点对称的区间上的定积分的计算.

例 6.3.6 计算 $\int_{-1}^{1} (|x^3| + x)\,\mathrm{d}x$.

解 由定积分的性质可知，
$$\int_{-1}^{1} (|x^3| + x)\,\mathrm{d}x = \int_{-1}^{1} |x^3|\,\mathrm{d}x + \int_{-1}^{1} x\,\mathrm{d}x,$$
x 是奇函数，$|x^3|$ 是偶函数，由例 6.3.5 的结论可知
$$\int_{-1}^{1} x\,\mathrm{d}x = 0, \int_{-1}^{1} |x^3|\,\mathrm{d}x = 2\int_{0}^{1} x^3\,\mathrm{d}x = 2 \cdot \frac{1}{4}x^4 \bigg|_{0}^{1} = \frac{1}{2}.$$
所以
$$\int_{-1}^{1} (|x^3| + x)\,\mathrm{d}x = \frac{1}{2} + 0 = \frac{1}{2}.$$

例 6.3.7 若函数 $f(x)$ 是以 T 为周期的连续函数，证明：对任意的常数 a，都有
$$\int_{a}^{a+T} f(x)\,\mathrm{d}x = \int_{0}^{T} f(x)\,\mathrm{d}x.$$

证 设 $x = u + T$，则 $\mathrm{d}x = \mathrm{d}u$. 当 $x = T$ 时，$u = 0$；当 $x = a + T$ 时，$u = a$. 于是
$$\int_{T}^{a+T} f(x)\,\mathrm{d}x = \int_{0}^{a} f(u + T)\,\mathrm{d}u = \int_{0}^{a} f(u)\,\mathrm{d}u = \int_{0}^{a} f(x)\,\mathrm{d}x.$$
由积分区间的可加性有

$$\int_a^{a+T} f(x)\,\mathrm{d}x = \int_a^0 f(x)\,\mathrm{d}x + \int_0^T f(x)\,\mathrm{d}x + \int_T^{a+T} f(x)\,\mathrm{d}x$$
$$= \int_a^0 f(x)\,\mathrm{d}x + \int_0^T f(x)\,\mathrm{d}x + \int_0^a f(x)\,\mathrm{d}x$$
$$= \int_0^T f(x)\,\mathrm{d}x.$$

例 6.3.8 若函数 $f(x)$ 在 $[0,1]$ 上连续，证明：

(1) $\int_0^{\frac{\pi}{2}} f(\sin x)\,\mathrm{d}x = \int_0^{\frac{\pi}{2}} f(\cos x)\,\mathrm{d}x$;

(2) $\int_0^\pi x f(\sin x)\,\mathrm{d}x = \dfrac{\pi}{2}\int_0^\pi f(\sin x)\,\mathrm{d}x$.

证 (1) 设 $x = \dfrac{\pi}{2} - t$，则 $\mathrm{d}x = -\mathrm{d}t$，且当 $x = 0$ 时，$t = \dfrac{\pi}{2}$；当 $x = \dfrac{\pi}{2}$ 时，$t = 0$. 于是

$$\int_0^{\frac{\pi}{2}} f(\sin x)\,\mathrm{d}x = -\int_{\frac{\pi}{2}}^0 f\left[\sin\left(\dfrac{\pi}{2} - t\right)\right]\mathrm{d}t$$
$$= \int_0^{\frac{\pi}{2}} f(\cos t)\,\mathrm{d}t = \int_0^{\frac{\pi}{2}} f(\cos x)\,\mathrm{d}x.$$

(2) 设 $x = \pi - t$，则 $\mathrm{d}x = -\mathrm{d}t$，且当 $x = 0$ 时，$t = \pi$；当 $x = \pi$ 时，$t = 0$. 于是

$$\int_0^\pi x f(\sin x)\,\mathrm{d}x = -\int_\pi^0 (\pi - t) f[\sin(\pi - t)]\,\mathrm{d}t$$
$$= \int_0^\pi (\pi - t) f(\sin t)\,\mathrm{d}t$$
$$= \pi \int_0^\pi f(\sin t)\,\mathrm{d}t - \int_0^\pi t f(\sin t)\,\mathrm{d}t$$
$$= \pi \int_0^\pi f(\sin x)\,\mathrm{d}x - \int_0^\pi x f(\sin x)\,\mathrm{d}x,$$

所以

$$\int_0^\pi x f(\sin x)\,\mathrm{d}x = \dfrac{\pi}{2}\int_0^\pi f(\sin x)\,\mathrm{d}x.$$

记住结论(沃利斯(Wallis)公式)： $I_n = \int_0^{\frac{\pi}{2}} \sin^n x\,\mathrm{d}x = \int_0^{\frac{\pi}{2}} \cos^n x\,\mathrm{d}x$

$$= \begin{cases} \dfrac{n-1}{n} \cdot \dfrac{n-3}{n-2} \cdots \dfrac{1}{2} \cdot \dfrac{\pi}{2} = \dfrac{(n-1)!!}{n!!} \cdot \dfrac{\pi}{2}, & n \text{ 为偶数}, \\ \dfrac{n-1}{n} \cdot \dfrac{n-3}{n-2} \cdots \dfrac{2}{3} \cdot 1 = \dfrac{(n-1)!!}{n!!}, & n \text{ 为奇数}. \end{cases}$$

例 6.3.9 计算定积分 $\int_0^\pi \dfrac{x\sin x}{1+\cos^2 x}\,\mathrm{d}x$.

解 由例 6.3.8 的结论，有

$$\int_0^\pi \dfrac{x\sin x}{1+\cos^2 x}\,\mathrm{d}x = \dfrac{\pi}{2}\int_0^\pi \dfrac{\sin x}{1+\cos^2 x}\,\mathrm{d}x = -\dfrac{\pi}{2}\int_0^\pi \dfrac{\mathrm{d}\cos x}{1+\cos^2 x}$$

$$= -\frac{\pi}{2}[\arctan(\cos x)]_0^\pi = -\frac{\pi}{2}\left(-\frac{\pi}{4} - \frac{\pi}{4}\right) = \frac{\pi^2}{4}.$$

*对于积分上限函数的导数的情形 6 补充如下：通过变量替换后再求导，举例如下.

例 6.3.10 设 $\varphi(x) = \int_x^{3x} \cos(x-t)^2 dt$，求 $\varphi'(x)$.

解 求导变量 x 同时出现在积分限和被积函数中，须将被积函数中的变量 x 移至积分号外，或移至积分上下限才能进行求导，为此进行变量替换.

设 $x - t = u$，则 $t = x - u$，$dt = -du$. 当 $t = x$ 时，$u = 0$；当 $t = 3x$ 时，$u = -2x$.

代入原式，有

$$\varphi(x) = -\int_0^{-2x} \cos u^2 du,$$

利用情形 3，有

$$\varphi'(x) = 2\cos(4x^2).$$

6.3.2 定积分的分部积分法

设函数 $u(x)$ 和 $v(x)$ 在闭区间 $[a, b]$ 上存在连续导数，则由 $(uv)' = u'v + uv'$，得

$$uv' = (uv)' - u'v.$$

两端从 a 到 b 对 x 求定积分，得到定积分的**分部积分公式**：

$$\int_a^b u dv = uv \Big|_a^b - \int_a^b v du.$$

例 6.3.11 计算 $\int_1^5 \ln x dx$.

解 设 $u = \ln x$，$dv = dx$，则

$$\int_1^5 \ln x dx = x \ln x \Big|_1^5 - \int_1^5 x \cdot d\ln x$$

$$= 5\ln 5 - \int_1^5 x \cdot \frac{dx}{x}$$

$$= 5\ln 5 - 4.$$

例 6.3.12 计算 $\int_0^{\frac{\pi}{2}} x \cos x dx$.

解 $\int_0^{\frac{\pi}{2}} x\cos x dx = \int_0^{\frac{\pi}{2}} x d(\sin x) = x\sin x \Big|_0^{\frac{\pi}{2}} - \int_0^{\frac{\pi}{2}} \sin x dx$

$$= \frac{\pi}{2} - \int_0^{\frac{\pi}{2}} \sin x dx = \frac{\pi}{2} + \cos x \Big|_0^{\frac{\pi}{2}} = \frac{\pi}{2} - 1.$$

例 6.3.13 计算 $\int_0^{\frac{1}{2}} \arcsin x dx$.

解 $\int_0^{\frac{1}{2}} \arcsin x \, dx = x \arcsin x \Big|_0^{\frac{1}{2}} - \int_0^{\frac{1}{2}} x \, d\arcsin x$

$= \dfrac{\pi}{12} - \int_0^{\frac{1}{2}} \dfrac{x}{\sqrt{1-x^2}} dx = \dfrac{\pi}{12} + \dfrac{1}{2} \int_0^{\frac{1}{2}} \dfrac{1}{\sqrt{1-x^2}} d(1-x^2)$

$= \dfrac{\pi}{12} + \sqrt{1-x^2} \Big|_0^{\frac{1}{2}} = \dfrac{\pi}{12} + \dfrac{\sqrt{3}}{2} - 1.$

例 6.3.14 计算 $\int_{\frac{1}{2}}^1 e^{-\sqrt{2x-1}} dx.$

解 令 $t = \sqrt{2x-1}$,则 $x = \dfrac{1}{2}(t^2+1)$,$dx = t\,dt$. 当 $x = \dfrac{1}{2}$ 时, $t = 0$;当 $x = 1$ 时, $t = 1$,于是

$$\int_{\frac{1}{2}}^1 e^{-\sqrt{2x-1}} dx = \int_0^1 t e^{-t} dt.$$

再利用分部积分法得

$\int_{\frac{1}{2}}^1 e^{-\sqrt{2x-1}} dx = \int_0^1 t e^{-t} dt = -t e^{-t} \Big|_0^1 + \int_0^1 e^{-t} dt = -e^{-1} - (e^{-t}) \Big|_0^1 = 1 - \dfrac{2}{e}.$

微课:例 6.3.14

6.3.3 同步习题

1. 用换元积分法计算下列定积分:

(1) $\int_0^3 e^x (1-e^x)^2 dx$; (2) $\int_0^1 \dfrac{x}{\sqrt{1+x^2}} dx$;

(3) $\int_0^{\frac{\pi}{8}} \tan^2 2\theta \, d\theta$; (4) $\int_0^{\frac{\pi}{2}} x \cdot \sin x^2 \, dx$;

(5) $\int_1^e \dfrac{1}{x\sqrt{1+\ln x}} dx$; (6) $\int_e^{e^2} \dfrac{1}{x\ln x} dx$;

(7) $\int_0^{\frac{\pi}{4}} \sin^3 x \cos x \, dx$; (8) $\int_0^{\frac{\pi}{2}} \sin^3 x \cos^2 x \, dx$;

(9) $\int_4^9 \dfrac{\sqrt{x}}{\sqrt{x}-1} dx$; (10) $\int_0^2 \sqrt{4-x^2} \, dx$;

(11) $\int_1^2 \dfrac{\sqrt{x^2-1}}{x} dx$;

(12) $\int_0^1 \dfrac{x \, dx}{(2-x^2)\sqrt{1-x^2}}$.

2. 计算下列定积分:

(1) $\int_{-1}^1 \dfrac{1}{\sqrt{(1+x^2)^3}} dx$;

(2) $\int_{-1}^1 \dfrac{x^2 \sin x}{\sqrt{1-x^4}} dx$;

(3) $\int_{-1}^1 \dfrac{x}{\sqrt{5-4x}} dx$;

(4) $\int_{-\frac{\pi}{2}}^{\frac{\pi}{2}} (x^3 + \sin^2 x) \cos^2 x \, dx$;

(5) $\int_0^{\frac{\pi}{2}} |\sin x - \cos x| dx$;

(6) $\int_0^{\pi} \sqrt{1 - \sin^2 x} \, dx$;

(7) $\int_0^{\frac{\pi}{2}} \sin^8 x \, dx$;

(8) $\int_0^{\frac{\pi}{2}} \cos^7 x \, dx$.

3. 设 $f(x) = \begin{cases} x+1, & x \leq 1, \\ \dfrac{1}{2}x^2, & x > 1, \end{cases}$ 求 $\int_0^2 f(x) dx.$

4. 用分部积分法计算下列定积分:

(1) $\int_0^1 x e^{-x} dx$; (2) $\int_0^1 \arctan x \, dx$;

(3) $\int_1^e x \ln x \, dx$; (4) $\int_0^{\frac{\pi}{2}} x^2 \cdot \sin x \, dx$;

(5) $\int_0^{\frac{\pi}{2}} e^{2x} \cos x \, dx$; (6) $\int_{\frac{1}{e}}^e |\ln x| dx$.

5. 设连续函数 $f(x)$ 满足 $f(x) = \ln x - \int_1^e f(x) dx$,证明:$\int_1^e f(x) dx = \dfrac{1}{e}$.

6. 证明:对任意实数 a 都有

$$\int_a^{a+\pi} \sin 2x \, dx = \int_0^{\pi} \sin 2x \, dx.$$

6.4 反常积分

前面讨论定积分 $\int_a^b f(x)\mathrm{d}x$ 时,都假设积分区间 $[a,b]$ 有限,被积函数 $f(x)$ 在 $[a,b]$ 上有界,这类积分通常被称作"黎曼积分". 但是我们经常会遇到不满足这两个条件的积分,于是可以从以下两个方面推广定积分的概念.

(1) 有界函数在无穷区间上的积分——**无穷限积分**;
(2) 无界函数在有限区间上的积分——**瑕积分**.
我们把无穷限积分与瑕积分统称为**反常积分**.

6.4.1 无穷限积分

例 6.4.1 求由曲线 $y = \mathrm{e}^{-x}$,x 轴正半轴及 y 轴所围成的平面图形的面积 A.

解 由曲线 $y = \mathrm{e}^{-x}$,x 轴正半轴及 y 轴所围的平面图形并不封闭. 根据定积分的几何意义,所求面积 A 可用无穷区间上的积分表示为 $A = \int_0^{+\infty} \mathrm{e}^{-x}\mathrm{d}x$.

如图 6.6 所示,若做直线 $x = b$,$b > 0$,那么由曲线 $y = \mathrm{e}^{-x}$,x 轴与 y 轴及 $x = b$ 所围成的图形的面积为

$$\int_0^b \mathrm{e}^{-x}\mathrm{d}x = -\mathrm{e}^{-x}\Big|_0^b = 1 - \mathrm{e}^{-b}.$$

当 $b \to +\infty$ 时,曲边梯形的面积的极限就等于面积 A,即

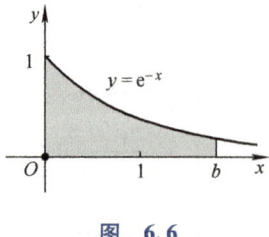

图 6.6

$$A = \int_0^{+\infty} \mathrm{e}^{-x}\mathrm{d}x = \lim_{b \to +\infty} \int_0^b \mathrm{e}^{-x}\mathrm{d}x = \lim_{b \to +\infty}(1 - \mathrm{e}^{-b}) = 1.$$

定义 6.4.1 有界函数 $f(x)$ 在无穷区间上的积分称为**无穷限积分**.

(1) 若函数 $f(x)$ 在区间 $[a, +\infty)$ 上是连续的,取 $b > a$,则

$$\int_a^{+\infty} f(x)\mathrm{d}x = \lim_{b \to +\infty} \int_a^b f(x)\mathrm{d}x \qquad (6.4.1)$$

(2) 若函数 $f(x)$ 在区间 $(-\infty, b]$ 上是连续的,取 $a < b$,则

$$\int_{-\infty}^b f(x)\mathrm{d}x = \lim_{a \to -\infty} \int_a^b f(x)\mathrm{d}x \qquad (6.4.2)$$

(3) 若函数 $f(x)$ 在区间 $(-\infty, +\infty)$ 上是连续的,取任意常数 c,则

$$\int_{-\infty}^{+\infty} f(x)\mathrm{d}x = \int_{-\infty}^c f(x)\mathrm{d}x + \int_c^{+\infty} f(x)\mathrm{d}x$$

$$= \lim_{t \to -\infty} \int_t^c f(x)\mathrm{d}x + \lim_{t \to +\infty} \int_c^t f(x)\mathrm{d}x \qquad (6.4.3)$$

如果式(6.4.1)和式(6.4.2)中的极限存在,我们称相应的无穷限积分

收敛，且极限值就是反常积分值；反之，若极限不存在，则称无穷限积分**发散**.

对于式(6.4.3)，若 $\int_{-\infty}^{c} f(x)dx$ 与 $\int_{c}^{+\infty} f(x)dx$ 都收敛，则称无穷限积分 $\int_{-\infty}^{+\infty} f(x)dx$ **收敛**，否则**发散**.

结合牛顿-莱布尼茨公式可得如下结果：

设 $f(x)$ 的一个原函数为 $F(x)$，记 $F(+\infty) = \lim\limits_{x \to +\infty} F(x)$，$F(-\infty) = \lim\limits_{x \to -\infty} F(x)$，若 $F(+\infty)$ 与 $F(-\infty)$ 存在，有

$$\int_{a}^{+\infty} f(x)dx = F(x) \Big|_{a}^{+\infty} = F(+\infty) - F(a),$$

$$\int_{-\infty}^{b} f(x)dx = F(x) \Big|_{-\infty}^{b} = F(b) - F(-\infty),$$

$$\int_{-\infty}^{+\infty} f(x)dx = F(x) \Big|_{-\infty}^{+\infty} = F(+\infty) - F(-\infty),$$

则称相应的无穷限积分**收敛**，否则**发散**.

例 6.4.2 计算反常积分 $\int_{1}^{+\infty} \frac{1}{x^2} dx$.

解 $\int_{1}^{+\infty} \frac{1}{x^2} dx = \lim\limits_{b \to +\infty} \int_{1}^{b} \frac{1}{x^2} dx$

$= \lim\limits_{b \to +\infty} \left(-\frac{1}{x}\right) \Big|_{1}^{b} = 1.$

微课：例 6.4.2

例 6.4.3 计算反常积分 $\int_{-\infty}^{+\infty} \frac{1}{1+x^2} dx$.

解 因为 $F(+\infty)$ 与 $F(-\infty)$ 都存在，所以

$$\int_{-\infty}^{+\infty} \frac{1}{1+x^2} dx = \arctan x \Big|_{-\infty}^{+\infty}$$

$$= \lim\limits_{x \to +\infty} \arctan x - \lim\limits_{x \to -\infty} \arctan x$$

$$= \frac{\pi}{2} - \left(-\frac{\pi}{2}\right) = \pi.$$

例 6.4.4 讨论反常积分 $\int_{a}^{+\infty} \frac{1}{x^p} dx$，$a > 0$ 的收敛性.

解 (1) 当 $p = 1$ 时，$\int_{a}^{+\infty} \frac{1}{x^p} dx = (\ln x) \Big|_{a}^{+\infty} = \lim\limits_{x \to +\infty} \ln x - \ln a = +\infty$.

(2) 当 $p \neq 1$ 时，$\int_{a}^{+\infty} \frac{1}{x^p} dx = \frac{x^{1-p}}{1-p} \Big|_{a}^{+\infty} = \begin{cases} +\infty, & p < 1, \\ \frac{a^{1-p}}{p-1}, & p > 1. \end{cases}$

综上，当 $p \leq 1$ 时，$\int_{a}^{+\infty} \frac{1}{x^p} dx$ 发散；

当 $p > 1$ 时，$\int_{a}^{+\infty} \frac{1}{x^p} dx$ 收敛，其值为 $\frac{a^{1-p}}{p-1}$.

6.4.2 无界函数的反常积分

例 6.4.5 求由曲线 $y = x^{-\frac{1}{2}}$，x 轴、y 轴正半轴以及 $x = 1$ 所围的图形的面积.

解 显然曲线 $y = x^{-\frac{1}{2}}$，x 轴、y 轴正半轴及直线 $x = 1$ 所围的图形不封闭. 做直线 $x = a$，$0 < a < 1$，如图 6.7 所示，我们先求从 a 到 1 阴影部分所示图形的面积，

$$\int_a^1 x^{-\frac{1}{2}} dx = 2x^{\frac{1}{2}} \Big|_a^1 = 2 - 2\sqrt{a}.$$

而曲线 $y = x^{-\frac{1}{2}}$，x 轴、y 轴以及直线 $x = 1$ 所围图形的面积 A，是当 $a \to 0^+$ 时，$\int_a^1 x^{-\frac{1}{2}} dx$ 的极限，即

$$A = \lim_{a \to 0^+} \int_a^1 x^{-\frac{1}{2}} dx = \lim_{a \to 0^+} (2 - 2\sqrt{a}) = 2.$$

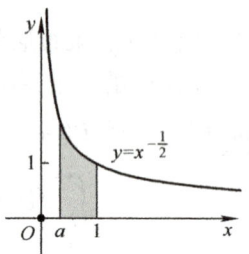

图 6.7

定义 6.4.2 当被积函数 $f(x)$ 在有限区间 $[a,b]$ 上存在无界的点（至多有限个），则称 $\int_a^b f(x) dx$ 为**瑕积分**. 使函数 $f(x)$ 在 $[a,b]$ 上无界的点称为函数 $f(x)$ 的**瑕点**.

(1) 若函数 $f(x)$ 在区间 $(a,b]$ 上是连续的，a 是 $f(x)$ 的瑕点，则

$$\int_a^b f(x) dx = \lim_{t \to a^+} \int_t^b f(x) dx; \qquad (6.4.4)$$

(2) 若函数 $f(x)$ 在区间 $[a,b)$ 上是连续的，b 是 $f(x)$ 的瑕点，则

$$\int_a^b f(x) dx = \lim_{t \to b^-} \int_a^t f(x) dx; \qquad (6.4.5)$$

(3) 若函数 $f(x)$ 在区间 $[a,c)$ 与 $(c,b]$ 上都是连续的，c 是 $f(x)$ 的瑕点，则

$$\int_a^b f(x) dx = \int_a^c f(x) dx + \int_c^b f(x) dx$$

$$= \lim_{t \to c^-} \int_a^t f(x) dx + \lim_{t \to c^+} \int_t^b f(x) dx. \qquad (6.4.6)$$

如果式(6.4.4)和式(6.4.5)中的极限存在，我们称瑕积分 $\int_a^b f(x) dx$ **收敛**，且极限值就是积分值；反之若极限不存在，则称瑕积分 $\int_a^b f(x) dx$ **发散**.

对于式(6.4.6)，若瑕积分 $\int_a^c f(x) dx$ 与 $\int_c^b f(x) dx$ 都收敛，则称瑕积分 $\int_a^b f(x) dx$ **收敛**，否则**发散**.

计算瑕积分，也可以表示为牛顿-莱布尼茨公式.

设 $x = a$ 为 $f(x)$ 的瑕点，在 $(a,b]$ 上 $F'(x) = f(x)$，如果极限 $\lim_{x \to a^+} f(x)$ 存

在，则反常积分的计算可采用如下形式：
$$\int_a^b f(x)\mathrm{d}x = \left[F(x)\right]\Big|_a^b = F(b) - F(a^+) = F(b) - \lim_{x\to a^+}F(x).$$

对于 $f(x)$ 在区间 $[a,b]$ 上是连续的，b 是瑕点的反常积分，也有类似的计算公式.

例 6.4.6 计算反常积分 $\int_0^1 \dfrac{1}{\sqrt{1-x}}\mathrm{d}x$.

解 $x = 1$ 为瑕点，故
$$\int_0^1 \frac{1}{\sqrt{1-x}}\mathrm{d}x = -2\sqrt{1-x}\Big|_0^1$$
$$= -2\lim_{x\to 1^-}(\sqrt{1-x}-1) = 2.$$

例 6.4.7 计算反常积分 $\int_0^3 \dfrac{1}{(x-1)^{2/3}}\mathrm{d}x$.

解 $x = 1$ 为瑕点，故
$$\int_0^3 \frac{1}{(x-1)^{2/3}}\mathrm{d}x = \int_0^1 \frac{1}{(x-1)^{2/3}}\mathrm{d}x + \int_1^3 \frac{1}{(x-1)^{2/3}}\mathrm{d}x$$
$$= 3\lim_{x\to 1^-}(x-1)^{\frac{1}{3}}\Big|_0^1 + 3\lim_{x\to 1^+}(x-1)^{\frac{1}{3}}\Big|_1^3$$
$$= 3(1+\sqrt[3]{2}).$$

例 6.4.8 计算反常积分 $\int_{-1}^1 \dfrac{1}{x}\mathrm{d}x$.

解 $x = 0$ 为瑕点，故
$$\int_{-1}^1 \frac{1}{x}\mathrm{d}x = \int_{-1}^0 \frac{1}{x}\mathrm{d}x + \int_0^1 \frac{1}{x}\mathrm{d}x,$$

分别讨论 $\int_{-1}^0 \dfrac{1}{x}\mathrm{d}x$ 与 $\int_0^1 \dfrac{1}{x}\mathrm{d}x$ 的敛散性，
$$\int_{-1}^0 \frac{1}{x}\mathrm{d}x = \ln|x|\Big|_{-1}^0 = \lim_{x\to 0^-}\ln|x| - \ln 1 = -\infty,$$
$$\int_0^1 \frac{1}{x}\mathrm{d}x = \ln|x|\Big|_0^1 = \ln 1 - \lim_{x\to 0^+}\ln|x| = +\infty,$$

反常积分 $\int_{-1}^0 \dfrac{1}{x}\mathrm{d}x$ 与 $\int_0^1 \dfrac{1}{x}\mathrm{d}x$ 均发散，故 $\int_{-1}^1 \dfrac{1}{x}\mathrm{d}x$ 发散.

注 $\int_{-1}^1 \dfrac{1}{x}\mathrm{d}x = \ln|x|\Big|_{-1}^1 = 0$ 是错误的，理由是原函数 $\ln|x|$ 在 $x = 0$ 点处不连续.

6.4.3 同步习题

1. 求下列无穷区间上的反常积分值或说明它发散：

(1) $\int_1^{+\infty} \dfrac{\ln x}{x^2}\mathrm{d}x$；

(2) $\int_{-\infty}^1 \dfrac{1}{(2x-3)^2}\mathrm{d}x$；

(3) $\int_{-\infty}^{+\infty} 2x\mathrm{e}^{-x^2}\mathrm{d}x$；

(4) $\int_2^{+\infty} \dfrac{2}{x^2-1}\mathrm{d}x$.

2. 求下列无界函数的反常积分值或说明它发散：

(1) $\int_0^4 \dfrac{\mathrm{d}x}{\sqrt{4-x}}$; (2) $\int_1^2 \dfrac{x\mathrm{d}x}{\sqrt{x-1}}$;

(3) $\int_1^e \dfrac{\mathrm{d}x}{x\sqrt{1-(\ln x)^2}}$; (4) $\int_0^2 \dfrac{\mathrm{d}x}{(x-1)^2}$.

3. 下列结论中正确的是( ).

A. $\int_1^{+\infty} \dfrac{\mathrm{d}x}{x(x+1)}$ 与 $\int_0^1 \dfrac{\mathrm{d}x}{x(x+1)}$ 都收敛

B. $\int_1^{+\infty} \dfrac{\mathrm{d}x}{x(x+1)}$ 与 $\int_0^1 \dfrac{\mathrm{d}x}{x(x+1)}$ 都发散

C. $\int_1^{+\infty} \dfrac{\mathrm{d}x}{x(x+1)}$ 发散, $\int_0^1 \dfrac{\mathrm{d}x}{x(x+1)}$ 收敛

D. $\int_1^{+\infty} \dfrac{\mathrm{d}x}{x(x+1)}$ 收敛, $\int_0^1 \dfrac{\mathrm{d}x}{x(x+1)}$ 发散

4. 已知 $\int_{-\infty}^{+\infty} e^{k|x|}\mathrm{d}x = 1$, 则 $k = $ _____.

6.5 定积分在几何上的应用

本节先介绍微元法,然后学习定积分在几何上的应用.

6.5.1 微元法

首先回顾将曲边梯形的面积表示为定积分的步骤:

(1) 分割

在区间$[a,b]$中任意插入 $n-1$ 个分点,将区间$[a,b]$分成长度为 Δx_i, $i=1,2,\cdots,n$ 的 n 个小区间. 相应地,将曲边梯形分成 n 个小曲边梯形.

(2) 近似代替

第 i 个小曲边梯形的面积设为 ΔA_i,于是有

$$A = \sum_{i=1}^n \Delta A_i, i = 1,2,\cdots,n.$$

而

$$\Delta A_i \approx f(\xi_i)\Delta x_i, x_{i-1} \leqslant \xi_i \leqslant x_i.$$

(3) 求和

$$A = \sum_{i=1}^n \Delta A_i \approx \sum_{i=1}^n f(\xi_i)\Delta x_i.$$

(4) 取极限

记 $\lambda = \max\{\Delta x_1, \Delta x_2, \cdots, \Delta x_n\}$, $A = \lim\limits_{\lambda \to 0}\sum\limits_{i=1}^n f(\xi_i)\Delta x_i = \int_a^b f(x)\mathrm{d}x$.

通过上述的四步,我们将所求量"曲边梯形面积 A"表述为定积分的形式. 由此抽象出将所求量 U 表示为定积分的具体步骤:

(1) 根据问题的实际意义画图,选取一个变量作为积分变量,并确定它的变化区间.

(2) 设想将$[a,b]$分成 n 个小区间,任一小区间记作$[x, x+\mathrm{d}x]$,对应于这个小区间的部分量 $\mathrm{d}u$,则 $\mathrm{d}u = f(x)\mathrm{d}x$,则 $f(x)\mathrm{d}x$ 为面积元素.

(3) $U = \int_a^b \mathrm{d}u = \int_a^b f(x)\mathrm{d}x$.

上述用定积分表示具体问题的方法通常称为微元法.

6.5.2 平面图形的面积

由定积分的几何意义可知：由曲线 $y=f(x)$，$f(x)>0$、x 轴与直线 $x=a$，$x=b$，$a<b$ 所围成的曲边梯形的面积为

$$A = \int_a^b f(x)\,dx.$$

若我们放松条件，不要求 $y=f(x)$ 一定是非负的，而面积为正值，故被积函数需取绝对值，那么所围图形的面积为

$$A = \int_a^b |f(x)|\,dx.$$

在直角坐标系中，利用定积分来求平面图形的面积，可分成下面 4 种情形：

情形 1 由一条连续曲线 $y=f(x)$，x 轴及两条直线 $x=a$，$x=b$，$a<b$ 所围成的平面图形(见图 6.8)的面积为

$$A = \int_a^b |f(x)|\,dx. \tag{6.5.1}$$

例 6.5.1 求由曲线 $y=-x^2$ 与 x 轴及直线 $x=1$ 所围成的平面图形的面积.

解 如图 6.9 所示的阴影部分为曲线 $y=-x^2$ 与 x 轴及直线 $x=1$ 所围成的平面图形的面积，$y=-x^2$ 与 $x=1$ 的交点坐标为 $(1,-1)$. 取横坐标 x 为积分变量，面积元素

$$dA = |-x^2|\,dx.$$

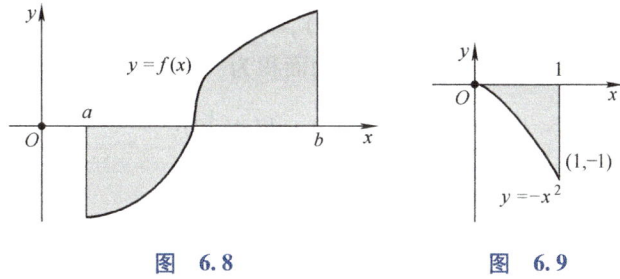

图 6.8　　　　图 6.9

积分区间为 $[1,-1]$，则所围成图形的面积为

$$A = \int_0^1 |-x^2|\,dx = \int_0^1 x^2\,dx = \frac{1}{3}x^3 \Big|_0^1 = \frac{1}{3}.$$

情形 2 由两条连续曲线 $y=f(x)$，$y=g(x)$ 及两条直线 $x=a$，$x=b$，$a<b$ 所围成的曲边梯形(见图 6.10)的面积为

$$A = \int_a^b |f(x)-g(x)|\,dx. \tag{6.5.2}$$

例 6.5.2 求由直线 $y=x+4$ 与曲线 $y=\frac{1}{2}x^2$ 所围成的平面图形的面积.

解 如图 6.11 所示的阴影部分为 $y=x+4$ 与 $y=\frac{1}{2}x^2$ 所围成的平面图

形,解方程组

$$\begin{cases} y = x + 4, \\ y = \dfrac{1}{2}x^2, \end{cases}$$

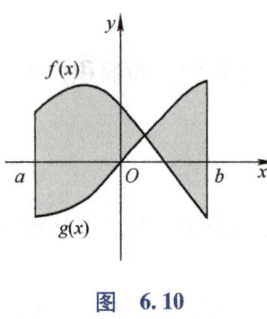

图 6.10

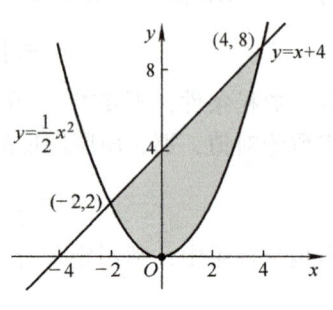

图 6.11

得交点坐标为$(-2,2)$与$(4,8)$. 取横坐标x为积分变量,面积元素

$$dA = \left[(x+4) - \dfrac{x^2}{2}\right]dx.$$

积分区间为$[-2,4]$,则所围成图形的面积为

$$A = \int_{-2}^{4}\left[(x+4) - \dfrac{x^2}{2}\right]dx = \left(\dfrac{x^2}{2} + 4x - \dfrac{x^3}{6}\right)\bigg|_{-2}^{4} = 18.$$

情形3 由一条连续曲线$x = \varphi(y)$,y轴及两条直线$y = c$,$y = d$,$c < d$所围成的平面图形(见图6.12)的面积为

$$A = \int_{c}^{d}|\varphi(y)|dy. \tag{6.5.3}$$

情形4 由两条连续曲线$x = \varphi(y)$,$x = \psi(y)$及两条直线$y = c$,$y = d$,$c < d$所围成的曲边梯形(见图6.13)的面积为

$$A = \int_{c}^{d}|\varphi(y) - \psi(y)|dy. \tag{6.5.4}$$

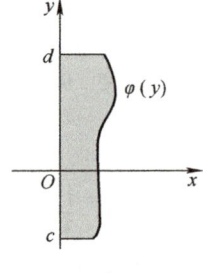

图 6.12

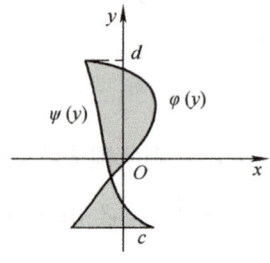

图 6.13

例6.5.3 求由抛物线$y^2 = 2x$与直线$y = x - 4$所围成的平面图形的面积.

解 画出$y^2 = 2x$与$y = x - 4$所围成的平面图形,如图6.14所示的阴影部分,解方程组

$$\begin{cases} y^2 = 2x, \\ y = x - 4, \end{cases}$$

得交点坐标为 $(2,-2)$ 和 $(8,4)$. 取纵坐标 y 为积分变量，面积元素

$$dA = \left[(y+4) - \frac{y^2}{2}\right]dy.$$

积分区间为 $[-2,4]$，则所围成图形的面积为

$$A = \int_{-2}^{4}\left(y + 4 - \frac{y^2}{2}\right)dy = 18.$$

例 6.5.3 的平面图形是由例 6.5.2 的平面图形翻转而来的，图形面积大小并没有改变，但是积分变量的选择不同. 例 6.5.3 也可以通过划分 x 轴来求解，但是积分区间需分为两段，计算比较麻烦.

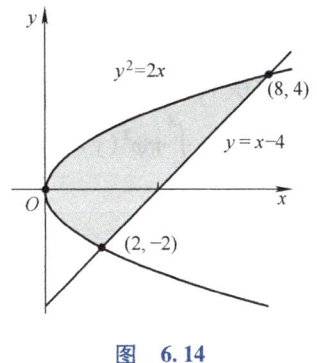

图　6.14

6.5.3　旋转体的体积

在这里我们介绍几种比较常见的旋转体的体积的求法.

1. 母线是一条曲线的情形

由一条连续曲线 $y = f(x)$ 和直线 $x = a$，$x = b$，$a < b$ 及 x 轴所围平面图形绕 x 轴旋转一周所形成的旋转体，如图 6.15 所示，则该旋转体的体积 V_x 可由下式求出：

$$V_x = \int_a^b \pi f^2(x)dx = \pi \int_a^b f^2(x)dx. \tag{6.5.5}$$

同理，若立体是由连续曲线 $x = \varphi(y)$ 和直线 $y = c$，$y = d$，$c < d$ 及 y 轴所围平面图形绕 y 轴旋转一周所形成的旋转体，如图 6.16 所示. 则该旋转体的体积 V_y 可由下式求出：

$$V_y = \int_c^d \pi \varphi^2(y)dy = \pi \int_c^d \varphi^2(y)dy. \tag{6.5.6}$$

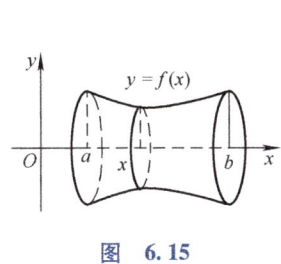　　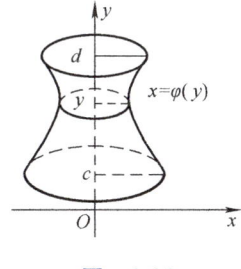

图　6.15　　　　　　图　6.16

2. 母线是两条曲线的情形

由两条连续曲线 $y = f(x)$，$y = g(x)$ 和直线 $x = a$，$x = b$，$a < b$ 所围成的平面图形（见图 6.17）绕 x 轴旋转一周所形成的旋转体，则该旋转体的体积 V_x 可由下式求出：

$$V_x = \int_a^b \pi f^2(x)dx - \int_a^b \pi g^2(x)dx = \pi \int_a^b [f^2(x) - g^2(x)]dx.$$

$$\tag{6.5.7}$$

同理，由两条连续曲线 $x=\varphi(y)$，$x=\psi(y)$ 和直线 $y=c$，$y=d$，$c<d$ 所围成的平面图形（见图 6.18）绕 y 轴旋转一周所形成的旋转体，则该旋转体的体积 V_y 可由下式求出：

$$V_y = \int_c^d \pi\varphi^2(y)\,\mathrm{d}y - \int_c^d \pi\psi^2(y)\,\mathrm{d}y = \pi\int_c^d [\varphi^2(y) - \psi^2(y)]\,\mathrm{d}y.$$

(6.5.8)

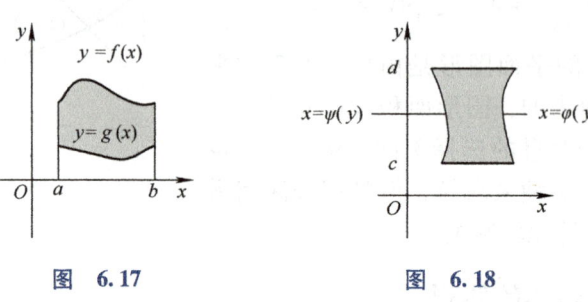

图 6.17　　　　　　　　图 6.18

例 6.5.4　求由直线 $y=0$，$x=\mathrm{e}$ 及曲线 $y=\ln x$ 所围成的平面图形绕 x 轴旋转一周所得的旋转体的体积.

解　平面图形绕 x 轴旋转所得旋转体的体积（见图 6.19）为

$$\begin{aligned}V_x &= \int_1^{\mathrm{e}} \pi y^2\,\mathrm{d}x = \pi\int_1^{\mathrm{e}} \ln^2 x\,\mathrm{d}x = \pi\left[x\ln^2 x\Big|_1^{\mathrm{e}} - \int_1^{\mathrm{e}} x\,\mathrm{d}\ln^2 x\right]\\ &= \pi\mathrm{e} - \pi\int_1^{\mathrm{e}} x\cdot 2\ln x\cdot\frac{1}{x}\,\mathrm{d}x = \pi\mathrm{e} - 2\pi\int_1^{\mathrm{e}} \ln x\,\mathrm{d}x\\ &= \pi\mathrm{e} - 2\pi\left(x\ln x\Big|_1^{\mathrm{e}} - \int_1^{\mathrm{e}} x\cdot\frac{1}{x}\,\mathrm{d}x\right) = \pi\mathrm{e} - 2\pi.\end{aligned}$$

例 6.5.5　求椭圆 $\dfrac{x^2}{9}+\dfrac{y^2}{4}=1$ 绕 y 轴旋转一周所得旋转体的体积.

解　做椭圆图形（见图 6.20），绕 y 轴旋转一周所得旋转体的体积为

$$\begin{aligned}V_y &= \pi\int_{-2}^{2} x^2\,\mathrm{d}y = 2\pi\int_0^2 x^2\,\mathrm{d}y = 2\pi\int_0^2 9\left(1-\frac{y^2}{4}\right)\mathrm{d}y\\ &= 2\pi\left(9y - \frac{3}{4}y^3\right)\Big|_0^2 = 24\pi.\end{aligned}$$

微课：例 6.5.5

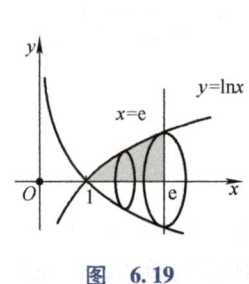
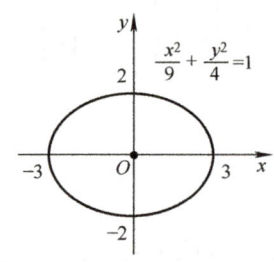

图 6.19　　　　　　　　图 6.20

6.5.4　平行截面面积为已知的立体的体积

由旋转体的体积的计算过程可以发现：如果知道该立体上垂直于一定

轴的各个截面的面积，那么这个立体的体积也可以用定积分来计算.

如图 6.21 所示，取定轴为 x 轴，且设该立体在过点 $x=a$，$x=b$ 且垂直于 x 轴的两个平面之内，以 $A(x)$ 表示过点 x 且垂直于 x 轴的截面面积.

取 x 为积分变量，它的变化区间为 $[a,b]$. 立体中相应于 $[a,b]$ 上任一小区间 $[x,x+\mathrm{d}x]$ 的一薄片的体积近似于底面积为 $A(x)$，高为 $\mathrm{d}x$ 的扁圆柱体的体积，即体积元素为

$$\mathrm{d}V = A(x)\mathrm{d}x,$$

于是，该立体的体积为

$$V = \int_a^b A(x)\mathrm{d}x.$$

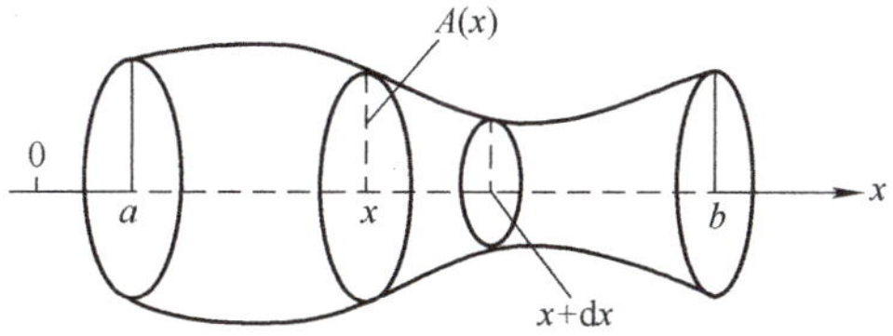

图 6.21

例 6.5.6 计算椭圆 $\dfrac{x^2}{a^2}+\dfrac{y^2}{b^2}=1$ 所围成的图形绕 x 轴旋转而成的立体的体积.

解 旋转体可看作由上半个椭圆 $y=\dfrac{b}{a}\sqrt{a^2-x^2}$ 及 x 轴所围成的图形绕 x 轴旋转所得的立体(见图 6.22).

在 x 处 $-a\leqslant x\leqslant a$，用垂直于 x 轴的平面去截立体所得截面面积为

$$A(x) = \pi\cdot\left(\dfrac{b}{a}\sqrt{a^2-x^2}\right)^2,$$

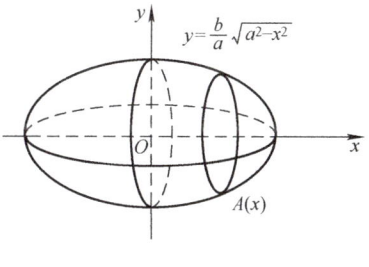

图 6.22

因此

$$V_x = \int_{-a}^{a} A(x)\mathrm{d}x = \dfrac{\pi b^2}{a^2}\int_{-a}^{a}(a^2-x^2)\mathrm{d}x = \dfrac{4}{3}\pi ab^2.$$

6.5.5 同步习题

1. 求由下列曲线所围成的平面图形的面积：
(1) $y=x$，$y=x^2$；
(2) $y=3-x^2$，$y=2x$；
(3) $y=\ln x$，$y=0$，$y=1$，$x=0$；
(4) $y=e^x$，$y=0$，$x=0$，$x=1$；
(5) $2y^2=x+4$，$y^2=x$；
(6) $xy=1$，$y=x$，$x=3$；
(7) $y=x^2$，$y=2x-x^2$；
(8) $y=\cos x$，$y=\sin x$，$x=0$，$x=\pi$.

2. 求由下列曲线所围成的平面图形绕指定旋转轴旋转所成的立体的体积：
(1) $y=x^2$，$x=y^2$ 绕 y 轴旋转；
(2) $xy=a^2$，$y=0$，$x=a$，$x=2a$，$a>0$ 绕 x 轴旋转；
(3) $x^2+(y-5)^2=16$ 绕 x 轴旋转；
(4) $y=x^2$，$y=x$ 绕 x 轴旋转；
(5) $y=\cos x$，$y=0$，$x=0$，$x=\pi$ 绕 y 轴旋转；
(6) $x^2+y^2=R^2$ 绕 y 轴旋转.

6.6 定积分在经济上的应用

积分学在经济学中主要应用于由边际函数求总量、投资、消费者剩余与生产者剩余、现金流量的现值与将来值、国民收入分配等问题.

6.6.1 已知边际函数求总量问题

已知边际函数求总量问题是积分在经济中最典型、最常见的应用. 例如, 已知边际成本求总成本; 已知边际收益求总收益; 已知边际利润求总利润.

1) 边际成本函数

$$\frac{dC(Q)}{dQ} = C'(Q). \tag{6.6.1}$$

2) 边际收益函数

$$\frac{dR(Q)}{dQ} = R'(Q). \tag{6.6.2}$$

3) 边际利润函数

$$\frac{dL(Q)}{dQ} = L'(Q). \tag{6.6.3}$$

总成本函数可以表示为

$$C(Q) = \int_0^Q C'(Q)dQ + C_0. \tag{6.6.4}$$

总收益函数为

$$R(Q) = \int_0^Q R'(Q)dQ. \tag{6.6.5}$$

总利润函数为

$$L(Q) = \int_0^Q L'(Q)dQ = \int_0^Q [R'(Q) - C'(Q)]dQ - C_0. \tag{6.6.6}$$

例 6.6.1 已知边际成本函数为 $C'(Q) = 3Q^2 - 118Q + 1315$, 固定成本为 2000, 试确定总成本函数.

解 总成本函数为

$$\begin{aligned}C(Q) &= \int_0^Q (3Q^2 - 118Q + 1315)dQ + C_0 \\ &= Q^3 - 59Q^2 + 1315Q + 2000.\end{aligned}$$

例 6.6.2 已知某产品的边际成本 $C'(Q) = 1$(万元/百台), 边际收益 $R'(Q) = 5 - Q$(万元/百台), 其中 Q 为产量, 固定成本 1 万元, 求

(1) 收益函数和成本函数;

(2) 产量等于多少时利润最大?

解 (1) 收益函数为

$$R(Q) = \int_0^Q R'(Q)dQ = \int_0^Q (5-Q)dQ = 5Q - \frac{1}{2}Q^2.$$

成本函数为
$$C(Q) = \int_0^Q C'(Q)\mathrm{d}Q + C_0 = \int_0^Q \mathrm{d}Q + 1 = Q + 1.$$
于是利润函数为
$$\begin{aligned} L(Q) &= R(Q) - C(Q) \\ &= \left(5Q - \frac{1}{2}Q^2\right) - (Q+1) = -\frac{1}{2}Q^2 + 4Q - 1. \end{aligned}$$

(2) 边际利润为 $L'(Q) = 4 - Q$,令 $L'(Q) = 0$,得驻点 $Q = 4$.

对于实际问题,最大利润存在,驻点唯一,故产量是 4 百台时,利润最大.

6.6.2 消费者剩余与生产者剩余问题

在经济生活中,消费者和生产者是两大群体. 影响消费者的需求、生产者的供给的主要因素是价格. 如果不考虑价格以外的其他因素,需求量、供给量与价格的关系为

商品价格越低,需求量越大;商品价格越高,需求量越小;

商品价格越高,供给量越大;商品价格越低,供给量越小.
这种规律可用供求曲线(见图 6.23)描述.

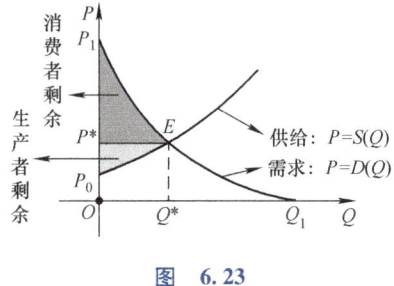

图 6.23

需求量与供应量都是价格的函数,用纵坐标表示价格,横坐标表示需求量和供给量. 在市场经济下,价格和数量在不断调整,最后趋向于平衡价格和平衡数量,分别用 P^* 和 Q^* 表示,也即供给曲线与需求曲线的交点 E.

下面介绍消费者剩余与生产者剩余的相关概念.

1. 消费者剩余(CS)

消费者剩余(Consumer Surplus,CS)就是某商品价值与其价格之间的差额,或者说是消费者根据自己对商品效用的评价所愿意支付的价格与实际付出的价格的差额. 由图 6.23 可知,消费者剩余为

$$\mathrm{CS} = \int_0^{Q^*} (D(Q) - P^*)\mathrm{d}Q. \tag{6.6.7}$$

2. 生产者剩余(PS)

生产者剩余(Producer Surplus,PS)是指生产者出售一定量商品或服务实际获得的价钱与生产者可以接受的最低价钱之差,是对生产者从交易中所得利益的一种货币度量. 由图 6.23 可知,生产者剩余为

$$PS = \int_0^{Q^*} (P^* - S(Q))dQ. \tag{6.6.8}$$

例 6.6.3 设需求函数 $D(Q) = 8 - \dfrac{Q}{3}$,供给函数 $S(Q) = \dfrac{Q}{2} - \dfrac{9}{2}$,求消费者剩余和生产者剩余.

解 首先求出平衡价格和平衡数量,
$$8 - \frac{Q}{3} = \frac{Q}{2} - \frac{9}{2},$$

解得
$$Q^* = 15, \quad P^* = 3.$$

则
$$\begin{aligned}
\text{CS} &= \int_0^{Q^*}(D(Q) - P^*)dQ = \int_0^{15}\left[8 - \frac{Q}{3} - 3\right]dQ \\
&= \int_0^{15}\left(5 - \frac{Q}{3}\right)dQ = \left(5Q - \frac{Q^2}{6}\right)\bigg|_0^{15} = \frac{75}{2}, \\
\text{PS} &= \int_0^{Q^*}(P^* - S(Q))dQ = \int_0^{15}\left[3 - \left(\frac{Q}{2} - \frac{9}{2}\right)\right]dQ \\
&= \int_0^{15}\left(\frac{15}{2} - \frac{Q}{2}\right)dQ = \left(\frac{15}{2}Q - \frac{Q^2}{4}\right)\bigg|_0^{15} = \frac{225}{4}.
\end{aligned}$$

微课:例 6.6.3

6.6.3 投资问题

1. 现金流量的现值

设 $f(t)$ 为收入流(或支出流),在 $[0,T]$ 上任一时间段 $[t, t+dt]$ 内的收入(或支出)为 $f(t)dt$,若按年率 r 连续复利计息,其现值为 $f(t)e^{-rt}dt$,则在 $[0,T]$ 内收入(或支出)的现值 P 为

$$P = \int_0^T f(t)e^{-rt}dt. \tag{6.6.9}$$

2. 现金流量的将来值

设 $f(x)$ 为收入流(或支出流),在 $[0,T]$ 上任一时间段 $[t, t+dt]$ 内的收入(或支出)为 $f(t)dt$,在以后 $(T-t)$ 期间内若按年率 r 连续复利计息,其将来值为 $f(t)e^{r(T-t)}dt$,则在 $[0,T]$ 内收入(或支出)的将来值 B 为

$$B = \int_0^T f(t)e^{r(T-t)}dt. \tag{6.6.10}$$

假设 a 为常数,若收入流(或支出流)$f(t) = a$,则称 $f(t)$ 为**均匀收入流(或支出流)**.

例 6.6.4 求收入流为 1000(元/年)在 20 年时间内的现值与将来值,这里以 10% 的年利率连续复利方式赢取利息.

解 据公式有现值
$$P = \int_0^{20} 1000 \cdot e^{-0.1t}dt = -\frac{1000}{0.1}e^{-0.1t}\bigg|_0^{20}$$

$$= 10000(1 - e^{-2}) \approx 8646.65(元).$$

将来值

$$P = \int_0^{20} 1000 \cdot e^{0.1(20-t)} dt = -\frac{1000}{0.1} e^{0.1(20-t)} \Big|_0^{20}$$

$$= 10000(e^2 - 1) \approx 63890.56(元).$$

例 6.6.5 一栋楼房现价 5000 万元，分期付款购买，10 年付清，每年付款数相同，若贴现率为 4%，按连续复利计算，每年应付款多少万元？

解 10 年付清，每年付款数相同，这是均匀现金流量. 设每年付款 A 万元，现值 $P = 5000$，于是

$$P = \int_0^{10} A e^{-0.04t} dt = 5000,$$

整理得

$$\frac{A}{0.04}(1 - e^{-0.04 \times 10}) = 5000,$$

解得

$$A \approx 606.61(万元).$$

故每年应付款约 606.61 万元.

3. 净投资与资本存量

净投资是指扣除固定资产折旧的投资，是实际增加资本存量的投资.

资本存量是指经济社会在一定时点上资本的总量，即投资的累计量.

设一个经济体的净投资流量函数为 $f(t)$，一定时点的资本存量函数为 $F(t)$ $\left(\frac{dF(t)}{dt} = f(t)\right)$，

则从 a 时期到 b 时期净投资与资本存量之间的关系可用定积分表示为

$$F(b) - F(a) = \int_a^b f(t) dt. \qquad (6.6.11)$$

例 6.6.6 假设某个体老板在时期 $t = 0$ 时拥有资本存量 500000 元，除了资本折旧之外，计划在未来 10 年以 $f(t) = 600t^2$ 的速度进行新资本投资，计算从现在开始 10 年后的计划资本存量.

解 由净投资与资本存量之间的关系，有

$$F(10) - F(0) = \int_0^{10} f(t) dt = \int_0^{10} 600t^2 dt = 200 \times 10^3 = 200000(元),$$

又

$$F(0) = 500000(元),$$

所以，10 年后的计划资本存量

$$F(10) = 500000 + 200000 = 700000(元).$$

6.6.4 国民收入分配

我们先来了解洛伦兹曲线（见图 6.24）.

图 6.24 中，x 轴表示人口（按收入由低到高分组）的累计百分比，y 表

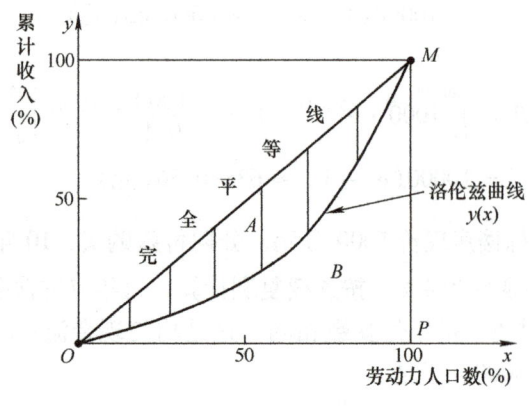

图 6.24

示收入的累计百分比.

OM 为 $45°$ 线,在这条线上,人口累计百分比等于收入累计百分比,表明收入分配完全平等,称为**绝对平等线**.

折线 OPM 表明收入分配极度不平等,全部收入集中在一个人手中,称为**绝对不平等线**.

介于两条线之间的实际收入分配曲线就是**洛伦兹曲线**.

易见洛伦兹曲线与绝对平等线的偏离程度的大小(即图示阴影面积),决定了该国国民收入分配不平等的程度. 洛伦兹曲线与绝对平等线 OM 越接近,收入分配越平等,与绝对不平等线 OPM 越接近,收入分配越不平等.

假定该国某一时期国民收入分配的洛伦兹曲线可近似 $y = f(x)$,则

$$A = \int_0^1 [x - f(x)] dx = \frac{1}{2} x^2 \Big|_0^1 - \int_0^1 f(x) dx = \frac{1}{2} - \int_0^1 f(x) dx.$$

即

不平等面积 A = 最大不平等面积 $(A + B) - B = \frac{1}{2} - \int_0^1 f(x) dx.$

1922 年,意大利经济学家基尼,根据洛伦兹曲线,设实际收入分配曲线和收入分配绝对平等曲线之间的面积为 A,实际收入分配曲线右下方的面积为 B,以 $\dfrac{A}{A+B}$ 表示不平等程度. 这个数值被称为**基尼系数**,记作 G.

$$G = \frac{A}{A+B} = \frac{\frac{1}{2} - \int_0^1 f(x) dx}{\frac{1}{2}} = 1 - 2\int_0^1 f(x) dx. \quad (6.6.12)$$

显然,$G = 0$ 时,是绝对平等情形;$G = 1$ 时,是绝对不平等情形.

例 6.6.7 假设某国某年的洛伦兹曲线近似地由 $y = x^3$,$x \in [0, 1]$ 表示,试求该国的基尼系数.

解 设实际收入分配曲线和收入分配绝对平等曲线之间的面积为 A,实际收入分配曲线右下方的面积为 B,则

$$G = \frac{A}{A+B} = 1 - 2\int_0^1 f(x)\,\mathrm{d}x = 1 - 2\int_0^1 x^3\,\mathrm{d}x = \frac{1}{2}.$$

6.6.5 同步习题

1. 已知某产品的边际收益函数 $R'(Q) = 200 - \frac{Q}{100}$, 求

(1) 生产 380 件时的总收益?

(2) 已经生产了 100 件, 再生产 100 件, 收益将增加多少?

2. 设某产品总产量 Q 的变化率为 $f(t) = 200 + 5t - 0.5t^2$, 求: (1) 在 $2 \leq t \leq 6$ 这段时间中该产品总产量的增加量; (2) 总产量函数 $Q(t)$.

3. 假设某国某年的洛伦兹曲线近似地由 $y = x^2$, $x \in [0,1]$ 表示, 试求该国的基尼系数.

6.7 MATLAB 数学实验

求定积分

MATLAB 求定积分的语法格式:

```
Int(f,x,xmin,xmax)    % 对符号表达式 f 中指定的符号变量 x 计算定积分. xmin 为积分下限, xmax 为积分上限
```

例 6.7.1 计算定积分 $\int_0^1 (x^3 + 1)\,\mathrm{d}x$.

程序如下:

```
syms x        % 定义符号变量 x
f = x^3 +1
int(f,x,0,1)
```

按 Enter 得到结果为 ans =5/4.

6.8 阅读材料

6.8.1 积分概念的演变[一]

积分(Integral)是数学分析乃至整个数学领域中最重要的概念之一. 它的产生与以下两类问题相关: 由一个函数的导数求这个函数; 计算函数 $f(x)$ 在区间 $a \leq x \leq b$ 上的图形与 x 轴所界定的区域的面积. 这两类问题导致积分的两种形式: 不定积分和定积分. 对这两种相关的积分形式的性质和计算的研究构成了积分学的课题.

积分的基本原理也称微积分学基本定理, 由牛顿和莱布尼茨在 17 世纪

一 杜瑞芝. 数学史辞典新编[M]. 济南: 山东教育出版社, 2017: 596.

分别独自确立. 该定理将微分和积分联系在一起, 通过找出一个函数的原函数, 就可以计算出它在一个区间上的积分.

在微积分的初创时期, 牛顿通常是以几何的方式来解决求(不定)积问题——必须通过微分法的逆运算求得. 而莱布尼茨则是把(定)积分看作变量的无穷多个微元之和. 但他们的工作都不严谨. 1823 年, 法国数学家柯西在他的著作中开始把定积分定义为和的极限. 他对连续函数 $f(x)$ 的定积分给出如下的定义: 如果区间 $[x_0, X]$ 被 x 的值 $x_1, x_2, \cdots, x_{n-1}$ 所分割 ($x_n = X$), 则它的积分是 $\lim\limits_{n\to\infty}\sum\limits_{i=1}^{n}f(\zeta_i)(x_i - x_{i-1})$, 其中 ζ_i 是 x 在区间 $[x_{i-1}, x_i]$ 中的任一值. 定义中还假定函数 $f(x)$ 在 $[x_0, X]$ 上连续且上述分割的最大子区间的长度随 $n\to\infty$, 趋于零. 柯西还证明, 无论如何选取 x_i 和 ζ_i, 积分都存在. 德国数学家黎曼在 19 世纪中期对任意函数的情形进行了研究. 定积分理论的一个实质性改进是法国数学家达布在 19 世纪末完成的, 他引入了上、下黎曼和的概念 (也称为达布和). 德国数学家勒贝格于 1902 年给出了不连续函数黎曼可积的充分必要条件.

此外, 柯西首先发现了关于连续函数的定积分和不定积分的联系. 他证明了函数 $f(x)$ 的全体原函数彼此只差一个常数, 然后定义 $f(x)$ 的不定积分为

$$\int f(x)\,\mathrm{d}x = \int_a^x f(x)\,\mathrm{d}x + C.$$

柯西的这些论述是对积分概念最系统的开创性工作.

以上所说的函数都是有限区间上的有界函数, 对于积分区间为无穷以及在积分区间的某些值处函数变为无穷时的情形, 作为定积分的极限, 有无穷积分和瑕积分. 这些积分概念都可推广到多元函数, 更进一步的推广到勒贝格积分和黎曼-斯蒂尔切斯积分.

6.8.2 微积分学基本定理的发现

微积分学基本定理 (Fundamental Theorem of Calculus) 是微积分学中最重要的基本定理, 也称牛顿-莱布尼茨公式, 它描述了微积分的两个主要运算——微分和积分之间的关系. 该定理实际包含两部分内容. 其第一部分, 又称为微积分第一基本定理, 表明不定积分是微分的逆运算, 这一部分定理的重要之处在于它保证了某连续函数的原函数的存在性. 定理的第二部分, 又称为微积分第二基本定理, 表明定积分可以用无穷多个原函数的任意一个来计算. 这一部分定理有很多实际应用, 因为它大大简化了定积分的计算. 这个定理在现行的数学分析教材中一般表述为: 若 $f(x)$ 在区间 $[a,b]$ 上连续, 则 $f(x)$ 在 $[a,b]$ 上有原函数. 设在 $[a,b]$ 上连续的函数 $F(x)$ 是 $f(x)$ 在 $[a,b]$ 上的一个原函数, 则

$$\int_a^b f(x)\,\mathrm{d}x = F(b) - F(a).$$

英国数学家格雷戈里最初曾给出了该定理的一个特殊形式. 定理的一般形式则在牛顿的老师巴罗的著作中初见端倪. 在 17 世纪下半叶, 牛顿和

莱布尼茨分别在前人大量工作的基础上先后发现了微分和积分的上述关系. 他们的发现标志着微积分学的最终创立. 牛顿发现微积分是在 1664—1667 年间, 他在 1666 年 10 月的一篇总结性的论文中, 阐明了流数计算的两个基本问题. 其一是如何根据所给流量间的关系来确定流数间的关系, 他针对多项式的情况给出了这类问题的解法. 然后他指出的第二个基本问题是依据含流数的方程来求流量间的关系, 特别讨论了如何借助于第一类基本问题解法的反运算(即反微分)来求面积, 牛顿第一次以明确的形式给出了微积分学基本定理. 莱布尼茨在 1677 年的一份手稿中, 用 $\int y dx$ 表示一条已知曲线(纵坐标为 y)下的面积, 指出面积应该等于每一个 y 与相应的 dx 构成的所有矩形之和. 他把求积问题化为反切线问题, 即为了求得纵坐标为 z 的曲线下的面积, 只需求出一条纵坐标为 y 的曲线, 使它的切线满足 $\frac{dy}{dx} = z$. 如果在区间 $[a,b]$ 上考虑问题, 经过简单运算便得到

$$\int_a^b z dx = y(b) - y(a).$$

这个定理推广到二维的情形, 就是著名的格林公式, 它揭示了二重积分与平面曲线积分之间的关系, 是 1828 年英国数学家格林在研究微积分在电磁理论中的应用时提出的. 当考虑空间区域上的三重积分与其边界曲面上的曲面积分之间的关系时又有高斯—奥斯特罗格拉茨基公式. 19 世纪末, 英国数学家斯托克斯研究流体力学中的涡通量时, 建立了把对任意闭合曲线边界的线积分转换为以该闭合曲线为界的任意曲面的面积分. 这几个定理都是反映了某"区域"上的积分与其边界上的积分之间的关系. 它们与牛顿-莱布尼茨公式是一脉相承的, 而且到现代最终可以表示成统一的形式. 20 世纪以来, 法国数学家嘉当等人在近代微分几何的研究中提出了微分流形的概念. 为了在流形上引进积分理论, 必须推广"被积函数"的概念. 在 n 维流形上, 只用流形的结构给出了一般的斯托克斯公式, 被认为是现代的微积分基本定理. 它是牛顿-莱布尼茨公式、格林公式、高斯-奥斯特罗格拉茨基公式和 $\mathbb{R}^3$ 上的斯托克斯公式的推广和统一.

6.8.3 反常积分

反常积分(Anomalous Integral)包括无穷积分和瑕积分两种. 黎曼积分是在被积函数有界且积分区间为有限的条件下定义的. 但在应用时需要取消这些限制, 这就导致反常积分概念的产生.

法国数学家柯西在他的《无穷小分析教程概论》(1823)中论述了在积分区间的某些值处函数变为无穷(瑕积分)或积分区间趋于 ∞ (无穷积分)时的反常积分. 例如, 对于 $f(x)$ 在 $x=c$ 点不连续, 而在这点 $f(x)$ 可以有界也可以无界的情形, 柯西定义反常积分为

$$\int_a^b f(x) dx = \lim_{\varepsilon_1 \to 0} \int_a^{c-\varepsilon_1} f(x) dx + \lim_{\varepsilon_2 \to 0} \int_{c+\varepsilon_2}^b f(x) dx.$$

他还结合物理意义提出积分主值的概念, 上式中如果右端的极限存在,

则当 $\varepsilon_1 = \varepsilon_2$ 时就得到柯西所谓的主值(又称为**柯西主值**). 类似地,可以定义在无穷远点的反常积分和积分主值. 后人称这两种反常积分为广义积分. 广义积分的概念还可推广到多元函数.

总复习题

第一部分:基础题

1. 计算下列极限:

(1) $\lim\limits_{x\to 0} \dfrac{\int_0^x \tan^2 t\, dt}{x^3}$;

(2) $\lim\limits_{x\to 0} \dfrac{\int_0^x e^{t^2}\, dt}{\int_0^x e^{2t^2}\, dt}$;

(3) $\lim\limits_{n\to\infty} \dfrac{1}{n}\left[\sqrt{1+\cos\dfrac{\pi}{n}} + \sqrt{1+\cos\dfrac{2\pi}{n}} + \cdots + \sqrt{1+\cos\dfrac{n\pi}{n}}\right]$;

(4) $\lim\limits_{n\to\infty}\left(\dfrac{\sin\dfrac{\pi}{n}}{n+1} + \dfrac{\sin\dfrac{2\pi}{n}}{n+\dfrac{1}{2}} + \cdots + \dfrac{\sin\pi}{n+\dfrac{1}{n}}\right)$.

2. 设 $f(x)$ 为连续函数,试求:

(1) $\dfrac{d}{dx}\int_0^x (x-t)f(t)\, dt$;

(2) $\dfrac{d}{dx}\int_1^2 f(x^2+t)\, dt$;

(3) $\dfrac{d}{dx}\int_0^1 f(xt)\, dt$.

3. 求由方程 $\int_0^y e^{t^2}\, dt + \int_0^x \cos t^2\, dt = 0$ 所决定的隐函数 $y(x)$ 的导数 $\dfrac{dy}{dx}$.

4. 求函数 $f(x) = \int_1^{x^2}(x^2-t)e^{-t^2}\, dt$ 的单调区间与极值.

5. 计算下列定积分:

(1) $\int_0^2 |1-x|\, dx$;　　(2) $\int_{-1}^1 \dfrac{x}{5-4x}\, dx$;

(3) $\int_{\frac{1}{e}}^e \dfrac{\ln^2 x}{x}\, dx$;　　(4) $\int_0^{\frac{\pi}{2}} \sin x \cos^3 x\, dx$;

(5) $\int_0^3 \dfrac{dx}{(1+x)\sqrt{x}}$;　　(6) $\int_0^{-\ln 2}\sqrt{1-e^{2x}}\, dx$;

(7) $\int_{-1}^1 \dfrac{dx}{x^2+x+1}$;　　(8) $\int_0^{\frac{\pi}{2}} \dfrac{\sin x\, dx}{1+\sin x + \cos x}$.

6. 计算下列反常积分:

(1) $\int_e^{+\infty} \dfrac{dx}{x\ln^2 x}$;　　(2) $\int_1^{+\infty} \dfrac{dx}{x\sqrt{x^2-1}}$;

(3) $\int_1^e \dfrac{dx}{x\sqrt{1-(\ln x)^2}}$;　　(4) $\int_1^{+\infty} \dfrac{dx}{x(1+x^2)}$;

(5) $\int_0^{+\infty} \dfrac{dx}{\sqrt{x(x+1)^3}}$;　　(6) $\int_0^2 \dfrac{dx}{\sqrt[3]{(x-1)^2}}$.

7. 设函数 $f(x) = \begin{cases} 0, & x \in [0, \dfrac{1}{2}) \cup (\dfrac{1}{2}, 1] \\ 1, & x = \dfrac{1}{2} \end{cases}$,

$F(x) = \int_0^x f(t)\, dt, x \in [0,1]$, 证明: $F(x)$ 在 $[0,1]$ 上不是 $f(x)$ 的原函数.

8. 设 $f(x) = \dfrac{1}{1+x^2} + 1 - x^2\int_0^1 f(x)\, dx$, 求 $\int_0^1 f(x)\, dx$.

9. 设 $f(x) = \begin{cases} xe^{-x^2}, & x \geq 0 \\ \dfrac{1}{1+\cos x}, & -1 < x < 0 \end{cases}$, 计算 $\int_1^4 f(x-2)\, dx$.

10. 求由曲线 $y = x^2 - 2x$, $y = 0$, $x = 1$, $x = 3$ 所围成的平面图形的面积.

11. 求由抛物线 $y = 1 - x^2$ 及其在点 $(1,0)$ 处的切线和 y 轴所围成的平面图形的面积.

12. 求由 $x^2 + y^2 \leq 2x$, $y \geq x$ 确定的平面图形绕直线 $x = 2$ 旋转而成的旋转体的体积.

13. 求由 $x^2 + y^2 = 4$, $x^2 = -4(y-1)$, $y > 0$ 围成的平面图形绕 x 轴旋转一周而成的体积.

14. 过点 $(0,1)$ 做曲线 $L: y = \ln x$ 的切线, 切点为 A, 又 L 与 x 轴交于 B 点, 区域 D 由 L 与直线 AB 及 x 轴围成, 求区域 D 的面积及 D 绕 x 轴旋转一周所得旋转体的体积.

15. 设商品的需求函数 $Q = 100 - 5p$, 其中 Q 为需求, p 为单价. 边际成本函数

$C'(Q) = 15 - 0.05Q$ 且 $C(0) = 12.5$,

当 p 为何值时, 工厂的利润达到最大? 试求出最大利润.

16. 已知生产某产品的固定成本为6万元,边际收益与边际成本(单位:万元/百台)分别为
$$R'(Q) = 33 - 8Q, C'(Q) = 3Q^2 - 18Q + 36.$$
(1) 求当产量由1百台增加到4百台时,总收益与总成本各增加多少?
(2) 求产量为多少时,总利润最大?
(3) 求最大总利润时的总收益、总成本、总利润.

17. 已知需求函数 $P = D(Q) = (Q-5)^2$,供给函数 $P = S(Q) = Q^2 + Q + 3$.
(1) 求平衡点;
(2) 求平衡点处的消费者剩余;
(3) 求平衡点处的生产者剩余.

第二部分:拓展题

1. $\int_{\frac{\pi}{6}}^{\frac{\pi}{3}} \tan^2 x \, dx$.

2. $\int_0^1 t^2 e^t \, dt$.

3. $\int_2^{+\infty} \frac{dx}{(x+7)\sqrt{x-2}}$.

4. 设 $f(x) = \begin{cases} \frac{1}{x^3} e^{\frac{1}{x}}, & x > 1, \\ \arcsin x, & -1 \leq x \leq 1, \end{cases}$ 计算 $\int_{-1}^2 f(x) \, dx$.

5. 求由抛物线 $y^2 = 4x$ 及其在点 $(1,2)$ 处的法线所围成的平面图形的面积.

6. 求由曲线 $y = \frac{3}{x}$ 和 $x + y = 4$ 所围成的平面图形面积 S 及由此平面图形绕 x 轴旋转而成的旋转体的体积 V_x.

7. 设 $f(x), g(x)$ 在 $[a,b]$ 上连续,且 $g(x) > 0$,利用闭区间上连续函数的性质,证明:存在一点 $\xi \in [a,b]$,使得 $\int_a^b f(x) g(x) \, dx = f(\xi) \int_a^b g(x) \, dx$.

8. 设生产某种产品的固定成本为50,边际成本 $C'(Q) = Q^2 - 14Q + 111$,边际收益 $R'(Q) = 100 - 2Q$,试确定该厂商的最大利润.

第三部分:考研真题

一、选择题

1. (2022年,数一、数二、数三) 已知 $I_1 = \int_0^1 \frac{x}{2(1+\cos x)} dx$, $I_2 = \int_0^1 \frac{\ln(1+x)}{1+\cos x} dx$, $I_3 = \int_0^1 \frac{2x}{1+\sin x} dx$,则( ).

A. $I_1 < I_2 < I_3$ B. $I_2 < I_3 < I_1$
C. $I_1 < I_3 < I_2$ D. $I_2 < I_1 < I_3$

2. (2022年,数二) 设 P 为常数,若反常积分 $\int_0^1 \frac{\ln x}{x^p (1-x)^{1-p}} dx$ 收敛,则 P 的取值范围是( ).

A. $(-1, 1)$ B. $(-1, 2)$
C. $(-\infty, 1)$ D. $(-\infty, 2)$

3. (2021年,数一、数二) 设函数 $f(x)$ 在区间 $[0,1]$ 上连续,则 $\int_0^1 f(x) dx = $ ( ).

A. $\lim_{n \to \infty} \sum_{k=1}^n f\left(\frac{2k-1}{2n}\right) \frac{1}{2n}$

B. $\lim_{n \to \infty} \sum_{k=1}^n f\left(\frac{2k-1}{2n}\right) \frac{1}{n}$

C. $\lim_{n \to \infty} \sum_{k=1}^n f\left(\frac{k-1}{2n}\right) \frac{1}{n}$

D. $\lim_{n \to \infty} \sum_{k=1}^n f\left(\frac{k}{2n}\right) \frac{2}{n}$

4. (2021年,数二、数三) 当 $x \to 0$ 时,$\int_0^{x^2} (e^{t^3} - 1) dt$ 是 x^7 的( ).

A. 低阶无穷小 B. 等价无穷小
C. 高阶无穷小 D. 同阶非等价无穷小

5. (2020年,数一、数二) 当 $x \to 0^+$ 时,下列无穷小量中最高阶的是( ).

A. $\int_0^x (e^{t^2} - 1) dt$ B. $\int_0^x \ln(1 + \sqrt{t^3}) dt$
C. $\int_0^{\sin x} \sin t^2 dt$ D. $\int_0^{1-\cos x} \sqrt{\sin^3 t} dt$

6. (2019年,数二) 下列反常积分发散的是( )

A. $\int_0^{+\infty} x e^{-x} dx$ B. $\int_0^{+\infty} x e^{-x^2} dx$
C. $\int_0^{+\infty} \frac{\arctan x}{1 + x^2} dx$ D. $\int_0^{+\infty} \frac{x}{1 + x^2} dx$

7. (2018年,数二、数三) 设 $M = \int_{-\frac{\pi}{2}}^{\frac{\pi}{2}} \frac{(1+x)^2}{1+x^2} dx$, $N = \int_{-\frac{\pi}{2}}^{\frac{\pi}{2}} \frac{1+x}{e^x} dx$, $K = \int_{-\frac{\pi}{2}}^{\frac{\pi}{2}} (1 + \sqrt{\cos x}) dx$,则( ).

A. $M > N > K$ B. $M > K > N$
C. $K > M > N$ D. $K > N > M$

8. (2018年,数二、数三) 设函数 $f(x)$ 在 $[0,1]$ 上二阶可导,且 $\int_0^1 f(x) dx = 0$,则( ).

A. 当 $f'(x) < 0$ 时,$f(\frac{1}{2}) < 0$

B. 当 $f''(x) < 0$ 时，$f(\frac{1}{2}) < 0$

C. 当 $f'(x) > 0$ 时，$f(\frac{1}{2}) < 0$

D. 当 $f''(x) > 0$ 时，$f(\frac{1}{2}) < 0$

9. （2016 年，数一）若反常积分 $\int_0^{+\infty} \frac{1}{x^a(1+x)^b}dx$ 收敛，则（　）.

　A. $a < 1$ 且 $b > 1$　　B. $a > 1$ 且 $b > 1$

　C. $a < 1$ 且 $a+b > 1$　D. $a > 1$ 且 $a+b > 1$

二、填空题

1. （2024 年，数三）$\int_2^{+\infty} \frac{5}{x^4+3x^2-4}dx =$ _____.

2. （2022 年，数一）$\int_1^{e^2} \frac{\ln x}{\sqrt{x}}dx =$ _____.

3. （2022 年，数二）$\int_0^1 \frac{2x+3}{x^2-x+1}dx =$ _____.

4. （2022 年，数三）$\int_0^2 \frac{2x-4}{x^2+2x+4}dx =$ _____.

5. （2021 年，数一）$\int_0^{+\infty} \frac{dx}{x^2+2x+2} =$ _____.

6. （2021 年，数二）$\int_{-\infty}^{+\infty} |x|3^{-x^2}dx =$ _____.

7. （2021 年，数三）$\int_{\sqrt{5}}^5 \frac{x}{\sqrt{|x^2-9|}}dx =$ _____.

8. （2021 年，数三）设平面区域 D 由曲线 $y = \sqrt{x}\sin\pi x$，$0 \le x \le 1$ 与 x 轴围成，则 D 绕 x 轴旋转一周而成的旋转体的体积为_____.

9. （2019 年，数二）已知 $f(x) = x\int_1^x \frac{\sin t^2}{t}dt$，则 $\int_0^1 f(x)dx =$ _____.

10. （2019 年，数三）已知函数 $f(x) = \int_1^x \sqrt{1+t^4}dt$，则 $\int_0^1 x^2 f(x)dx =$ _____.

11. （2018 年，数一）设函数 $f(x)$ 具有二阶连续导数，若曲线 $y = f(x)$ 过点 $(0,0)$ 且与曲线 $y = 2^x$ 在点 $(1,2)$ 处相切，则 $\int_0^1 xf''(x)dx =$ _____.

12. （2018 年，数二）$\int_5^{+\infty} \frac{dx}{x^2-4x+3} =$ _____.

13. （2017 年，数二）$\int_0^{+\infty} \frac{\ln(1+x)}{(1+x)^2}dx =$ _____.

14. （2017 年，数三）$\int_{-\pi}^{\pi}(\sin^3 x + \sqrt{\pi^2-x^2})dx =$ _____.

15. （2016 年，数一）$\lim_{x \to 0} \frac{\int_0^x t\ln(1+t\sin t)dt}{1-\cos x^2} =$ _____.

16. (2016 年，数二) $\lim_{n \to \infty} \frac{1}{n^2}(\sin\frac{1}{n} + 2\sin\frac{2}{n} + \cdots + n\sin\frac{n}{n}) =$ _____.

17. （2015 年，数一）$\int_{-\frac{\pi}{2}}^{\frac{\pi}{2}} \left(\frac{\sin x}{1+\cos x} + |x|\right)dx =$ _____.

18. （2014 年，数二）$\int_{-\infty}^1 \frac{1}{x^2+2x+5}dx =$ _____.

三、解答题

1. （2023 年，数三）已知平面区域
$$D = \left\{(x,y) \mid 0 \le y \le \frac{1}{x\sqrt{1+x^2}},\ x \ge 1\right\},$$

（1）求平面区域 D 的面积 S.

（2）求平面区域 D 绕 x 轴一周所形成的旋转体的体积.

2. （2021 年，数一、数二）求极限 $\lim_{x \to 0}\left(\frac{1+\int_0^x e^{t^2}dt}{e^x-1} - \frac{1}{\sin x}\right)$.

3. （2020 年，数二）设函数 $f(x)$ 的定义域为 $(0, +\infty)$ 且满足
$$2f(x) + x^2 f\left(\frac{1}{x}\right) = \frac{x^2+2x}{\sqrt{1+x^2}},$$

求 $f(x)$，并求曲线 $y = f(x)$，$y = \frac{1}{2}$，$y = \frac{\sqrt{3}}{2}$ 及 y 轴所围图形绕 x 轴旋转一周而成的旋转体的体积.

4. （2019 年，数一、数三）求曲线 $y = e^{-x}\sin x$，$x \ge 0$，与 x 轴之间图形的面积.

5. （2017 年，数二、数三）求极限 $\lim_{x \to 0^+} \frac{\int_0^x \sqrt{x-t}e^t dt}{\sqrt{x^3}}$.

6. （2017 年，数一、数二、数三）求 $\lim_{n \to \infty} \sum_{k=1}^n \frac{k}{n^2}\ln\left(1+\frac{k}{n}\right)$.

7. （2016 年，数二、数三）设函数 $f(x) = \int_0^1 |t^2-x^2|dt$，$x > 0$，求 $f'(x)$，并求 $f(x)$ 的最小值.

8. (2016 年，数二) 设 D 是由曲线 $y = \sqrt{1-x^2}$，

$0 \leqslant x \leqslant 1$, 与 $\begin{cases} x = \cos^3 t \\ y = \sin^3 t \end{cases}$, $0 \leqslant t \leqslant \dfrac{\pi}{2}$, 围成的平面区域, 求 D 绕 x 轴旋转一周所得的旋转体的体积和表面积.

9. (2016 年, 数三) 设函数 $f(x)$ 连续, 且满足
$$\int_0^x f(x-t)\,dt = \int_0^x (x-t)f(t)\,dt + e^{-x} - 1,$$
求 $f(x)$.

四、证明题

1. (2020 年, 数二) 已知函数 $f(x)$ 连续, 且 $\lim\limits_{x \to 0}\dfrac{f(x)}{x} = 1$, $g(x) = \int_0^1 f(xt)\,dt$, 求 $g'(x)$ 并证明 $g'(x)$ 在 $x = 0$ 处连续.

2. (2016 年, 数二) 已知函数 $f(x)$ 在 $\left[0, \dfrac{3\pi}{2}\right]$ 连续, 在 $\left(0, \dfrac{3\pi}{2}\right)$ 内是函数 $\dfrac{\cos x}{2x - 3\pi}$ 的一个原函数, 且 $f(0) = 0$.

(1) 求 $f(x)$ 在区间 $\left[0, \dfrac{3\pi}{2}\right]$ 的平均值;

(2) 证明: $f(x)$ 在区间 $\left(0, \dfrac{3\pi}{2}\right)$ 内存在唯一零点.

3. (2014 年, 数二、数三) 设函数 $f(x)$, $g(x)$ 在区间 $[a,b]$ 上连续, 且 $f(x)$ 单调增加, $0 \leqslant g(x) \leqslant 1$, 证明:

(1) $0 \leqslant \int_a^x g(t)\,dt \leqslant x - a$, $x \in [a,b]$;

(2) $\int_a^{a + \int_a^b g(t)\,dt} f(x)\,dx \leqslant \int_a^b f(x)g(x)\,dx$.

自测题

(满分 100 分, 测试时间 45min)

一、单项选择题(本题共 10 个小题, 每小题 5 分, 共 50 分)

1. 下列结论正确的是( ).

① $\int f(x)\,dx$ 是 $f(x)$ 的全体原函数;

② $\int_a^x f(x)\,dx$ 是 $f(x)$ 的全体原函数;

③ $\int_a^b f(x)\,dx$ 是 $f(x)$ 的任意一个原函数在区间 $[a,b]$ 上的增量;

④ $\int_a^x f(x)\,dx$ 是 $f(x)$ 的一个原函数.

A. ①②③ B. ①②④
C. ②③④ D. ①③④

2. 设 $f(x)$ 是连续函数, $F(x)$ 是 $f(x)$ 的原函数, 则( ).

A. 当 $f(x)$ 是奇函数时, $F(x)$ 必为偶函数
B. 当 $f(x)$ 是偶函数时, $F(x)$ 必为奇函数
C. 当 $f(x)$ 是周期函数时, $F(x)$ 必为周期函数
D. 当 $f(x)$ 是单调递增函数时, $F(x)$ 必为单调递增函数

3. 设在区间 $[a,b]$ 上, $f(x) > 0$, $f'(x) < 0$, $f''(x) > 0$, 令
$$s_1 = \int_a^b f(x)\,dx, \quad s_2 = f(b)(b-a),$$
$$s_3 = \dfrac{1}{2}[f(a) + f(b)](b-a),$$
则( ).

A. $s_1 < s_2 < s_3$ B. $s_2 < s_1 < s_3$
C. $s_3 < s_1 < s_2$ D. $s_2 < s_3 < s_1$

4. 设 $I = \int_0^2 \dfrac{x^2 + 5}{x^2 + 2}\,dx$, 则下列估计式中正确的是( ).

A. $0 \leqslant I \leqslant 3$ B. $3 \leqslant I \leqslant 5$
C. $-3 \leqslant I \leqslant 0$ D. $-5 \leqslant I \leqslant -3$

5. 如图 6.25 所示, 连续函数 $y = f(x)$ 在区间 $[-3, -2]$, $[2, 3]$ 上的图形分别是直径为 1 的上、下半圆周, 在区间 $[-2, 0]$, $[0, 2]$ 的图形分别是直径为 2 的下、上半圆周, 设 $F(x) = \int_0^x f(t)\,dt$, 则下列结论正确的是( ).

A. $F(3) = -\dfrac{3}{4}F(-2)$

B. $F(3) = \dfrac{5}{4}F(2)$

C. $F(-3) = \dfrac{3}{4}F(2)$

D. $F(-3) = -\dfrac{5}{4}F(-2)$

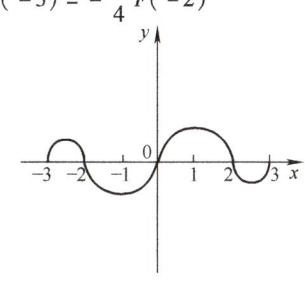

图 6.25

6. 函数 $y=y(x)$ 由参数方程 $x(t)=\int_0^t \theta\sin\theta d\theta$, $y(t)=\int_0^t \theta\cos\theta d\theta$ 表示，则 $\dfrac{dy}{dx}=(\quad)$.

 A. $t\cos t$ B. $\tan t$

 C. $t\tan t$ D. $\cot t$

7. 设 $f(x)=\int_0^{1-\cos x}\sin t^2 dt$，$g(x)=\dfrac{x^5}{5}+\dfrac{x^6}{6}$，则当 $x\to 0$ 时，$f(x)$ 是 $g(x)$ 的( ).

 A. 低阶无穷小   B. 高阶无穷小

 C. 等价无穷小   D. 同阶但不等价无穷小

8. $\dfrac{d}{dx}\int_0^x x\sin t\,dt=(\quad)$.

 A. $\cos x-1-x\sin x$ B. $1-\cos x+x\sin x$

 C. $x\sin x$ D. $1-\cos x-x\sin x$

9. 反常积分 $\int_0^2 \dfrac{dx}{(1-x)^2}=(\quad)$.

 A. 发散   B. 0

 C. 2   D. -2

10. 设 $f(x)=\int_0^{x^2} e^{t^2}dt$，则 $f'(x)=(\quad)$.

 A. e^{x^2} B. $2xe^{x^2}$

 C. e^{x^4} D. $2xe^{x^4}$

二、判断题(用√、×表示. 本题共 10 个小题，每小题 5 分，共 50 分)

1. 曲边梯形由 y 轴，$y=2$ 及 $y=x^2$，$x\geq 0$ 围成，则曲边梯形的面积可用定积分表示为 $A=\int_0^2 \sqrt{y}dy$.
            ( )

2. 设函数 $f(x)=\begin{cases}\dfrac{1}{x^3}\int_0^x \sin t^2 dt, & x\neq 0 \\ a, & x=0\end{cases}$，在 $x=0$ 处连续，则 $a=3$. ( )

3. 函数 $f(x)$ 在闭区间 $[a,b]$ 上有界是 $f(x)$ 在 $[a,b]$ 上可积的充分条件. ( )

4. 设 $f(x)$ 有一个原函数 $\dfrac{\sin x}{x}$，则 $\int_{\frac{\pi}{2}}^{\pi} xf'(x)dx=\dfrac{4}{\pi}-1$. ( )

5. $\lim\limits_{x\to 0}\dfrac{\int_0^{\sin x}\sin(t^2)dt}{x^3+x^4}=\dfrac{1}{4}$. ( )

6. 设 $f(x)$ 是连续函数，且 $F(x)=\int_x^{e^{-x}}f(t)dt$，则 $F'(x)=f(x)$. ( )

7. $\int_{-\pi}^{\pi}\sin x\cdot\cos x\,dx=0$. ( )

8. $\int_0^{\pi} t\sin t\,dt=0$. ( )

9. $\int_e^{+\infty}\dfrac{dx}{x\ln^2 x}=1$. ( )

10. 设 $f(x)$ 是连续函数，且 $f(x)=x+2\int_0^1 f(t)dt$，则 $f(x)=x+1$. ( )

第 7 章

无穷级数

【学习目标】

1. 理解常数项级数的收敛、发散以及收敛级数的和等概念，掌握级数的基本性质及级数收敛的必要条件.

2. 掌握判断正项级数敛散性的比较审敛法、比值审敛法、根值审敛法，会用积分审敛法.

3. 掌握交错级数的莱布尼茨判别法，了解任意项级数绝对收敛与条件收敛的概念，会判断任意项级数的敛散性.

4. 了解函数项级数的收敛域及和函数的概念，理解幂级数收敛半径的概念，掌握幂级数的收敛半径、收敛区间及收敛域的求法；了解幂级数在其收敛区间内的基本性质（和函数的连续性、逐项求导和逐项积分），会求一些幂级数在收敛区间内的和函数，并会由此求出某些数项级数的和.

5. 了解函数展开为泰勒级数的充分必要条件；掌握 e^x，$\sin x$，$\cos x$，$\ln(1+x)$，及 $(1+x)^\alpha$ 的麦克劳林（Maclaurin）展开式；会将一些简单函数间接展开为幂级数.

6. 了解傅里叶级数的概念和狄利克雷收敛定理，会将定义在 $[-l, l]$ 上的函数展开为傅里叶级数，会将定义在 $[0, l]$ 上的函数展开为正弦级数与余弦级数，会写出傅里叶级数的和函数的表达式.

无穷级数在微积分学中占据重要地位，它是研究函数的性质、表示函数以及进行数值计算的有力工具，在经济学、管理学等许多领域都有着广泛的应用. 本章首先介绍常数项级数的一些基本概念、性质和判断其敛散性的常见方法，然后讨论函数项级数，并研究如何将函数展开成幂级数和三角级数.

本章知识结构图

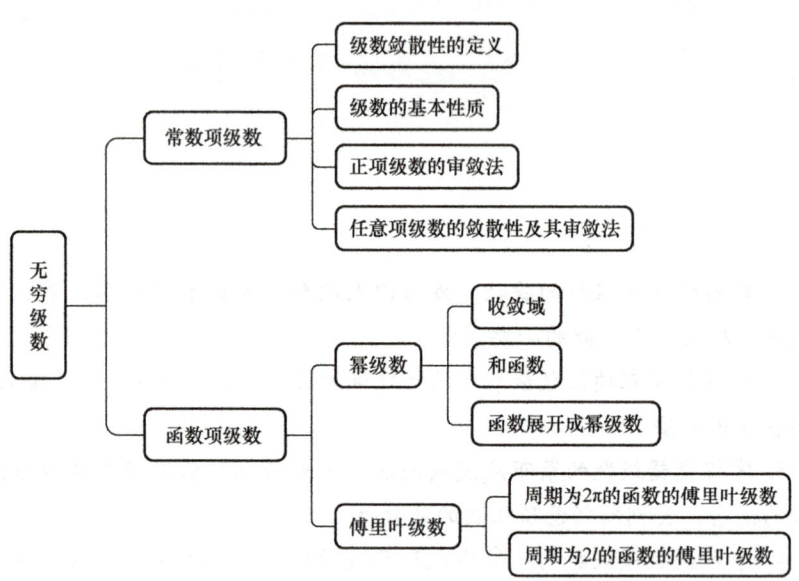

7.1 常数项级数的概念和性质

7.1.1 常数项级数的概念

人们认识事物在数量方面的特性,往往有一个由近似到精确的过程. 在这种认识过程中,最常见的是会遇到由有限个数量相加到无穷多个数量相加的问题.

我国古代哲学家庄周所著的《庄子·天下》篇中有这样一句话,"一尺之棰,日取其半,万世不竭". 其含义是一根一尺长的木棒,每天截下一半,这样的过程可以无限制地进行下去. 如果我们把每天截下来的那一部分长度"加"起来,得到

$$\frac{1}{2}+\frac{1}{2^2}+\frac{1}{2^3}+\cdots+\frac{1}{2^n}+\cdots,$$

这就是"无穷多个数相加",从直观上可以看到,它的和是 1.

定义 7.1.1 一般地,给定一个数列

$$u_1, u_2, \cdots, u_n, \cdots$$

由这个数列构成的表达式

$$u_1 + u_2 + \cdots + u_n + \cdots$$

称为(**常数项**)**无穷级数**,简称(**常数项**)**级数**,记为 $\sum_{n=1}^{\infty} u_n$,即

$$\sum_{n=1}^{\infty} u_n = u_1 + u_2 + \cdots + u_n + \cdots,$$

其中第 n 项 u_n 称为**级数的一般项**.

例如,

$$\sum_{n=1}^{\infty} (-1)^{n+1} = 1 - 1 + 1 + \cdots + (-1)^{n+1} + \cdots,$$

$$\sum_{n=1}^{\infty} \frac{1}{n^3} = 1 + \frac{1}{2^3} + \cdots + \frac{1}{n^3} + \cdots,$$

$$\sum_{n=1}^{\infty} (-1)^n \frac{1}{n} = -1 + \frac{1}{2} + \cdots + (-1)^n \frac{1}{n} + \cdots,$$

等都是常数项级数.

上述定义只是形式上表示无穷多个数相加,它与有限多个数相加有着本质的区别. 我们知道,有限个实数 $u_1, u_2, \cdots, u_n$ 相加,其结果是一个实数,但是无穷多个数相加的"和"却并不能逐项相加计算出来. 应如何理解级数中无穷多个数量的相加呢? 它并不是简单的一项又一项地累加,因为这样的累加是无法完成的,它实际上是一个极限过程.

一种自然而合理的想法是先算出级数 $\sum_{n=1}^{\infty} u_n$ 前 n 项的和

$$s_n = u_1 + u_2 + \cdots + u_n,$$

再由数列 $\{s_n\}$ 的极限是否存在来定义级数的和是否存在,为此我们引入部分和的概念.

定义 7.1.2 级数 $\sum_{n=1}^{\infty} u_n$ 的前 n 项的和

$$s_n = u_1 + u_2 + \cdots + u_n$$

称为级数 $\sum_{n=1}^{\infty} u_n$ 的**前 n 项的部分和**(简称**部分和**). 当 n 依次取 $1, 2, \cdots, n, \cdots$ 时,部分和构成一个新的数列

$$s_1 = u_1,$$
$$s_2 = u_1 + u_2,$$
$$\vdots$$
$$s_n = u_1 + u_2 + \cdots + u_n,$$
$$\vdots$$

称此数列为级数 $\sum_{n=1}^{\infty} u_n$ 的**部分和数列**,记为 $\{s_n\}$.

根据部分和数列的极限是否存在,我们来定义无穷级数 $\sum_{n=1}^{\infty} u_n$ 收敛与发散的概念.

定义 7.1.3 如果级数 $\sum\limits_{n=1}^{\infty} u_n$ 的部分和数列 $\{s_n\}$ 有极限 s，即

$$\lim_{n\to\infty} s_n = s,$$

则称无穷级数 $\sum\limits_{n=1}^{\infty} u_n$ **收敛**，极限值 s 称为**级数** $\sum\limits_{n=1}^{\infty} u_n$ **的和**，并记为

$$s = u_1 + u_2 + \cdots + u_n + \cdots = \sum_{n=1}^{\infty} u_n,$$

此时，也称级数 $\sum\limits_{n=1}^{\infty} u_n$ **收敛于** s. 如果部分和数列 $\{s_n\}$ 没有极限，则称无穷级数 $\sum\limits_{n=1}^{\infty} u_n$ **发散**.

当无穷级数 $\sum\limits_{n=1}^{\infty} u_n$ 收敛时，其和 s 与部分和 s_n 的差值

$$r_n = s - s_n = u_{n+1} + u_{n+2} + \cdots$$

称为**级数的余项**，且 $\lim\limits_{n\to\infty} r_n = 0$.

由定义 7.1.3 可知，收敛的级数有级数的和值 s，发散的级数没有"和".

收敛与发散是级数最基本的概念. 判断级数 $\sum\limits_{n=1}^{\infty} u_n$ 是否收敛以及在收敛的情况下如何求出它的和，这是级数理论的两个基本问题，其中判断级数的敛散性是首要问题. 因为如果级数 $\sum\limits_{n=1}^{\infty} u_n$ 发散，那么它无和可言；如果级数 $\sum\limits_{n=1}^{\infty} u_n$ 收敛，即使无法求出其和的精确值 s，也可以利用部分和 s_n 求出它的近似值，且由 $\lim\limits_{n\to\infty} r_n = 0$ 可知，近似值可以通过选取足够大的 n 达到任意精确度以满足实际应用的需要. 因此，判别级数的敛散性是我们要重点讨论的问题.

判别级数 $\sum\limits_{n=1}^{\infty} u_n$ 的敛散性实质上就是判别它的部分和数列的敛散性，求级数的和实质上就是求部分和数列的极限，这是研究级数的一个基本思想方法.

例 7.1.1 证明：级数 $\sum\limits_{n=1}^{\infty} n = 1 + 2 + 3 + \cdots + n + \cdots$ 发散.

证 级数的部分和为

$$s_n = 1 + 2 + 3 + \cdots + n = \frac{n(n+1)}{2}.$$

显然，$\lim\limits_{n\to\infty} \dfrac{n(n+1)}{2} = +\infty$，因此级数 $\sum\limits_{n=1}^{\infty} n = 1 + 2 + 3 + \cdots + n + \cdots$ 发散.

例 7.1.2 证明：级数 $\sum\limits_{n=1}^{\infty} \dfrac{1}{n} = 1 + \dfrac{1}{2} + \dfrac{1}{3} + \cdots + \dfrac{1}{n} + \cdots$ 发散.

证 （反证法）假设级数是收敛的，且其和为 s，则有
$$\lim_{n\to\infty} s_n = s, \lim_{n\to\infty} s_{2n} = s,$$
即 $\lim\limits_{n\to\infty}(s_{2n} - s_n) = 0.$ 但这个结果与
$$s_{2n} - s_n = \dfrac{1}{n+1} + \dfrac{1}{n+2} + \cdots + \dfrac{1}{2n} \geq \dfrac{1}{2n} + \dfrac{1}{2n} + \cdots + \dfrac{1}{2n} = \dfrac{1}{2}$$

微课：例 7.1.2

矛盾，故假设不成立，级数 $\sum\limits_{n=1}^{\infty} \dfrac{1}{n} = 1 + \dfrac{1}{2} + \dfrac{1}{3} + \cdots + \dfrac{1}{n} + \cdots$ 是发散的.

级数 $\sum\limits_{n=1}^{\infty} \dfrac{1}{n}$ 是一个很重要的发散级数，称为**调和级数**.

例 7.1.3 判断无穷级数
$$\sum_{n=1}^{\infty} \dfrac{1}{n(n+2)} = \dfrac{1}{1 \cdot 3} + \dfrac{1}{2 \cdot 4} + \cdots + \dfrac{1}{n(n+2)} + \cdots$$
的敛散性，若收敛求其和.

解 因为 $u_n = \dfrac{1}{n(n+2)} = \dfrac{1}{2}\left(\dfrac{1}{n} - \dfrac{1}{n+2}\right), n = 1, 2, \cdots,$

所以
$$s_n = \dfrac{1}{1 \cdot 3} + \dfrac{1}{2 \cdot 4} + \cdots + \dfrac{1}{n(n+2)} = \dfrac{1}{2}\left[\left(1 - \dfrac{1}{3}\right) + \left(\dfrac{1}{2} - \dfrac{1}{4}\right) + \cdots + \left(\dfrac{1}{n} - \dfrac{1}{n+2}\right)\right]$$
$$= \dfrac{1}{2}\left(1 + \dfrac{1}{2} - \dfrac{1}{n+1} - \dfrac{1}{n+2}\right),$$

从而
$$\lim_{n\to\infty} s_n = \lim_{n\to\infty} \dfrac{1}{2}\left(1 + \dfrac{1}{2} - \dfrac{1}{n+1} - \dfrac{1}{n+2}\right) = \dfrac{3}{4}.$$

故级数 $\sum\limits_{n=1}^{\infty} \dfrac{1}{n(n+2)}$ 收敛，且其和为 $\dfrac{3}{4}$.

例 7.1.4 讨论**等比级数（几何级数）**
$$\sum_{n=1}^{\infty} aq^{n-1} = a + aq + aq^2 + \cdots + aq^{n-1} + \cdots$$
的敛散性，其中 $a \neq 0$，q 是级数的公比.

解 级数的部分和为
$$s_n = a + aq + aq^2 + \cdots + aq^{n-1} = \begin{cases} \dfrac{a(1-q^n)}{1-q}, & q \neq 1, \\ na, & q = 1, \end{cases}$$

当 $|q| < 1$ 时，$\lim\limits_{n\to\infty} s_n = \lim\limits_{n\to\infty} \dfrac{a(1-q^n)}{1-q} = \dfrac{a}{1-q}$，故级数收敛，且和为 $\dfrac{a}{1-q}$；

当 $|q| > 1$ 时，$\lim\limits_{n\to\infty} s_n = \infty$，级数发散；

当 $q=1$ 时，部分和 $s_n = na$，$\lim\limits_{n\to\infty} s_n = \infty$，级数发散；

当 $q=-1$ 时，部分和 $s_n = \begin{cases} a, & n \text{ 为奇数}, \\ 0, & n \text{ 为偶数}, \end{cases}$ $\lim\limits_{n\to\infty} s_n$ 不存在，级数发散.

综上所述，等比级数 $\sum\limits_{n=1}^{\infty} aq^{n-1}$，当 $|q|<1$ 时收敛，其和为 $\dfrac{a}{1-q}$；当 $|q| \geq 1$ 时发散.

7.1.2 无穷级数的基本性质

一般来说，级数的部分和 s_n 并不容易求出，因此根据极限 $\lim\limits_{n\to\infty} s_n$ 是否存在来判断级数的敛散性是比较困难的. 由于级数的敛散性归结为部分和数列的敛散性，因此可以利用数列极限的有关性质推导出级数的一些基本性质，用于判断一些级数的敛散性.

定理 7.1.1（级数收敛的必要条件） 如果级数 $\sum\limits_{n=1}^{\infty} u_n$ 收敛，则它的一般项 u_n 趋于 0，即

$$\lim_{n\to\infty} u_n = 0.$$

证 由于级数 $\sum\limits_{n=1}^{\infty} u_n$ 收敛，故其部分和数列 $\{s_n\}$ 有极限 s，即 $\lim\limits_{n\to\infty} s_n = s$. 所以

$$\lim_{n\to\infty} u_n = \lim_{n\to\infty}(s_n - s_{n-1}) = s - s = 0.$$

注 $\lim\limits_{n\to\infty} u_n = 0$ 是级数收敛的必要条件，不是充分条件. 例如，调和级数

$$\sum_{n=1}^{\infty} \frac{1}{n} = 1 + \frac{1}{2} + \frac{1}{3} + \cdots + \frac{1}{n} + \cdots$$

的一般项 $\lim\limits_{n\to\infty} \dfrac{1}{n} = 0$，但调和级数是发散的.

由定理 7.1.1 可知，若 $\lim\limits_{n\to\infty} u_n \neq 0$，则级数 $\sum\limits_{n=1}^{\infty} u_n$ 一定发散.

例 7.1.5 判定级数 $\sum\limits_{n=1}^{\infty} (-1)^{n+1}$ 的敛散性.

解 由于 $\lim\limits_{n\to\infty} u_n = \lim\limits_{n\to\infty}(-1)^{n+1}$ 不存在，所以级数 $\sum\limits_{n=1}^{\infty} (-1)^{n+1}$ 发散.

性质 7.1.1 如果级数 $\sum\limits_{n=1}^{\infty} u_n$ 收敛于和 s，则对于任意常数 k，级数 $\sum\limits_{n=1}^{\infty} ku_n$ 也收敛，且其和为 ks.

证 设级数 $\sum\limits_{n=1}^{\infty} u_n$ 与级数 $\sum\limits_{n=1}^{\infty} ku_n$ 的部分和分别为 s_n 与 σ_n，则

$$\sigma_n = ku_1 + ku_2 + \cdots + ku_n = ks_n,$$

于是

$$\lim_{n\to\infty}\sigma_n = \lim_{n\to\infty} ks_n = k\lim_{n\to\infty} s_n = ks.$$

所以级数 $\sum_{n=1}^{\infty} ku_n$ 收敛，且和为 ks.

由于极限 $\lim_{n\to\infty}\sigma_n$ 与 $\lim_{n\to\infty} s_n$ 同时存在或同时不存在，所以我们有下面的结论：

推论 级数 $\sum_{n=1}^{\infty} u_n$ 与 $\sum_{n=1}^{\infty} ku_n$（其中 k 为非零常数）有相同的敛散性.

例 7.1.6 判定级数 $\frac{1}{10} + \frac{1}{20} + \frac{1}{30} + \cdots$ 的敛散性.

解 由于

$$\frac{1}{10} + \frac{1}{20} + \frac{1}{30} + \cdots = \frac{1}{10}\left(1 + \frac{1}{2} + \frac{1}{3} + \cdots\right) = \frac{1}{10}\sum_{n=1}^{\infty}\frac{1}{n}$$

而调和级数 $\sum_{n=1}^{\infty}\frac{1}{n}$ 发散，所以级数 $\frac{1}{10} + \frac{1}{20} + \frac{1}{30} + \cdots$ 发散.

性质 7.1.2 如果级数 $\sum_{n=1}^{\infty} u_n$ 与 $\sum_{n=1}^{\infty} v_n$ 分别收敛于 s 和 σ，则级数 $\sum_{n=1}^{\infty}(u_n \pm v_n)$ 也收敛，且其和为 $s \pm \sigma$.

证 设级数 $\sum_{n=1}^{\infty} u_n$ 与 $\sum_{n=1}^{\infty} v_n$ 的部分和分别为 s_n 与 σ_n，则级数 $\sum_{n=1}^{\infty}(u_n \pm v_n)$ 的部分和

$$\tau_n = (u_1 \pm v_1) + (u_2 \pm v_2) + \cdots + (u_n \pm v_n)$$
$$= (u_1 + u_2 + \cdots + u_n) \pm (v_1 + v_2 + \cdots + v_n) = s_n \pm \sigma_n,$$

于是

$$\lim_{n\to\infty}\tau_n = \lim_{n\to\infty}(s_n \pm \sigma_n) = s \pm \sigma,$$

所以级数 $\sum_{n=1}^{\infty}(u_n \pm v_n)$ 收敛，且和为 $s \pm \sigma$.

性质 7.1.2 表明，两个收敛级数可以逐项相加与逐项相减.

由性质 7.1.2 可以得到以下几个常用结论：

(1) 若级数 $\sum_{n=1}^{\infty} u_n$ 与 $\sum_{n=1}^{\infty} v_n$ 收敛，则 $\sum_{n=1}^{\infty}(u_n \pm v_n) = \sum_{n=1}^{\infty} u_n \pm \sum_{n=1}^{\infty} v_n$；

(2) 若级数 $\sum_{n=1}^{\infty} u_n$ 收敛，而级数 $\sum_{n=1}^{\infty} v_n$ 发散，则级数 $\sum_{n=1}^{\infty}(u_n \pm v_n)$ 必发散；

(3) 若级数 $\sum_{n=1}^{\infty} u_n$ 与 $\sum_{n=1}^{\infty} v_n$ 均发散，则级数 $\sum_{n=1}^{\infty}(u_n \pm v_n)$ 可能收敛，也可能发散.

例 7.1.7 判定级数 $\sum_{n=1}^{\infty}\left(\frac{1}{2^n} + \frac{4}{3^n}\right)$ 的敛散性. 若收敛，求其和.

解 由于等比级数 $\sum_{n=1}^{\infty} \dfrac{1}{2^n}$ 与 $\sum_{n=1}^{\infty} \dfrac{4}{3^n}$ 均收敛，且

$$\sum_{n=1}^{\infty} \frac{1}{2^n} = \frac{\frac{1}{2}}{1 - \frac{1}{2}} = 1, \quad \sum_{n=1}^{\infty} \frac{4}{3^n} = 4\sum_{n=1}^{\infty} \frac{1}{3^n} = 4 \frac{\frac{1}{3}}{1 - \frac{1}{3}} = 2,$$

所以级数 $\sum_{n=1}^{\infty} \left(\dfrac{1}{2^n} + \dfrac{4}{3^n} \right)$ 收敛，其和为 $1 + 2 = 3$.

性质 7.1.3 在级数中去掉、加上或改变有限项，不会改变级数的敛散性.

证 我们只需证明"在级数的前面去掉有限项不会改变级数的敛散性"，因为其他情形都可以看成在级数的前面部分先去掉有限项，然后再加上有限项的结果.

不妨设在级数 $\sum_{n=1}^{\infty} u_n$ 中去掉前 k 项，则得级数

$$u_{k+1} + u_{k+2} + \cdots + u_{k+n} + \cdots.$$

新级数的部分和为

$$\sigma_n = u_{k+1} + u_{k+2} + \cdots + u_{k+n} = s_{k+n} - s_k,$$

因为 s_k 是常数，所以极限 $\lim\limits_{n \to \infty} \sigma_n$ 与 $\lim\limits_{n \to \infty} s_{k+n}$ 同时存在或同时不存在，从而级数 $\sum_{n=1}^{\infty} u_n$ 与 $\sum_{n=k+1}^{\infty} u_n$ 具有相同的敛散性.

类似地，可以证明加上或改变级数的有限项，不会改变级数的敛散性.

性质 7.1.4 如果级数 $\sum_{n=1}^{\infty} u_n$ 收敛，则对这个级数的项任意加括号后所得的级数收敛，且其和不变.

证 设级数 $\sum_{n=1}^{\infty} u_n$ 的部分和为 s_n，任意加括号后所成的新级数为

$$(u_1 + \cdots + u_{n_1}) + (u_{n_1+1} + \cdots + u_{n_2}) + \cdots + (u_{n_{k-1}+1} + \cdots + u_{n_k}) + \cdots.$$

则其部分和数列为

$$\sigma_1 = u_1 + \cdots + u_{n_1} = s_{n_1},$$
$$\sigma_2 = (u_1 + \cdots + u_{n_1}) + (u_{n_1+1} + \cdots + u_{n_2}) = s_{n_2},$$
$$\vdots$$
$$\sigma_k = (u_1 + \cdots + u_{n_1}) + (u_{n_1+1} + \cdots + u_{n_2}) + \cdots + (u_{n_{k-1}+1} + \cdots + u_{n_k}) = s_{n_k}.$$
$$\vdots$$

可见，数列 $\{\sigma_k\}$ 是数列 $\{s_n\}$ 的一个子数列. 由 $\{s_n\}$ 的收敛性可知，其子数列 $\{\sigma_k\}$ 也收敛，且有

$$\lim_{k \to \infty} \sigma_k = \lim_{n \to \infty} s_n,$$

即加括号后所构成的数列收敛，且其和不变.

由性质 7.1.4 可知，如果加括号后所构成的级数发散，则原级数必发散(反证法).

注 若加括号后所构成的级数收敛,则不能断定原级数收敛.

这是因为数列的一个子列收敛时,该数列未必收敛.

例如,级数$(1-1)+(1-1)+(1-1)+\cdots$收敛于 0,但是去掉括号后的级数
$$1-1+1-1+1-1+\cdots$$
却是发散的.

7.1.3 同步习题

1. 写出下列级数的一般项 u_n:

(1) $1+\dfrac{1}{3}+\dfrac{1}{5}+\dfrac{1}{7}+\cdots$;

(2) $1-\dfrac{1}{2}+\dfrac{1}{3}-\dfrac{1}{4}+\cdots$;

(3) $\dfrac{1}{1\cdot 4}+\dfrac{x}{4\cdot 7}+\dfrac{x^2}{7\cdot 10}+\dfrac{x^3}{10\cdot 13}+\cdots$;

(4) $\dfrac{\sqrt{x}}{2}+\dfrac{x}{2\cdot 4}+\dfrac{x\sqrt{x}}{2\cdot 4\cdot 6}+\dfrac{x^2}{2\cdot 4\cdot 6\cdot 8}+\cdots$.

2. 写出下列级数的前四项:

(1) $\sum\limits_{n=1}^{\infty}\dfrac{2n}{n^2+1}$; (2) $\sum\limits_{n=1}^{\infty}\dfrac{n!}{n^2}$;

(3) $\sum\limits_{n=1}^{\infty}\dfrac{(-1)^{n-1}}{5^n}$; (4) $\sum\limits_{n=2}^{\infty}\dfrac{\sin nx}{\ln n}$.

3. 已知级数 $\sum\limits_{n=1}^{\infty}(-1)^{n-1}\left(\dfrac{4}{5}\right)^n$,写出 $u_1,u_2,u_n;s_1,s_2,s_n$.

4. 设级数 $\sum\limits_{n=1}^{\infty}u_n$ 的前 n 项部分和 $s_n=\dfrac{3n}{n+1}$,试写出此级数,并求其和.

5. 用定义判定下列级数的敛散性,若级数收敛,求其和:

(1) $\sum\limits_{n=1}^{\infty}\dfrac{1}{(5n-4)(5n+1)}$;

(2) $\sum\limits_{n=1}^{\infty}(\sqrt{n+1}-\sqrt{n})$;

(3) $\sum\limits_{n=1}^{\infty}\ln\dfrac{n+1}{n}$;

(4) $\sum\limits_{n=1}^{\infty}(\sqrt{n+2}-2\sqrt{n+1}+\sqrt{n})$.

6. 判断下列级数的敛散性:

(1) $\sum\limits_{n=1}^{\infty}\dfrac{1}{\sqrt[n]{5}}$; (2) $\sum\limits_{n=1}^{\infty}\sin\dfrac{n\pi}{6}$;

(3) $\sum\limits_{n=1}^{\infty}\left(\dfrac{1}{n^2}-\dfrac{1}{2^n}\right)$; (4) $\sum\limits_{n=1}^{\infty}\dfrac{1}{\sqrt[3]{n}}$;

(5) $\sum\limits_{n=1}^{\infty}\dfrac{\sqrt[n]{n}}{\left(1+\dfrac{1}{n}\right)^n}$; (6) $\sum\limits_{n=1}^{\infty}\dfrac{n+1}{2n}$.

7. 判定下列级数的敛散性,若级数收敛,求其和:

(1) $0.001+\sqrt{0.001}+\sqrt[3]{0.001}+\cdots+\sqrt[n]{0.001}+\cdots$;

(2) $\dfrac{4}{5}-\dfrac{4^2}{5^2}+\dfrac{4^3}{5^3}-\cdots+(-1)^{n-1}\dfrac{4^n}{5^n}+\cdots$;

(3) $\dfrac{1}{6}+\dfrac{1}{8}+\dfrac{1}{10}+\cdots+\dfrac{1}{2(n+2)}+\cdots$;

(4) $1-\dfrac{1}{3}+\dfrac{1}{9}-\dfrac{1}{27}+\cdots+(-1)^{n-1}\dfrac{1}{3^{n-1}}+\cdots$;

(5) $\dfrac{1}{2}-\dfrac{2}{3}+\dfrac{3}{4}-\dfrac{2^2}{3^2}+\dfrac{5}{6}-\dfrac{2^3}{3^3}+\cdots$;

(6) $100+\dfrac{100^2}{2}+\dfrac{8}{9}+\dfrac{8^2}{9^2}+\dfrac{8^3}{9^3}+\cdots$.

7.2 正项级数的审敛法

7.2.1 正项级数收敛的充要条件

我们知道一个常数项级数的一般项可以为正数、负数或零. 如果一个级数的一般项为非负数,那么该级数敛散性的判别有很好的方法,本节将讨论这种级数敛散性的判别方法,而一般项级数的判别有时可以转化为正项级数的判别方法.

定义 7.2.1 如果级数

$$\sum_{n=1}^{\infty} u_n = u_1 + u_2 + \cdots + u_n + \cdots$$

中的各项都满足条件 $u_n \geq 0$, $n = 1, 2, \cdots$, 则称此级数为**正项级数**.

这是一类重要的级数, 因为在实际应用中经常会遇到正项级数, 并且一般级数的敛散性判别问题, 有时可以归结为正项级数的敛散性判别问题. 本节所指级数均为正项级数.

由于正项级数 $\sum_{n=1}^{\infty} u_n$ 的各项均非负, 因此其部分和数列 $\{s_n\}$ 是一个单调递增的数列, 即

$$s_1 \leq s_2 \leq \cdots \leq s_n \leq \cdots.$$

如果部分和数列 $\{s_n\}$ 有界, 即存在某个常数 $M > 0$, 使 $s_n \leq M$, 由单调有界数列必有极限的收敛准则可知, 极限 $\lim_{n \to \infty} s_n$ 存在, 故正项级数 $\sum_{n=1}^{\infty} u_n$ 收敛;

反之, 若部分和数列 $\{s_n\}$ 无界, 则有 $\lim_{n \to \infty} s_n = +\infty$, 因而正项级数 $\sum_{n=1}^{\infty} u_n$ 发散. 由此, 我们得到如下的重要结论:

定理 7.2.1 正项级数 $\sum_{n=1}^{\infty} u_n$ 收敛的充分必要条件是它的部分和数列 $\{s_n\}$ 有界.

例 7.2.1 设数列 $\{a_n\}$, $a_n \geq 0, n = 1, 2, \cdots$, 单调递减, 证明: 正项级数 $\sum_{n=1}^{\infty} \dfrac{a_n^2 - a_{n+1}^2}{a_n}$ 收敛.

证 由 $\dfrac{a_n^2 - a_{n+1}^2}{a_n} = \left(1 + \dfrac{a_{n+1}}{a_n}\right)(a_n - a_{n+1}) \leq 2(a_n - a_{n+1})$

得 $s_n \leq 2(a_1 - a_2) + 2(a_2 - a_3) + \cdots + 2(a_n - a_{n+1}) = 2a_1 - 2a_{n+1} \leq 2a_1,$

即部分和数列 $\{s_n\}$ 有界, 所以正项级数 $\sum_{n=1}^{\infty} \dfrac{a_n^2 - a_{n+1}^2}{a_n}$ 收敛.

定理 7.2.1 是判断正项级数收敛的基本定理. 但是对于实际问题, 求级数的部分和或者判断部分和数列有界往往非常困难, 该定理通常在理论证明中有重要的应用. 由该定理可以得到判别正项级数敛散性的比较审敛法.

7.2.2 比较审敛法及其极限形式

定理 7.2.2 (比较审敛法) 设级数 $\sum_{n=1}^{\infty} u_n$ 和 $\sum_{n=1}^{\infty} v_n$ 都是正项级数, 且

$$u_n \leq v_n, n = 1, 2, \cdots.$$

(1) 若级数 $\sum_{n=1}^{\infty} v_n$ 收敛，则级数 $\sum_{n=1}^{\infty} u_n$ 也收敛；

(2) 若级数 $\sum_{n=1}^{\infty} u_n$ 发散，则级数 $\sum_{n=1}^{\infty} v_n$ 也发散.

证 (1) 设级数 $\sum_{n=1}^{\infty} v_n$ 收敛于 σ，则级数 $\sum_{n=1}^{\infty} u_n$ 的部分和

$$s_n = u_1 + u_2 + \cdots + u_n \leq v_1 + v_2 + \cdots + v_n \leq \sigma, \ n = 1, 2, \cdots.$$

即部分和数列 $\{s_n\}$ 有界，由定理 7.2.1 可知，级数 $\sum_{n=1}^{\infty} u_n$ 收敛.

(2) 如果级数 $\sum_{n=1}^{\infty} u_n$ 发散，假设级数 $\sum_{n=1}^{\infty} v_n$ 收敛，则由(1)可知，级数 $\sum_{n=1}^{\infty} u_n$ 也收敛，与题设矛盾，故级数 $\sum_{n=1}^{\infty} v_n$ 发散.

注 由于级数去掉有限项不改变级数的敛散性，所以定理 7.2.2 中的条件 $u_n \leq v_n$ 只要从某项起成立即可.

使用比较审敛法的关键是要找到一个敛散性已知的正项级数作为参照级数. 经常作为参照级数的有等比级数、调和级数和 p- 级数.

例 7.2.2 讨论 p- 级数

$$\sum_{n=1}^{\infty} \frac{1}{n^p} = 1 + \frac{1}{2^p} + \frac{1}{3^p} + \cdots + \frac{1}{n^p} + \cdots$$

的敛散性，其中常数 $p > 0$.

解 当 $p \leq 1$ 时，$\frac{1}{n^p} \geq \frac{1}{n}$. 由于调和级数 $\sum_{n=1}^{\infty} \frac{1}{n}$ 发散，由定理 7.2.2 可知，级数 $\sum_{n=1}^{\infty} \frac{1}{n^p}$ 发散.

当 $p > 1$ 时，因为当 $k-1 \leq x \leq k$ 时，有 $\frac{1}{k^p} \leq \frac{1}{x^p}$，所以

$$\frac{1}{k^p} = \int_{k-1}^{k} \frac{1}{k^p} dx \leq \int_{k-1}^{k} \frac{1}{x^p} dx, \ k = 2, 3, \cdots,$$

从而级数 $\sum_{n=1}^{\infty} \frac{1}{n^p}$ 的部分和

$$s_n = 1 + \sum_{k=2}^{n} \frac{1}{k^p} \leq 1 + \sum_{k=2}^{n} \int_{k-1}^{k} \frac{1}{x^p} dx = 1 + \int_{1}^{n} \frac{1}{x^p} dx$$

$$= 1 + \frac{1}{p-1}\left(1 - \frac{1}{n^{p-1}}\right) < 1 + \frac{1}{p-1}, \ n = 2, 3, \cdots.$$

即数列 $\{s_n\}$ 有界. 由定理 7.2.2 可知，级数 $\sum_{n=1}^{\infty} \frac{1}{n^p}$ 收敛.

综上所述，当 $p > 1$ 时，p- 级数 $\sum_{n=1}^{\infty} \frac{1}{n^p}$ 收敛；当 $p \leq 1$ 时，p- 级数 $\sum_{n=1}^{\infty} \frac{1}{n^p}$

发散.

例 7.2.3 判别级数 $\sum\limits_{n=1}^{\infty}\dfrac{1}{\sqrt{n(n+1)}}$ 的敛散性.

解 由于

$$\dfrac{1}{\sqrt{n(n+1)}} > \dfrac{1}{n+1},$$

而级数

$$\sum_{n=1}^{\infty}\dfrac{1}{n+1} = \dfrac{1}{2} + \dfrac{1}{3} + \cdots + \dfrac{1}{n+1} + \cdots$$

发散,由比较审敛法可知,级数 $\sum\limits_{n=1}^{\infty}\dfrac{1}{\sqrt{n(n+1)}}$ 发散.

例 7.2.4 判别级数 $\sum\limits_{n=1}^{\infty}\dfrac{n+3}{2n^3-n}$ 的敛散性.

解 当 $n>3$ 时,有

$$\dfrac{n+3}{2n^3-n} < \dfrac{n+n}{2n^3-n} = \dfrac{2}{2n^2-1} < \dfrac{2}{n^2}.$$

而级数 $\sum\limits_{n=1}^{\infty}\dfrac{2}{n^2} = 2\sum\limits_{n=1}^{\infty}\dfrac{1}{n^2}$ 收敛,由比较审敛法可知,级数 $\sum\limits_{n=1}^{\infty}\dfrac{n+3}{2n^3-n}$ 收敛.

在实际应用中,使用比较审敛法的极限形式往往更为方便.

> **定理 7.2.3(比较审敛法的极限形式)** 设级数 $\sum\limits_{n=1}^{\infty}u_n$ 和 $\sum\limits_{n=1}^{\infty}v_n$ 都是正项级数,且
>
> $$\lim_{n\to\infty}\dfrac{u_n}{v_n} = l,$$
>
> (1) 如果 $0 < l < +\infty$,则 $\sum\limits_{n=1}^{\infty}u_n$ 与 $\sum\limits_{n=1}^{\infty}v_n$ 同时收敛或同时发散;
>
> (2) 如果 $l = 0$,且 $\sum\limits_{n=1}^{\infty}v_n$ 收敛,则 $\sum\limits_{n=1}^{\infty}u_n$ 也收敛;
>
> (3) 如果 $l = +\infty$,且 $\sum\limits_{n=1}^{\infty}v_n$ 发散,则 $\sum\limits_{n=1}^{\infty}u_n$ 也发散.

证 (1) 由极限的定义可知,对 $\varepsilon = \dfrac{l}{2} > 0$,存在正整数 N,当 $n > N$ 时,有

$$\left|\dfrac{u_n}{v_n} - l\right| < \varepsilon,$$

即

$$\dfrac{l}{2}v_n < u_n < \dfrac{3l}{2}v_n.$$

由级数的性质和比较审敛法可知，$\sum\limits_{n=1}^{\infty} u_n$ 与 $\sum\limits_{n=1}^{\infty} v_n$ 同时收敛或同时发散.

（2）由于 $\lim\limits_{n\to\infty}\dfrac{u_n}{v_n}=0$，对 $\varepsilon=1$，存在正整数 N，当 $n>N$ 时，有
$$\left|\dfrac{u_n}{v_n}\right|=\dfrac{u_n}{v_n}<1,$$
即 $u_n<v_n$. 所以当 $\sum\limits_{n=1}^{\infty} v_n$ 收敛时，$\sum\limits_{n=1}^{\infty} u_n$ 也收敛.

（3）由于 $\lim\limits_{n\to\infty}\dfrac{u_n}{v_n}=+\infty$，对 $M=1$，存在正整数 N，当 $n>N$ 时，有 $\dfrac{u_n}{v_n}>1$，即 $u_n>v_n$. 所以当 $\sum\limits_{n=1}^{\infty} v_n$ 发散时，$\sum\limits_{n=1}^{\infty} u_n$ 也发散.

极限形式的比较审敛法，在两个正项级数的一般项 u_n，v_n 均趋于零的情况下，其实是比较它们的一般项作为无穷小的阶. 定理 7.2.3 表明，当 $n\to\infty$ 时，如果 u_n 是与 v_n 同阶或是比 v_n 高阶的无穷小，则当级数 $\sum\limits_{n=1}^{\infty} v_n$ 收敛时，级数 $\sum\limits_{n=1}^{\infty} u_n$ 也收敛；如果 u_n 是与 v_n 同阶或是比 v_n 低阶的无穷小，则当级数 $\sum\limits_{n=1}^{\infty} v_n$ 发散时，级数 $\sum\limits_{n=1}^{\infty} u_n$ 也发散.

因此，在判别正项级数 $\sum\limits_{n=1}^{\infty} u_n$ 的敛散性时，可将该级数的通项 u_n 或其部分因子用等价无穷小代换，得到的新级数与级数 $\sum\limits_{n=1}^{\infty} u_n$ 的敛散性相同.

例 7.2.5 判别级数 $\sum\limits_{n=1}^{\infty}\sin\dfrac{\pi}{n}$ 的敛散性.

解 因为
$$\lim_{n\to\infty}\dfrac{\sin\dfrac{\pi}{n}}{\dfrac{1}{n}}=\pi,$$
而调和级数 $\sum\limits_{n=1}^{\infty}\dfrac{1}{n}$ 发散，由比较审敛法的极限形式可知，级数 $\sum\limits_{n=1}^{\infty}\sin\dfrac{\pi}{n}$ 也发散.

例 7.2.6 判别级数 $\sum\limits_{n=1}^{\infty}\ln\left(1+\dfrac{\mathrm{e}}{n^2}\right)$ 的敛散性.

解 因为
$$\lim_{n\to\infty}\dfrac{\ln\left(1+\dfrac{\mathrm{e}}{n^2}\right)}{\dfrac{1}{n^2}}=\lim_{n\to\infty}\dfrac{\dfrac{\mathrm{e}}{n^2}}{\dfrac{1}{n^2}}=\mathrm{e},$$

而级数 $\sum_{n=1}^{\infty} \frac{1}{n^2}$ 收敛，由比较审敛法的极限形式可知，级数 $\sum_{n=1}^{\infty} \ln\left(1 + \frac{e}{n^2}\right)$ 也收敛.

微课：例 7.2.7

例 7.2.7 判别级数 $\sum_{n=1}^{\infty} 2^n \sin \frac{\pi}{3^n}$ 的敛散性.

解法 1 这是正项级数. 因为

$$\lim_{n \to \infty} \frac{2^n \sin \frac{\pi}{3^n}}{\left(\frac{2}{3}\right)^n} = \lim_{n \to \infty} \frac{2^n \cdot \frac{\pi}{3^n}}{\left(\frac{2}{3}\right)^n} = \pi,$$

而级数 $\sum_{n=1}^{\infty} \left(\frac{2}{3}\right)^n$ 收敛，由比较审敛法的极限形式可知，级数 $\sum_{n=1}^{\infty} 2^n \sin \frac{\pi}{3^n}$ 也收敛.

解法 2 当 $n \to \infty$ 时，$\sin \frac{\pi}{3^n} \sim \frac{\pi}{3^n}$，而级数 $\sum_{n=1}^{\infty} 2^n \cdot \frac{\pi}{3^n} = \sum_{n=1}^{\infty} \pi \left(\frac{2}{3}\right)^n$ 收敛，故原级数收敛.

从以上的例题可以看到，无论是比较审敛法还是其极限形式，在使用时都必须找到一个敛散性已知的参照级数，因此很不方便，有时甚至非常困难. 例如，判别级数 $\sum_{n=1}^{\infty} \frac{n}{10^n}$ 的敛散性，就不容易找到参照级数. 下面介绍的两个审敛法，它们都是通过级数一般项自身的性质来判断其敛散性的.

7.2.3 比值审敛法与根值审敛法

定理 7.2.4（比值审敛法，达朗贝尔判别法） 设 $\sum_{n=1}^{\infty} u_n$，$u_n > 0$，为正项级数，如果

$$\lim_{n \to \infty} \frac{u_{n+1}}{u_n} = \rho$$

则 (1) 当 $\rho < 1$ 时，级数收敛；

(2) 当 $\rho > 1$ $\left(\text{或} \lim_{n \to \infty} \frac{u_{n+1}}{u_n} = +\infty\right)$ 时，级数发散；

(3) 当 $\rho = 1$ 时，级数可能收敛也可能发散.

证 (1) 当 $\rho < 1$ 时，选取一个适当小的正数 $\varepsilon = \frac{1-\rho}{2} > 0$，因为

$$\lim_{n \to \infty} \frac{u_{n+1}}{u_n} = \rho,$$

所以存在正整数 N，当 $n > N$ 时，有

$$\left|\frac{u_{n+1}}{u_n} - \rho\right| < \varepsilon,$$

因此
$$\frac{u_{n+1}}{u_n} < \rho + \varepsilon = \frac{1+\rho}{2},$$

记 $q = \frac{1+\rho}{2}$，则 $q < 1$，且

$$u_{N+1} = u_{N+1}$$
$$u_{N+2} < u_{N+1} \cdot q$$
$$u_{N+3} < u_{N+2} \cdot q < u_{N+1} \cdot q^2$$
$$u_{N+k} < u_{N+k-1} \cdot q < \cdots < u_{N+1} \cdot q^{k-1} \cdots$$

由于 $q < 1$，所以等比级数 $\sum_{k=1}^{\infty} u_{N+1} \cdot q^{k-1}$ 收敛。由比较审敛法可知，级数

$$\sum_{k=1}^{\infty} u_{N+k} = \sum_{n=N+1}^{\infty} u_n$$

收敛，故级数 $\sum_{n=1}^{\infty} u_n$ 收敛。

（2）当 $\rho > 1$ 时，由极限的保号性可知，存在正整数 N，当 $n > N$ 时，有

$$\frac{u_{n+1}}{u_n} > 1, \text{ 即 } u_{n+1} > u_n > 0.$$

因此 $\lim_{n \to \infty} u_n \neq 0$，所以级数 $\sum_{n=1}^{\infty} u_n$ 发散。

（3）当 $\rho = 1$ 时级数可能收敛也可能发散。这个结论从 p-级数 $\sum_{n=1}^{\infty} \frac{1}{n^p}$ 就可以看出。

事实上，无论 $p > 0$ 为何值，都有

$$\lim_{n \to \infty} \frac{u_{n+1}}{u_n} = \lim_{n \to \infty} \frac{\frac{1}{(n+1)^p}}{\frac{1}{n^p}} = \lim_{n \to \infty} \left(\frac{n}{n+1}\right)^p = 1,$$

但我们知道，当 $p > 1$ 时级数收敛，当 $p \leq 1$ 时级数发散。

这是由于比值审敛法的实质是将所给级数与等比级数进行比较，而等比级数的一般项收敛速度比较快，所以当被考察级数的一般项收敛速度较慢时，比值审敛法就失效了。

例 7.2.8 判别级数

$$\sum_{n=1}^{\infty} \frac{1}{n!} = 1 + \frac{1}{1 \cdot 2} + \frac{1}{1 \cdot 2 \cdot 3} + \cdots + \frac{1}{n!} + \cdots$$

的敛散性。

解 因为

$$\lim_{n \to \infty} \frac{u_{n+1}}{u_n} = \lim_{n \to \infty} \frac{\frac{1}{(n+1)!}}{\frac{1}{n!}} = \lim_{n \to \infty} \frac{n!}{(n+1)!} = \lim_{n \to \infty} \frac{1}{n+1} = 0 < 1,$$

由比值审敛法可知,级数 $\sum_{n=1}^{\infty} \frac{1}{n!}$ 收敛.

例 7.2.9 判别级数
$$\frac{1}{3} + \frac{1 \cdot 2}{3^2} + \frac{1 \cdot 2 \cdot 3}{3^3} + \cdots + \frac{n!}{3^n} + \cdots$$
的敛散性.

解 因为
$$\lim_{n \to \infty} \frac{u_{n+1}}{u_n} = \lim_{n \to \infty} \frac{\frac{(n+1)!}{3^{n+1}}}{\frac{n!}{3^n}} = \lim_{n \to \infty} \frac{n+1}{3} = +\infty,$$

由比值审敛法可知,级数 $\frac{1}{3} + \frac{1 \cdot 2}{3^2} + \frac{1 \cdot 2 \cdot 3}{3^3} + \cdots + \frac{n!}{3^n} + \cdots$ 发散.

例 7.2.10 判别级数
$$\sum_{n=1}^{\infty} \frac{n^{100}}{2^n} = \frac{1}{2} + \frac{2^{100}}{2^2} + \frac{3^{100}}{2^3} + \cdots + \frac{n^{100}}{2^n} + \cdots$$
的敛散性.

解 因为
$$\lim_{n \to \infty} \frac{u_{n+1}}{u_n} = \lim_{n \to \infty} \frac{\frac{(n+1)^{100}}{2^{n+1}}}{\frac{n^{100}}{2^n}} = \frac{1}{2} \lim_{n \to \infty} \left(\frac{n+1}{n} \right)^{100} = \frac{1}{2} < 1,$$

由比值审敛法可知,级数 $\sum_{n=1}^{\infty} \frac{n^{100}}{2^n}$ 收敛.

> **定理 7.2.5(根值审敛法,柯西判别法)** 设 $\sum_{n=1}^{\infty} u_n$ 为正项级数,如果
> $$\lim_{n \to \infty} \sqrt[n]{u_n} = \rho,$$
> 则当 $\rho < 1$ 时级数收敛;当 $\rho > 1$(或 $\lim_{n \to \infty} \sqrt[n]{u_n} = +\infty$)时级数发散;当 $\rho = 1$ 时级数可能收敛也可能发散.

定理 7.2.5 的证明与定理 7.2.4 相仿,这里略.

例 7.2.11 判别级数 $\sum_{n=1}^{\infty} \frac{2+(-1)^n}{2^n}$ 的敛散性.

解 因为
$$\lim_{n \to \infty} \sqrt[n]{u_n} = \lim_{n \to \infty} \sqrt[n]{\frac{2+(-1)^n}{2^n}} = \frac{1}{2} \lim_{n \to \infty} \sqrt[n]{2+(-1)^n} = \frac{1}{2} < 1,$$

由根值审敛法可知,级数 $\sum_{n=1}^{\infty} \frac{2+(-1)^n}{2^n}$ 收敛.

例 7.2.12 判别级数 $\sum_{n=1}^{\infty}\left(\dfrac{an}{2n+2}\right)^n, a>0$ 的敛散性.

解 因为
$$\lim_{n\to\infty}\sqrt[n]{u_n}=\lim_{n\to\infty}\sqrt[n]{\left(\dfrac{an}{2n+2}\right)^n}=\lim_{n\to\infty}\dfrac{an}{2n+2}=\dfrac{a}{2},$$

由根值审敛法可知

当 $\dfrac{a}{2}<1$,即 $0<a<2$ 时,级数 $\sum_{n=1}^{\infty}\left(\dfrac{an}{2n+2}\right)^n$ 收敛;

当 $\dfrac{a}{2}>1$,即 $a>2$ 时,级数 $\sum_{n=1}^{\infty}\left(\dfrac{an}{2n+2}\right)^n$ 发散;

当 $\dfrac{a}{2}=1$,即 $a=2$ 时,根值审敛法失效. 由于
$$\lim_{n\to\infty}\left(\dfrac{2n}{2n+2}\right)^n=\lim_{n\to\infty}\left(\dfrac{n}{n+1}\right)^n=\dfrac{1}{e}\neq 0,$$

由级数收敛的必要条件可知,级数 $\sum_{n=1}^{\infty}\left(\dfrac{an}{2n+2}\right)^n$ 发散.

*7.2.4 积分审敛法

定理 7.2.6(积分审敛法) 设 $u_n=f(n)$,$n=1,2,\cdots$,若函数 $f(x)$ 在 $[1,+\infty)$ 上非负、单调减少且连续,则 $\sum_{n=1}^{\infty}u_n$ 与 $\int_1^{+\infty}f(x)\mathrm{d}x$ 的敛散性相同.

证 由 $f(x)$ 是单调减少函数可知,当 $k\leqslant x\leqslant k+1$ 时,有
$$f(k+1)\leqslant f(x)\leqslant f(k),$$
从而有
$$u_{k+1}=f(k+1)\leqslant\int_k^{k+1}f(x)\mathrm{d}x\leqslant f(k)=u_k,$$
故
$$\sum_{k=1}^n u_{k+1}\leqslant\sum_{k=1}^n\int_k^{k+1}f(x)\mathrm{d}x\leqslant\sum_{k=1}^n u_k,$$
得
$$s_{n+1}-u_1\leqslant\int_1^{n+1}f(x)\mathrm{d}x\leqslant s_n,$$
于是,若 $\int_1^{+\infty}f(x)\mathrm{d}x$ 收敛,有
$$s_{n+1}\leqslant u_1+\int_1^{n+1}f(x)\mathrm{d}x\leqslant u_1+\int_1^{+\infty}f(x)\mathrm{d}x,$$
可知 $\{s_n\}$ 有界,根据定理 7.2.1,级数收敛;

若 $\int_1^{+\infty}f(x)\mathrm{d}x$ 发散,因为 $f(x)$ 非负,只能有 $\int_1^{+\infty}f(x)\mathrm{d}x=+\infty$,故当

$n\to\infty$ 时,也必有 $\int_1^{n+1} f(x)\mathrm{d}x \to +\infty$,可推得 $\{s_n\}$ 无界,级数发散.

例 7.2.13 判别级数 $\sum_{n=2}^{\infty} \dfrac{1}{n(\ln n)^p}, p>0$ 的敛散性.

解 因为

当 $p=1$ 时,$\int_2^{+\infty} \dfrac{1}{x\ln x}\mathrm{d}x = \ln\ln x \Big|_2^{+\infty} = +\infty$;

当 $p\neq 1$ 时,$\int_2^{+\infty} \dfrac{1}{x(\ln x)^p}\mathrm{d}x = \dfrac{1}{1-p}(\ln x)^{1-p}\Big|_2^{+\infty} = \begin{cases} +\infty, & p<1, \\ \dfrac{1}{(1-p)(\ln 2)^{p-1}}, & p>1. \end{cases}$

所以,当 $p\leq 1$ 时,反常积分发散,原级数发散;当 $p>1$ 时,反常积分收敛,原级数收敛.

7.2.5 同步习题

1. 用比较审敛法或其极限形式判定下列级数的敛散性:

(1) $\sum_{n=1}^{\infty} \dfrac{1}{2n+1}$; (2) $\sum_{n=1}^{\infty} \dfrac{n+1}{n^2+1}$;

(3) $\sum_{n=1}^{\infty} \dfrac{n^2+3}{n^3+2n-1}$; (4) $\sum_{n=1}^{\infty} \dfrac{1}{\sqrt{n^2+n}}$;

(5) $\sum_{n=1}^{\infty} \sin\dfrac{1}{2n}$; (6) $\sum_{n=1}^{\infty} \dfrac{1}{n}\tan\dfrac{\pi}{n}$;

(7) $\sum_{n=1}^{\infty} \dfrac{1}{\ln(n+1)}$; (8) $\sum_{n=1}^{\infty} \dfrac{1}{n\sqrt{n+1}}$;

(9) $\sum_{n=1}^{\infty} \dfrac{2}{3^n+1}$; (10) $\sum_{n=1}^{\infty} \dfrac{5^n+(-1)^n}{3^n}$;

(11) $\sum_{n=1}^{\infty} \dfrac{n^{n-1}}{(n+1)^{n+1}}$; (12) $\sum_{n=1}^{\infty} \dfrac{1}{1+a^n}, a>0$.

2. 用比值审敛法判定下列级数的敛散性:

(1) $\sum_{n=1}^{\infty} \dfrac{2n-1}{2^n}$; (2) $\sum_{n=1}^{\infty} \dfrac{1}{n!}$;

(3) $\sum_{n=1}^{\infty} \dfrac{n!}{3^n}$; (4) $\sum_{n=1}^{\infty} \dfrac{(n+1)^3}{n!}$;

(5) $\sum_{n=1}^{\infty} \dfrac{2^n n!}{n^n}$; (6) $\sum_{n=1}^{\infty} n^3\sin\dfrac{\pi}{2^n}$;

(7) $\sum_{n=1}^{\infty} \dfrac{5^n}{n\cdot 2^n}$; (8) $\sum_{n=1}^{\infty} n\tan\dfrac{\pi}{3^{n+1}}$.

3. 用根值审敛法判定下列级数的敛散性:

(1) $\sum_{n=1}^{\infty} \left(\dfrac{n}{2n+1}\right)^n$; (2) $\sum_{n=1}^{\infty} \left(\dfrac{3n+2}{2n+1}\right)^n$;

(3) $\sum_{n=1}^{\infty} \dfrac{1}{[\ln(n+1)]^n}$; (4) $\sum_{n=1}^{\infty} \left(\dfrac{n}{3n-1}\right)^{2n-1}$;

(5) $\sum_{n=1}^{\infty} \dfrac{n^2}{\left(1+\dfrac{1}{n}\right)^{n^2}}$; (6) $\sum_{n=1}^{\infty} \dfrac{3}{2^n(\arctan n)^n}$.

4. 用积分审敛法判定下列级数的敛散性:

(1) $\sum_{n=2}^{\infty} \dfrac{1}{n\ln n}$; (2) $\sum_{n=2}^{\infty} \dfrac{1}{n\ln^2 n}$;

(3) $\sum_{n=2}^{\infty} \dfrac{\ln(n+1)}{n^2}$; (4) $\sum_{n=2}^{\infty} \dfrac{1}{\ln(n+1)}\sin\dfrac{1}{n}$.

5. 判断下列级数的敛散性:

(1) $\sqrt{2}+\sqrt{\dfrac{3}{2}}+\cdots+\sqrt{\dfrac{n+1}{n}}+\cdots$;

(2) $\sum_{n=1}^{\infty} \dfrac{n+1}{n(n+2)}$;

(3) $\dfrac{3}{4}+2\cdot\left(\dfrac{3}{4}\right)^2+3\cdot\left(\dfrac{3}{4}\right)^3+\cdots+n\left(\dfrac{3}{4}\right)^n+\cdots$;

(4) $\sum_{n=1}^{\infty} \dfrac{1}{n\cdot\sqrt[n]{n}}$;

(5) $\dfrac{1^4}{1!}+\dfrac{2^4}{2!}+\dfrac{3^4}{3!}+\cdots+\dfrac{n^4}{n!}+\cdots$;

(6) $\sum_{n=1}^{\infty} \dfrac{n^2}{\left(1+\dfrac{1}{n}\right)^n}$.

7.3 任意项级数

7.2 节讨论了正项级数敛散性的判别法，本节介绍任意项级数.

如果一个级数中仅有有限项是正数或有限项是负数，那么其敛散性可以归结为正项级数来判别. 若级数 $\sum_{n=1}^{\infty} u_n$ 中有无穷多个正项和无穷多个负项，则称之为**任意项级数**，即级数

$$\sum_{n=1}^{\infty} u_n = u_1 + u_2 + \cdots + u_n + \cdots$$

中的各项 u_n，$n=1,2,\cdots$ 为任意实数.

在任意项级数中，交错级数是一类很重要的级数. 首先来讨论交错级数敛散性的判别法.

7.3.1 交错级数及其审敛法

定义 7.3.1 如果 $u_n > 0$，$n=1,2,\cdots$，则级数

$$\sum_{n=1}^{\infty} (-1)^{n-1} u_n = u_1 - u_2 + u_3 - u_4 + \cdots + (-1)^{n-1} u_n + \cdots \tag{7.3.1}$$

或

$$\sum_{n=1}^{\infty} (-1)^n u_n = -u_1 + u_2 - u_3 + u_4 - \cdots + (-1)^n u_n + \cdots \tag{7.3.2}$$

称为**交错级数**.

因为对于交错级数(7.3.2)的各项均乘以 -1 后就得到级数(7.3.1)，且不改变原级数的敛散性(只是和变为原来的相反数)，因此，只需讨论级数(7.3.1)的敛散性.

定理 7.3.1(莱布尼茨定理) 如果交错级数 $\sum_{n=1}^{\infty} (-1)^{n-1} u_n$，$u_n > 0$，满足

(1) $u_n \geq u_{n+1}$，$n=1,2,\cdots$；

(2) $\lim_{n \to \infty} u_n = 0$，

则级数收敛，且其和 $s \leq u_1$，余项 r_n 的绝对值 $|r_n| \leq u_{n+1}$.

证 为了证明级数的部分和有极限，我们先考虑级数的前 $2n$ 项和 s_{2n}.
由条件(1)可知

$$s_{2n} = (u_1 - u_2) + (u_3 - u_4) + \cdots + (u_{2n-1} - u_{2n})$$

是单调增加的. 又因为

$$s_{2n} = u_1 - (u_2 - u_3) - (u_4 - u_5) - \cdots - (u_{2n-2} - u_{2n-1}) - u_{2n} \leq u_1$$

根据单调有界数列必有极限的收敛准则可知

$$\lim_{n\to\infty} s_{2n} = s \leq u_1.$$

下面证明级数的前 $2n+1$ 项的和 s_{2n+1} 的极限也是 s.
因为

$$s_{2n+1} = s_{2n} + u_{2n+1},$$

由条件(2)可知 $\lim\limits_{n\to\infty} u_{2n+1} = 0$,于是有

$$\lim_{n\to\infty} s_{2n+1} = \lim_{n\to\infty}(s_{2n} + u_{2n+1}) = s.$$

因此得 $\lim\limits_{n\to\infty} s_n = s$,即级数 $\sum\limits_{n=1}^{\infty}(-1)^{n-1} u_n$ 收敛于 s,且 $s \leq u_1$.

余项 r_n 可写作

$$r_n = \pm(u_{n+1} - u_{n+2} + \cdots)$$

其绝对值

$$|r_n| = u_{n+1} - u_{n+2} + \cdots$$

也是一个交错级数,且满足收敛的两个条件,所以其和不超过第一项,即 $|r_n| \leq u_{n+1}$.

例如,交错级数 $\sum\limits_{n=1}^{\infty}(-1)^{n-1}\dfrac{1}{n}$, $\sum\limits_{n=1}^{\infty}(-1)^{n-1}\dfrac{1}{\sqrt{n}}$, $\sum\limits_{n=1}^{\infty}(-1)^{n}\dfrac{1}{\ln(n+1)}$

都是收敛的,可以用莱布尼茨定理来证明其收敛性.

例 7.3.1 判别级数 $\sum\limits_{n=1}^{\infty}(-1)^{n-1}\dfrac{1}{n}$ 的敛散性.

解 由于级数 $\sum\limits_{n=1}^{\infty}(-1)^{n-1}\dfrac{1}{n}$ 满足

$$u_n = \dfrac{1}{n} > \dfrac{1}{n+1} = u_{n+1},\ \text{且}\lim_{n\to\infty} u_n = \lim_{n\to\infty}\dfrac{1}{n} = 0,$$

所以由莱布尼茨定理可知,级数 $\sum\limits_{n=1}^{\infty}(-1)^{n-1}\dfrac{1}{n}$ 收敛.

例 7.3.2 判别级数 $\sum\limits_{n=1}^{\infty}(-1)^{n-1}\dfrac{1}{\sqrt{n}}$ 的敛散性.

解 由于级数 $\sum\limits_{n=1}^{\infty}(-1)^{n-1}\dfrac{1}{\sqrt{n}}$ 满足

$$u_n = \dfrac{1}{\sqrt{n}} > \dfrac{1}{\sqrt{n+1}} = u_{n+1},\ \text{且}\lim_{n\to\infty} u_n = \lim_{n\to\infty}\dfrac{1}{\sqrt{n}} = 0,$$

所以由莱布尼茨定理可知,级数 $\sum\limits_{n=1}^{\infty}(-1)^{n-1}\dfrac{1}{\sqrt{n}}$ 收敛.

例 7.3.3 判别级数 $\sum\limits_{n=1}^{\infty}(-1)^{n}\dfrac{1}{\ln(n+1)}$ 的敛散性.

解 由于级数 $\sum\limits_{n=1}^{\infty}(-1)^{n}\dfrac{1}{\ln(n+1)}$ 满足

$$u_n = \frac{1}{\ln(n+1)} > \frac{1}{\ln(n+2)} = u_{n+1}, \text{且} \lim_{n\to\infty} u_n = \lim_{n\to\infty} \frac{1}{\ln(n+1)} = 0,$$

所以由莱布尼茨定理可知，级数 $\sum_{n=1}^{\infty} (-1)^n \frac{1}{\ln(n+1)}$ 收敛.

7.3.2 绝对收敛与条件收敛

定义 7.3.2 对任意项级数

$$\sum_{n=1}^{\infty} u_n = u_1 + u_2 + \cdots + u_n + \cdots, \tag{7.3.3}$$

其中 u_n 为任意实数，$n=1,2,\cdots$，各项取绝对值后得到的级数为正项级数

$$\sum_{n=1}^{\infty} |u_n| = |u_1| + |u_2| + \cdots + |u_n| + \cdots, \tag{7.3.4}$$

级数(7.3.4)称为对应于级数(7.3.3)的**绝对值级数**.

这两个级数的敛散性有以下联系：

定理 7.3.2 如果级数 $\sum_{n=1}^{\infty} |u_n|$ 收敛，则级数 $\sum_{n=1}^{\infty} u_n$ 必收敛.

证 设

$$v_n = \frac{1}{2}(u_n + |u_n|), \quad n = 1, 2, \cdots,$$

则 $0 \leq v_n \leq |u_n|$. 由 $\sum_{n=1}^{\infty} |u_n|$ 收敛及比较审敛法可知，正项级数 $\sum_{n=1}^{\infty} v_n$ 收敛，从而级数 $\sum_{n=1}^{\infty} 2v_n$ 也收敛. 而 $u_n = 2v_n - |u_n|$，由收敛级数的基本性质得

$$\sum_{n=1}^{\infty} u_n = \sum_{n=1}^{\infty} 2v_n - \sum_{n=1}^{\infty} |u_n|,$$

所以级数 $\sum_{n=1}^{\infty} u_n$ 收敛.

定义 7.3.3 设 $\sum_{n=1}^{\infty} u_n$ 为任意项级数，若正项级数 $\sum_{n=1}^{\infty} |u_n|$ 收敛，则称级数 $\sum_{n=1}^{\infty} u_n$ **绝对收敛**；若级数 $\sum_{n=1}^{\infty} u_n$ 收敛，而正项级数 $\sum_{n=1}^{\infty} |u_n|$ 发散，则称级数 $\sum_{n=1}^{\infty} u_n$ **条件收敛**.

例如，$\sum_{n=1}^{\infty} (-1)^{n-1} \frac{1}{n}$ 条件收敛，$\sum_{n=1}^{\infty} (-1)^{n-1} \frac{1}{n^2}$ 绝对收敛.

例 7.3.4 判定级数 $\sum_{n=1}^{\infty} \dfrac{\sin n\alpha}{n^3}$ 的敛散性，若收敛，指出是条件收敛还是绝对收敛．

解 因为 $\left|\dfrac{\sin n\alpha}{n^3}\right| \leqslant \dfrac{1}{n^3}$，而正项级数 $\sum_{n=1}^{\infty} \dfrac{1}{n^3}$ 收敛，故级数 $\sum_{n=1}^{\infty} \left|\dfrac{\sin n\alpha}{n^3}\right|$ 收敛，所以级数 $\sum_{n=1}^{\infty} \dfrac{\sin n\alpha}{n^3}$ 绝对收敛．

例 7.3.5 判定级数 $\sum_{n=1}^{\infty} (-1)^n \dfrac{1}{4n+2}$ 的敛散性，若收敛，指出是条件收敛还是绝对收敛．

微课：例 7.3.5

解 由于级数 $\sum_{n=1}^{\infty} (-1)^n \dfrac{1}{4n+2}$ 满足
$$\dfrac{1}{4n+2} > \dfrac{1}{4(n+1)+2}, \quad 且 \lim_{n\to\infty} \dfrac{1}{4n+2} = 0,$$
所以由莱布尼茨定理可知，级数 $\sum_{n=1}^{\infty} (-1)^n \dfrac{1}{4n+2}$ 收敛．但
$$\sum_{n=1}^{\infty} \left|(-1)^n \dfrac{1}{4n+2}\right| = \sum_{n=1}^{\infty} \dfrac{1}{4n+2}$$
是发散的，所以，级数 $\sum_{n=1}^{\infty} (-1)^n \dfrac{1}{4n+2}$ 条件收敛．

因为绝对值级数是正项级数，所以正项级数敛散性的判别法都可以用来判定任意项级数是否绝对收敛，而绝对收敛的级数一定收敛，这就使得一部分级数的敛散性判别问题，转化成正项级数敛散性的判别问题．

一般说来，如果级数 $\sum_{n=1}^{\infty} |u_n|$ 发散，我们不能断定级数 $\sum_{n=1}^{\infty} u_n$ 也发散．但是，若采用比值审敛法或根值审敛法，根据 $\lim\limits_{n\to\infty}\left|\dfrac{u_{n+1}}{u_n}\right| = \rho > 1$ 或 $\lim\limits_{n\to\infty} \sqrt[n]{|u_n|} = \rho > 1$，判定级数 $\sum_{n=1}^{\infty} |u_n|$ 发散，则可以断定级数 $\sum_{n=1}^{\infty} u_n$ 也发散．这是因为当 $\rho > 1$ 时，必有 $\dfrac{|u_{n+1}|}{|u_n|} > 1$，所以 $\lim\limits_{n\to\infty} |u_n| \neq 0$，从而 $\lim\limits_{n\to\infty} u_n \neq 0$，由级数收敛的必要条件可知，级数 $\sum_{n=1}^{\infty} u_n$ 发散．由此可得下面的定理：

> **定理 7.3.3** 设
> $$\sum_{n=1}^{\infty} u_n = u_1 + u_2 + \cdots + u_n + \cdots$$
> 为任意项级数，记
> $$\lim_{n\to\infty}\left|\dfrac{u_{n+1}}{u_n}\right| = \rho \quad (或 \lim_{n\to\infty}\sqrt[n]{|u_n|} = \rho)$$
> 则当 $\rho < 1$ 时，级数绝对收敛；当 $\rho > 1$ 时，级数发散．

例 7.3.6 判定级数 $\sum_{n=1}^{\infty} \frac{(-1)^n n!}{n^n}$ 的敛散性.

解 由于
$$\lim_{n\to\infty}\left|\frac{u_{n+1}}{u_n}\right| = \lim_{n\to\infty}\frac{(n+1)!}{(n+1)^{n+1}} \cdot \frac{n^n}{n!}$$
$$= \lim_{n\to\infty}\left(\frac{n}{n+1}\right)^n = \frac{1}{e} < 1,$$

所以,该级数绝对收敛.

例 7.3.7 判定级数 $\sum_{n=1}^{\infty}(-1)^n \frac{1}{2^n}\left(1+\frac{1}{n}\right)^{n^2}$ 的敛散性.

解 由于
$$\lim_{n\to\infty}\sqrt[n]{|u_n|} = \frac{1}{2}\lim_{n\to\infty}\left(1+\frac{1}{n}\right)^n = \frac{e}{2} > 1,$$

所以级数 $\sum_{n=1}^{\infty}(-1)^n \frac{1}{2^n}\left(1+\frac{1}{n}\right)^{n^2}$ 发散.

例 7.3.8 判定级数 $\sum_{n=1}^{\infty} nx^{n-1}$ 的敛散性.

解 因 x 可取任意实数,这是任意项级数. 由于
$$\lim_{n\to\infty}\left|\frac{u_{n+1}}{u_n}\right| = \lim_{n\to\infty}\frac{(n+1)|x|^n}{n|x|^{n-1}} = |x|\lim_{n\to\infty}\left(1+\frac{1}{n}\right) = |x|,$$

所以

当 $|x|<1$ 时,级数绝对收敛;当 $|x|>1$ 时,级数发散;

当 $|x|=1$ 时,级数的一般项不趋于零,故级数发散.

综上可知,当 $|x|<1$ 时,级数绝对收敛;当 $|x|\geq 1$ 时,级数发散.

7.3.3 同步习题

1. 判断题,正确的在括号里画"√",错误的在括号里画"×".

(1) 若 $\sum_{n=1}^{\infty}(u_{2n-1}+u_{2n})$ 收敛,则 $\sum_{n=1}^{\infty} u_n$ 必收敛,且 $\lim_{n\to\infty} u_n=0$. ( )

(2) 若 $\sum_{n=1}^{\infty}(u_{2n-1}+u_{2n})$ 发散,则 $\sum_{n=1}^{\infty} u_n$ 必发散. ( )

(3) 若 $\lim_{n\to\infty}\frac{u_n}{v_n}=1$,则 $\sum_{n=1}^{\infty} u_n$ 与 $\sum_{n=1}^{\infty} v_n$ 的敛散性相同. ( )

(4) 若 $\lim_{n\to\infty}\left|\frac{u_{n+1}}{u_n}\right|>1$,则 $\sum_{n=1}^{\infty} u_n$ 发散. ( )

2. 选择题

(1) 下列级数中绝对收敛的是( ).

A. $\sum_{n=1}^{\infty}(-1)^{n-1}\frac{1}{n}$ B. $\sum_{n=1}^{\infty}(-1)^{n-1}\frac{1}{n^2}$

C. $\sum_{n=1}^{\infty}(-1)^{n-1}\frac{1}{\sqrt{n}}$ D. $\sum_{n=1}^{\infty}(-1)^{n-1}\frac{1}{\sqrt[3]{n}}$

(2) 设 α 为常数,则级数 $\sum_{n=1}^{\infty}\left(\frac{\cos\alpha\pi}{n^2}-\frac{\sin\alpha\pi}{\sqrt{n}}\right)$ ( ).

A. 绝对收敛

B. 条件收敛

C. 发散

D. 收敛性与 α 的取值有关

(3) 设级数 $\sum_{n=1}^{\infty}(-1)^n u_n 2^n$ 收敛,则级数 $\sum_{n=1}^{\infty} u_n$ ( ).

A. 绝对收敛 B. 条件收敛

C. 发散　　　　　　　D. 收敛性不能确定

(4) 设常数 $k>0$，则级数 $\sum_{n=1}^{\infty}(-1)^{n}\dfrac{n+k}{n^{2}}$ ( ).

A. 发散　　　　　　　B. 绝对收敛
C. 条件收敛　　　　　D. 收敛性与 k 的取值有关

3. 判定下列级数的敛散性，若收敛，指出是绝对收敛还是条件收敛：

(1) $1-\dfrac{1}{\sqrt{2}}+\dfrac{1}{\sqrt{3}}-\dfrac{1}{\sqrt{4}}+\cdots$；

(2) $\sum_{n=1}^{\infty}(-1)^{n}\dfrac{n}{2^{n}}$；

(3) $1-\dfrac{1}{2!}+\dfrac{1}{3!}-\dfrac{1}{4!}+\cdots$；

(4) $\sum_{n=1}^{\infty}\dfrac{1}{n}\sin\dfrac{n\pi}{2}$；

(5) $\dfrac{1}{2}-\dfrac{1}{2\cdot 2^{2}}+\dfrac{1}{3\cdot 2^{3}}-\dfrac{1}{4\cdot 2^{4}}+\cdots$；

(6) $\sum_{n=1}^{\infty}(-1)^{n}\dfrac{2^{n^{2}}}{n!}$；

(7) $\dfrac{1}{2}-\dfrac{3}{10}+\dfrac{1}{2^{2}}-\dfrac{3}{10^{2}}+\dfrac{1}{2^{3}}-\dfrac{3}{10^{3}}+\cdots$；

(8) $\sum_{n=1}^{\infty}\dfrac{\sin n\alpha}{(n+1)^{2}}$；

(9) $\sum_{n=1}^{\infty}(-1)^{n-1}\left(1-\cos\dfrac{1}{2n}\right)$；

(10) $\sum_{n=1}^{\infty}(-1)^{n-1}\dfrac{n+2}{3n+1}$.

7.4　幂级数

7.4.1　函数项级数的概念

前面我们讨论了常数项级数的问题，其中的每一项都是实数. 本节讨论每一项都是函数的级数，这就是函数项级数.

定义 7.4.1　给一个定义在区间 I 上的函数列
$$u_{1}(x),u_{2}(x),\cdots,u_{n}(x),\cdots$$
则级数
$$\sum_{n=1}^{\infty}u_{n}(x)=u_{1}(x)+u_{2}(x)+\cdots+u_{n}(x)+\cdots \quad (7.4.1)$$
称为定义在区间 I 上的**函数项无穷级数**，简称为**函数项级数**.

对于每一个 $x_{0}\in I$，函数项级数(7.4.1)转化为常数项级数
$$\sum_{n=1}^{\infty}u_{n}(x_{0})=u_{1}(x_{0})+u_{2}(x_{0})+\cdots+u_{n}(x_{0})+\cdots \quad (7.4.2)$$
这个级数可能收敛也可能发散.

定义 7.4.2　如果常数项级数(7.4.2)收敛，则称 x_{0} 为函数项级数(7.4.1)的**收敛点**；否则，则称 x_{0} 为函数项级数(7.4.1)的**发散点**. 函数项级数 $\sum_{n=1}^{\infty}u_{n}(x)$ 的收敛点所构成的集合称为它的**收敛域**，发散点所构成的集合称为它的**发散域**.

定义 7.4.3　对于函数项级数 $\sum_{n=1}^{\infty}u_{n}(x)$ 收敛域内的任意点 x，都有一个确定的和 $s(x)$，这样就构成了定义在收敛域上的函数 $s(x)$，称为函数

项级数 $\sum\limits_{n=1}^{\infty} u_n(x)$ 的**和函数**，记作

$$s(x) = u_1(x) + u_2(x) + \cdots + u_n(x) + \cdots,$$

和函数 $s(x)$ 的定义域就是级数 $\sum\limits_{n=1}^{\infty} u_n(x)$ 的收敛域.

设函数项级数 $\sum\limits_{n=1}^{\infty} u_n(x)$ 的前 n 项和为 $s_n(x)$，则在收敛域上有

$$\lim_{n \to \infty} s_n(x) = s(x).$$

记 $r_n(x) = s(x) - s_n(x)$ 为函数项级数 $\sum\limits_{n=1}^{\infty} u_n(x)$ 的**余项**，则在函数项级数 $\sum\limits_{n=1}^{\infty} u_n(x)$ 的收敛域上有

$$\lim_{n \to \infty} r_n(x) = 0.$$

例 7.4.1 求定义在区间 $(-\infty, +\infty)$ 上的函数项级数

$$\sum_{n=0}^{\infty} x^n = 1 + x + x^2 + \cdots + x^{n-1} + \cdots$$

的收敛域与和函数 $s(x)$.

解 当 $x \neq 1$ 时，级数的部分和函数 $s_n(x) = \dfrac{1 - x^n}{1 - x}$；

当 $|x| < 1$ 时，有

$$s(x) = \lim_{n \to \infty} s_n(x) = \frac{1}{1-x};$$

当 $|x| > 1$ 时，级数发散；
当 $x = \pm 1$ 时，级数也发散.

综上所述，等比级数 $\sum\limits_{n=0}^{\infty} x^n$ 的收敛域为开区间 $(-1, 1)$，和函数 $s(x) = \dfrac{1}{1-x}$，即

$$\frac{1}{1-x} = 1 + x + x^2 + \cdots + x^{n-1} + \cdots, \quad -1 < x < 1.$$

7.4.2 幂级数及其收敛性

在函数项级数中，应用最广泛也最重要的两类级数是幂级数和将在 7.6 节中讨论的三角级数.

定义 7.4.4 一般项是幂函数的级数，即形如

$$\sum_{n=0}^{\infty} a_n (x - x_0)^n = a_0 + a_1(x - x_0) + \cdots + a_n(x - x_0)^n + \cdots$$

(7.4.3)

的函数项级数称为**幂级数**，其中 $a_0, a_1, \cdots, a_n, \cdots$ 称为幂级数的**系数**.

特别地，当 $x_0 = 0$ 时，幂级数(7.4.3)化为如下形式

$$\sum_{n=0}^{\infty} a_n x^n = a_0 + a_1 x + a_2 x^2 + \cdots + a_n x^n + \cdots \qquad (7.4.4)$$

例如，

$$1 + x + x^2 + \cdots + x^n + \cdots;$$

$$1 + x + \frac{1}{2!}x^2 + \frac{1}{3!}x^3 + \cdots + \frac{1}{n!}x^n + \cdots;$$

$$x + \frac{1}{3!}x^3 + \frac{1}{5!}x^5 + \cdots + \frac{1}{(2n-1)!}x^{2n-1} + \cdots$$

都是幂级数.

注意到只要把幂级数 $\sum_{n=0}^{\infty} a_n (x - x_0)^n$ 中的 $x - x_0$ 换成 t 就可以得到幂级数

$$\sum_{n=0}^{\infty} a_n t^n = \sum_{n=0}^{\infty} a_n x^n,$$

于是我们着重讨论 $\sum_{n=0}^{\infty} a_n x^n$ 的情形.

对于幂级数 $\sum_{n=0}^{\infty} a_n x^n$，首先讨论它的收敛域.

显然，幂级数 $\sum_{n=0}^{\infty} a_n x^n$ 点 $x=0$ 处收敛.

如果 $\sum_{n=0}^{\infty} a_n x^n$ 有非零的收敛点，下面的定理告诉我们，它的收敛域是一个区间.

> **定理 7.4.1(阿贝尔(Abel)定理)**
>
> (1) 如果幂级数 $\sum_{n=0}^{\infty} a_n x^n$ 在 x_0 处收敛 $(x_0 \neq 0)$，则当 $|x| < |x_0|$ 时，幂级数 $\sum_{n=0}^{\infty} a_n x^n$ 绝对收敛;
>
> (2) 如果幂级数 $\sum_{n=0}^{\infty} a_n x^n$ 在 x_0 处发散 $(x_0 \neq 0)$，则当 $|x| > |x_0|$ 时，幂级数 $\sum_{n=0}^{\infty} a_n x^n$ 发散.

证 (1) 因为 $\sum_{n=0}^{\infty} a_n x_0^n$ 收敛，根据级数收敛的必要条件，有 $\lim_{n \to \infty} a_n x_0^n = 0$，于是存在一个常数 M，使得

$$|a_n x_0^n| \leq M, \quad n = 0, 1, 2, \cdots.$$

级数 $\sum_{n=0}^{\infty} a_n x^n$ 的一般项的绝对值满足

$$|a_n x^n| = |a_n x_0^n| \left| \frac{x}{x_0} \right|^n \leq M \left| \frac{x}{x_0} \right|^n, \quad n = 0, 1, 2, \cdots.$$

当 $|x|<|x_0|$ 时,$\sum_{n=0}^{\infty} M \left|\dfrac{x}{x_0}\right|^n$ 是公比为 $\left|\dfrac{x}{x_0}\right|<1$ 的等比级数,故收敛,所以级数 $\sum_{n=0}^{\infty} |a_n x^n|$ 收敛,也就是级数 $\sum_{n=0}^{\infty} a_n x^n$ 绝对收敛.

(2) 若级数 $\sum_{n=0}^{\infty} a_n x^n$ 在 x_0 处发散,如有 $|x_1|>|x_0|$ 使得级数 $\sum_{n=0}^{\infty} a_n x_1^n$ 收敛,由定理 7.4.1 的第一部分可知,级数 $\sum_{n=0}^{\infty} a_n x^n$ 在 x_0 处收敛,这与题设矛盾,故对于一切满足 $|x|>|x_0|$ 的 x,级数 $\sum_{n=0}^{\infty} a_n x^n$ 发散.

定理 7.4.1 告诉我们,如果幂级数 $\sum_{n=0}^{\infty} a_n x^n$ 除 $x=0$ 外还有其他收敛点,也不是在整个数轴上都收敛,则从原点向两侧,首先是收敛点,然后是发散点.

幂级数 $\sum_{n=0}^{\infty} a_n x^n$ 在 $(-\infty,+\infty)$ 上的收敛域有以下三种情形:

(1) 其收敛域是以原点为中心,R 为半径的有限区间. 即幂级数在 $(-R,R)$ 内收敛,在 $[-R,R]$ 外一定发散,在端点 $x=\pm R$ 处可能收敛也可能发散.

此时称 R 为幂级数 $\sum_{n=0}^{\infty} a_n x^n$ 的**收敛半径**,称开区间 $(-R,R)$ 为幂级数 $\sum_{n=0}^{\infty} a_n x^n$ 的**收敛区间**. 再由幂级数在端点 $x=\pm R$ 处的敛散性决定其收敛域是 $(-R,R)$,$[-R,R]$,$(-R,R]$ 或 $[-R,R)$ 这四个区间之一.

(2) 其收敛域是无穷区间 $(-\infty,+\infty)$,此时称幂级数 $\sum_{n=0}^{\infty} a_n x^n$ 的收敛半径为无穷大,即 $R=+\infty$.

(3) 其收敛域为 $\{0\}$,即幂级数 $\sum_{n=0}^{\infty} a_n x^n$ 仅在 $x=0$ 处收敛,此时称收敛半径 $R=0$.

由上述讨论可知,求幂级数收敛域的关键在于求出其收敛半径,下面的定理给出了求收敛半径的具体方法.

定理 7.4.2 对于幂级数 $\sum_{n=0}^{\infty} a_n x^n$,如果

$$\lim_{n\to\infty} \left|\dfrac{a_{n+1}}{a_n}\right|=\rho \quad (\text{或} \lim_{n\to\infty} \sqrt[n]{|a_n|}=\rho),$$

则幂级数 $\sum_{n=0}^{\infty} a_n x^n$ 的收敛半径

$$R=\begin{cases} \dfrac{1}{\rho}, & 0<\rho<+\infty, \\ +\infty, & \rho=0, \\ 0, & \rho=+\infty. \end{cases}$$

证 考虑幂级数 $\sum\limits_{n=0}^{\infty} a_n x^n$ 的各项取绝对值所成的正项级数

$$|a_0| + |a_1 x| + |a_2 x^2| + \cdots + |a_{n-1} x^{n-1}| + |a_n x^n| + \cdots,$$

由于

$$\lim_{n \to \infty} \frac{|a_{n+1} x^{n+1}|}{|a_n x^n|} = \lim_{n \to \infty} \left| \frac{a_{n+1}}{a_n} \right| |x| = \rho |x|,$$

由正项级数的比值审敛法可知:

(1) 如果 $0 < \rho < +\infty$,则当 $\rho |x| < 1$,即 $|x| < \dfrac{1}{\rho}$ 时,幂级数 $\sum\limits_{n=0}^{\infty} |a_n x^n|$ 收敛,从而幂级数 $\sum\limits_{n=0}^{\infty} a_n x^n$ 绝对收敛;当 $\rho |x| > 1$,即 $|x| > \dfrac{1}{\rho}$ 时,幂级数 $\sum\limits_{n=0}^{\infty} |a_n x^n|$ 发散,则 $\lim\limits_{n \to \infty} |a_n x^n| \neq 0$,故 $\lim\limits_{n \to \infty} a_n x^n \neq 0$,由此可知幂级数 $\sum\limits_{n=0}^{\infty} a_n x^n$ 发散,于是收敛半径 $R = \dfrac{1}{\rho}$;

(2) 如果 $\rho = 0$,则对一切 $x \in (-\infty, +\infty)$,有 $\lim\limits_{n \to \infty} \dfrac{|a_{n+1} x^{n+1}|}{|a_n x^n|} = \rho |x| = 0 < 1$,从而幂级数(7.4.4)在 $(-\infty, +\infty)$ 上绝对收敛,于是 $R = +\infty$;

(3) 如果 $\rho = +\infty$,则对一切 $x \neq 0$,有 $\lim\limits_{n \to \infty} \dfrac{|a_{n+1} x^{n+1}|}{|a_n x^n|} = +\infty$,从而幂级数 $\sum\limits_{n=0}^{\infty} a_n x^n$ 必发散,于是 $R = 0$.

$\lim\limits_{n \to \infty} \sqrt[n]{|a_n|} = \rho$ 的情形类似可证.

例 7.4.2 求幂级数 $\sum\limits_{n=1}^{\infty} \dfrac{x^n}{n}$ 的收敛半径、收敛区间和收敛域.

解 由于

$$\rho = \lim_{n \to \infty} \left| \frac{a_{n+1}}{a_n} \right| = \lim_{n \to \infty} \frac{\dfrac{1}{n+1}}{\dfrac{1}{n}} = 1,$$

所以收敛半径 $R = 1$,收敛区间为 $(-1, 1)$.

当 $x = 1$ 时,幂级数化为调和级数 $\sum\limits_{n=1}^{\infty} \dfrac{1}{n}$,该级数发散;

当 $x = -1$ 时,幂级数化为交错级数 $\sum\limits_{n=1}^{\infty} \dfrac{(-1)^n}{n}$,由莱布尼茨定理可知,该级数收敛. 所以该级数的收敛域为 $[-1, 1)$.

例 7.4.3 求幂级数

$$1 + x + \frac{1}{2!} x^2 + \frac{1}{3!} x^3 + \cdots + \frac{1}{n!} x^n + \cdots$$

的收敛域.

解 因为 $\rho = \lim\limits_{n\to\infty}\left|\dfrac{a_{n+1}}{a_n}\right| = \lim\limits_{n\to\infty}\dfrac{\frac{1}{(n+1)!}}{\frac{1}{n!}} = \lim\limits_{n\to\infty}\dfrac{1}{n+1} = 0$,所以收敛半径 $R = +\infty$,收敛域为 $(-\infty, +\infty)$.

例 7.4.4 求幂级数 $\sum\limits_{n=0}^{\infty}\dfrac{(n+1)!}{2^n}x^n$ 的收敛域.

解 因为
$$\rho = \lim_{n\to\infty}\left|\dfrac{a_{n+1}}{a_n}\right| = \lim_{n\to\infty}\dfrac{(n+2)!}{2^{n+1}}\cdot\dfrac{2^n}{(n+1)!} = \lim_{n\to\infty}\dfrac{n+2}{2} = +\infty,$$
所以收敛半径 $R = 0$,幂级数仅在 $x=0$ 处收敛,收敛域为 $\{0\}$.

如果幂级数的形式为 $\sum\limits_{n=0}^{\infty}a_n(x-x_0)^n$,可做变量代换 $x-x_0 = t$,使之成为幂级数 $\sum\limits_{n=0}^{\infty}a_n t^n$ 的形式,再进行讨论.

例 7.4.5 求幂级数 $\sum\limits_{n=1}^{\infty}\dfrac{(x-1)^n}{2^n\cdot n}$ 的收敛域.

解 令 $x-1 = t$,则原来的幂级数化为 $\sum\limits_{n=1}^{\infty}\dfrac{t^n}{2^n\cdot n}$,由于
$$\rho = \lim_{n\to\infty}\left|\dfrac{a_{n+1}}{a_n}\right| = \lim_{n\to\infty}\dfrac{\frac{1}{2^{n+1}(n+1)}}{\frac{1}{2^n\cdot n}} = \lim_{n\to\infty}\dfrac{n}{2(n+1)} = \dfrac{1}{2},$$
故幂级数 $\sum\limits_{n=1}^{\infty}\dfrac{t^n}{2^n\cdot n}$ 的收敛半径 $R = 2$,收敛区间为 $-2 < t < 2$,即 $-1 < x < 3$.

当 $x = -1$ 时,幂级数成为 $\sum\limits_{n=1}^{\infty}\dfrac{(-1)^n}{n}$,该级数收敛;

当 $x = 3$ 时,幂级数化为 $\sum\limits_{n=1}^{\infty}\dfrac{1}{n}$,该级数发散.

所以幂级数 $\sum\limits_{n=1}^{\infty}\dfrac{(x-1)^n}{2^n\cdot n}$ 的收敛域为 $[-1, 3)$.

在定理 7.4.2 中,要求幂级数所有项的系数 $a_n \neq 0$. 如果其中有无穷多项的系数 $a_n = 0$,就称为缺项级数,此时不能使用定理 7.4.2,而要根据正项级数的比值审敛法(或根值审敛法)确定幂级数的收敛半径 R.

例 7.4.6 求幂级数 $\sum\limits_{n=0}^{\infty}\dfrac{x^{2n}}{4^n}$ 的收敛域.

解 因为级数中缺少 x 的奇次幂项,所以不能用定理 7.4.2 确定 R,我们可用根值审敛法求得幂级数的收敛半径 R.

由于
$$\lim_{n\to\infty}\sqrt[n]{|u_n|} = \lim_{n\to\infty}\sqrt[n]{\dfrac{|x^{2n}|}{4^n}} = \dfrac{x^2}{4}$$

当 $\dfrac{x^2}{4}<1$，即 $|x|<2$ 时，幂级数绝对收敛；当 $\dfrac{x^2}{4}>1$，即 $|x|>2$ 时，幂级数发散，故 $R=2$.

当 $x=\pm 2$ 时，级数成为 $\sum\limits_{n=0}^{\infty}1$，它是发散的，所以幂级数 $\sum\limits_{n=0}^{\infty}\dfrac{x^{2n}}{4^n}$ 的收敛域为 $(-2,2)$.

例 7.4.7 求幂级数 $\sum\limits_{n=1}^{\infty}\dfrac{x^{2n-1}}{n\cdot 3^n}$ 的收敛域.

解 因为级数中缺少 x 的偶次幂项，所以不能用定理 7.4.2 确定 R，我们可用比值审敛法求得幂级数的收敛半径 R.

由于

$$\lim_{n\to\infty}\left|\dfrac{u_{n+1}(x)}{u_n(x)}\right|=\lim_{n\to\infty}\left|\dfrac{\dfrac{x^{2(n+1)-1}}{(n+1)3^{n+1}}}{\dfrac{x^{2n-1}}{n\cdot 3^n}}\right|=\dfrac{x^2}{3}\lim_{n\to\infty}\dfrac{n}{n+1}=\dfrac{x^2}{3},$$

当 $\dfrac{x^2}{3}<1$，即 $|x|<\sqrt{3}$ 时，幂级数绝对收敛；当 $\dfrac{x^2}{3}>1$，即 $|x|>\sqrt{3}$ 时，幂级数发散，故 $R=\sqrt{3}$. 当 $x=\pm\sqrt{3}$ 时，级数化为 $\pm\dfrac{1}{\sqrt{3}}\sum\limits_{n=1}^{\infty}\dfrac{1}{n}$，发散，所以原幂级数的收敛域为 $(-\sqrt{3},\sqrt{3})$.

7.4.3 幂级数的运算

定理 7.4.3 设幂级数 $\sum\limits_{n=0}^{\infty}a_nx^n$ 和 $\sum\limits_{n=0}^{\infty}b_nx^n$ 的收敛半径分别为 R_1 与 R_2，记 $R=\min\{R_1,R_2\}$，则在收敛区间 $(-R,R)$ 上，有

(1) $\sum\limits_{n=0}^{\infty}a_nx^n\pm\sum\limits_{n=0}^{\infty}b_nx^n=\sum\limits_{n=0}^{\infty}(a_n\pm b_n)x^n$；

(2) $\left(\sum\limits_{n=0}^{\infty}a_nx^n\right)\left(\sum\limits_{n=0}^{\infty}b_nx^n\right)=\sum\limits_{n=0}^{\infty}c_nx^n$，其中 $c_n=a_0b_n+a_1b_{n-1}+\cdots+a_{n-1}b_1+a_nb_0$；

(3) $\dfrac{\sum\limits_{n=0}^{\infty}a_nx^n}{\sum\limits_{n=0}^{\infty}b_nx^n}=\sum\limits_{n=0}^{\infty}c_nx^n$，这里 $b_0\neq 0$，系数 $c_i,i=0,1,2,\cdots$，由等式

$$\sum_{n=0}^{\infty}a_nx^n=\left(\sum_{n=0}^{\infty}b_nx^n\right)\left(\sum_{n=0}^{\infty}c_nx^n\right)$$

两边比较同次幂的系数确定.

两个收敛幂级数相加减或相乘所得到的幂级数，其收敛半径 $R\geqslant\min\{R_1,R_2\}$，相除所得的幂级数的收敛区间可能比原来两个级数的收敛区间小得多.

7.4.4 幂级数和函数的性质

定理 7.4.4 设幂级数 $\sum_{n=0}^{\infty} a_n x^n$ 的和函数为 $s(x)$，收敛半径为 R，则

(1) $s(x)$ 在区间 $(-R,R)$ 内连续.

如果幂级数 $\sum_{n=0}^{\infty} a_n x^n$ 在区间 $(-R,R)$ 的端点 $x=R$（或 $x=-R$）处也收敛，则 $s(x)$ 在 $x=R$ 处左连续（或在 $x=-R$ 处右连续）.

(2) $s(x)$ 在区间 $(-R,R)$ 内可导，且有逐项求导公式

$$s'(x) = \left(\sum_{n=0}^{\infty} a_n x^n\right)' = \sum_{n=0}^{\infty} (a_n x^n)' = \sum_{n=1}^{\infty} n a_n x^{n-1} \quad (7.4.5)$$

逐项求导后所得到的幂级数与原级数有相同的收敛半径.

(3) $s(x)$ 在区间 $(-R,R)$ 内可积，且有逐项积分公式

$$\int_0^x s(x) \mathrm{d}x = \int_0^x \left(\sum_{n=0}^{\infty} a_n x^n\right) \mathrm{d}x = \sum_{n=0}^{\infty} \int_0^x (a_n x^n) \mathrm{d}x = \sum_{n=0}^{\infty} \frac{a_n}{n+1} x^{n+1}$$
$$(7.4.6)$$

逐项积分后所得到的幂级数与原级数有相同的收敛半径.

推论 幂级数 $\sum_{n=0}^{\infty} a_n x^n$ 的和函数 $s(x)$ 在收敛区间 $(-R,R)$ 内具有任意阶导数，且

$$s^{(n)}(x) = \sum_{k=0}^{\infty} (a_k x^k)^{(n)}$$

注 可以证明，如果逐项求导、逐项积分后所得的幂级数在 $x=R$ 或 $x=-R$ 处收敛，则在 $x=R$ 或 $x=-R$ 处式(7.4.5)和式(7.4.6)仍成立.

例 7.4.8 求幂级数 $\sum_{n=1}^{\infty} n x^{n-1}$ 的和函数.

解 由

$$\lim_{n \to \infty} \left|\frac{a_{n+1}}{a_n}\right| = \lim_{n \to \infty} \frac{n+1}{n} = 1,$$

得收敛半径 $R=1$，收敛区间为 $(-1,1)$. 当 $x=\pm 1$ 时级数发散，所以幂级数 $\sum_{n=1}^{\infty} n x^{n-1}$ 的收敛域为 $(-1,1)$.

微课：例 7.4.8

设和函数为 $s(x)$，有

$$s(x) = \sum_{n=1}^{\infty} n x^{n-1} = \sum_{n=1}^{\infty} (x^n)' = \left(\sum_{n=1}^{\infty} x^n\right)'$$
$$= \left(\frac{x}{1-x}\right)' = \frac{1}{(1-x)^2}, \ x \in (-1,1).$$

例 7.4.9 求幂级数 $\sum_{n=0}^{\infty} \frac{x^n}{n+1}$ 的和函数.

解 由

$$\lim_{n\to\infty}\left|\frac{a_{n+1}}{a_n}\right| = \lim_{n\to\infty}\frac{n+1}{n+2} = 1,$$

得收敛半径 $R=1$,收敛区间为 $(-1,1)$.

当 $x=-1$ 时,级数化为 $\sum_{n=0}^{\infty}\frac{(-1)^n}{n+1}$,收敛;当 $x=1$ 时,级数化为 $\sum_{n=0}^{\infty}\frac{1}{n+1}$,发散,故幂级数 $\sum_{n=0}^{\infty}\frac{x^n}{n+1}$ 的收敛域为 $[-1,1)$.

设和函数为 $s(x)$,即

$$s(x) = \sum_{n=0}^{\infty}\frac{x^n}{n+1}, x\in[-1,1).$$

于是

$$xs(x) = \sum_{n=0}^{\infty}\frac{x^{n+1}}{n+1},$$

逐项求导,得

$$[xs(x)]' = \left(\sum_{n=0}^{\infty}\frac{x^{n+1}}{n+1}\right)' = \sum_{n=0}^{\infty}\left(\frac{x^{n+1}}{n+1}\right)' = \sum_{n=0}^{\infty}x^n = \frac{1}{1-x}, x\in[-1,1).$$

上式两端从 0 到 x 积分,得

$$xs(x) = \int_0^x[xs(x)]'\mathrm{d}x = \int_0^x\frac{1}{1-x}\mathrm{d}x = -\ln(1-x), x\in[-1,1).$$

当 $x\neq 0$ 时,

$$s(x) = -\frac{1}{x}\ln(1-x),$$

显然,$s(0) = a_0 = 1$,所以

$$s(x) = \begin{cases} -\dfrac{1}{x}\ln(1-x), & x\in[-1,0)\cup(0,1), \\ 1, & x=0. \end{cases}$$

7.4.5 同步习题

1. 求下列幂级数的收敛半径与收敛域:

(1) $\sum_{n=1}^{\infty}nx^n$; (2) $\sum_{n=1}^{\infty}(-1)^n\frac{x^n}{n^2}$;

(3) $\sum_{n=1}^{\infty}2^n x^n$; (4) $\sum_{n=1}^{\infty}n!x^n$;

(5) $\sum_{n=1}^{\infty}\frac{x^n}{2^n\cdot n}$; (6) $\sum_{n=1}^{\infty}(-1)^n\frac{5^n x^n}{\sqrt{n}}$;

(7) $\sum_{n=1}^{\infty}\frac{x^{2n+1}}{3^n}$; (8) $\sum_{n=1}^{\infty}2^n(x+3)^{2n}$;

(9) $\sum_{n=1}^{\infty}\frac{(x-2)^n}{n}$; (10) $\sum_{n=1}^{\infty}(-1)^{n-1}\frac{(2x-3)^n}{2n-1}$.

2. 利用逐项求导或逐项积分,求下列函数的和函数:

(1) $x - \frac{x^3}{3} + \frac{x^5}{5} - \frac{x^7}{7} + \cdots$;

(2) $2x + 4x^3 + 6x^5 + 8x^7 + \cdots$;

(3) $\sum_{n=1}^{\infty}(-1)^{n-1}\frac{x^n}{n}$;

(4) $\sum_{n=1}^{\infty}(-1)^{n-1}\frac{x^n}{n+1}$;

(5) $\sum_{n=1}^{\infty}n(n+1)x^n$;

(6) $\sum_{n=1}^{\infty}\frac{1}{n\cdot 2^n}x^{n-1}$.

7.5 函数展开成幂级数

7.4 节中我们讨论了幂级数的收敛域及其和函数的性质，了解了幂级数在收敛域内可以表示一个函数. 然而在实际应用中经常会遇到相反的问题，即函数 $f(x)$ 在给定的区间上是否可以展开成一个幂级数的问题.

假设函数 $f(x)$ 可以展开成幂级数，即它可以表示成

$$f(x) = \sum_{n=0}^{\infty} a_n (x-x_0)^n = a_0 + a_1(x-x_0) + a_2(x-x_0)^2 + \cdots + a_n(x-x_0)^n + \cdots \quad (7.5.1)$$

则由和函数的性质可知，$f(x)$ 必有任意阶导数，且

$$f'(x) = a_1 + 2a_2(x-x_0) + \cdots + na_n(x-x_0)^{n-1} + \cdots,$$
$$f''(x) = 2a_2 + 6a_3(x-x_0) + \cdots + n(n-1)a_n(x-x_0)^{n-2} + \cdots,$$
$$\vdots$$
$$f^{(n)}(x) = n!\, a_n + (n+1)!\, a_{n+1}(x-x_0) + \frac{(n+2)!}{2!}a_{n+2}(x-x_0)^2 + \cdots$$
$$\vdots$$

在以上各式中令 $x = x_0$，得

$$f(x_0) = a_0,\ f'(x_0) = a_1,\ f''(x_0) = 2a_2,\ \cdots,\ f^{(n)}(x_0) = n!\, a_n,\ \cdots$$

即

$$a_0 = f(x_0),\ a_1 = f'(x_0),\ a_2 = \frac{f''(x_0)}{2!},\ \cdots,\ a_n = \frac{f^{(n)}(x_0)}{n!},\ \cdots \quad (7.5.2)$$

将求得的系数代入式(7.5.1)，得

$$f(x) = f(x_0) + f'(x_0)(x-x_0) + \frac{f''(x_0)}{2!}(x-x_0)^2 + \cdots + \frac{f^{(n)}(x_0)}{n!}(x-x_0)^n + \cdots.$$

由此可知，如果函数 $f(x)$ 能展开为 $x - x_0$ 的幂级数，那么这个幂级数是唯一的，且它的系数 a_n 由式(7.5.2)确定，即

$$a_n = \frac{f^{(n)}(x_0)}{n!},\ n = 0, 1, 2, \cdots.$$

7.5.1 泰勒(Taylor)级数

定义 7.5.1 幂级数

$$f(x_0) + f'(x_0)(x-x_0) + \frac{f''(x_0)}{2!}(x-x_0)^2 + \cdots + \frac{f^{(n)}(x_0)}{n!}(x-x_0)^n + \cdots$$
$$= \sum_{n=0}^{\infty} \frac{1}{n!} f^{(n)}(x_0)(x-x_0)^n \quad (7.5.3)$$

称为函数 $f(x)$ 在点 x_0 处的**泰勒级数**.

显然，只要 $f(x)$ 在点 x_0 处具有任意阶导数，就可以在形式上构造出它的泰勒级数(7.5.3)．但是，这个泰勒级数未必收敛，在收敛的情况下也不一定收敛于 $f(x)$．

下面讨论在什么条件下，泰勒级数(7.5.3)收敛且收敛于函数 $f(x)$．

泰勒中值定理告诉我们，如果函数 $f(x)$ 在点 x_0 的某一邻域 $U(x_0)$ 内具有任意阶导数，则对 $n \in N$，有如下的**泰勒公式**：

$$f(x) = f(x_0) + f'(x_0)(x - x_0) + \frac{f''(x_0)}{2!}(x - x_0)^2 + \cdots + \frac{f^{(n)}(x_0)}{n!}(x - x_0)^n + R_n(x),$$

其中

$$R_n(x) = \frac{f^{(n+1)}(\xi)}{(n+1)!}(x - x_0)^{n+1} \quad (\xi \text{ 介于 } x \text{ 与 } x_0 \text{ 之间}).$$

将泰勒公式与泰勒级数加以比较可以看出，泰勒公式中关于 $x - x_0$ 的 n 次多项式就是 $f(x)$ 在点 x_0 处泰勒级数的前 $n+1$ 项部分和 $s_{n+1}(x)$．因此，$f(x)$ 在 $U(x_0)$ 内能展开成它在点 x_0 处泰勒级数的充要条件是

$$\lim_{n \to \infty} s_{n+1}(x) = f(x), \quad x \in U(x_0),$$

即

$$\lim_{n \to \infty} R_n(x) = 0, \quad x \in U(x_0).$$

综上所述，我们有如下定理：

定理 7.5.1 设函数 $f(x)$ 在 x_0 的某邻域 $U(x_0)$ 内具有各阶导数，则在该邻域内 $f(x)$ 可展开成泰勒级数的充分必要条件是 $f(x)$ 的泰勒公式中余项 $R_n(x)$ 当 $n \to \infty$ 时极限为零，即

$$\lim_{n \to \infty} R_n(x) = 0, \quad x \in U(x_0).$$

这时，有等式

$$f(x) = f(x_0) + f'(x_0)(x - x_0) + \frac{f''(x_0)}{2!}(x - x_0)^2 + \cdots +$$

$$\frac{f^{(n)}(x_0)}{n!}(x - x_0)^n + \cdots, \ x \in U(x_0) \qquad (7.5.4)$$

定义 7.5.2 展开式(7.5.4)称为函数 $f(x)$ 在点 x_0 处的**泰勒展开式**．

特别地，取 $x_0 = 0$，得函数 $f(x)$ 在点 $x_0 = 0$ 处的泰勒展开式

$$f(x) = f(0) + f'(0)x + \frac{f''(0)}{2!}x^2 + \cdots + \frac{f^{(n)}(0)}{n!}x^n + \cdots, \qquad (7.5.5)$$

式(7.5.5)称为函数 $f(x)$ 的**麦克劳林(Maclaurin)展开式**，右端的级数称为函数 $f(x)$ 的**麦克劳林级数**．

函数 $f(x)$ 的泰勒级数是 $x - x_0$ 的幂级数；函数 $f(x)$ 的麦克劳林级数是 x

的幂级数.

7.5.2 函数展开成幂级数

1. 直接展开法

根据函数展开成幂级数的充要条件，可按下列步骤将函数 $f(x)$ 展开成 x 的幂级数，这种方法称为**直接展开法**.

(1) 求出 $f(x)$ 的各阶导数：$f'(x), f''(x), \cdots, f^{(n)}(x), \cdots$；

(2) 求出 $f(x)$ 及其各阶导数在 $x = 0$ 处的函数值：
$$f(0), f'(0), f''(0), \cdots, f^{(n)}(0), \cdots;$$

(3) 写出函数的麦克劳林级数
$$f(0) + f'(0)x + \frac{f''(0)}{2!}x^2 + \cdots + \frac{f^{(n)}(0)}{n!}x^n + \cdots$$

并求出其收敛半径 R；

(4) 考虑当 $x \in (-R, R)$ 时，余项 $R_n(x)$ 的极限
$$\lim_{n \to \infty} R_n(x) = \lim_{n \to \infty} \frac{f^{(n+1)}(\xi)}{(n+1)!} x^{n+1} \quad (\xi \text{ 介于 } 0 \text{ 与 } x \text{ 之间})$$

是否为零. 如果 $\lim_{n \to \infty} R_n(x) = 0$，则函数 $f(x)$ 在 $(-R, R)$ 内的幂级数展开式为
$$f(x) = f(0) + f'(0)x + \frac{f''(0)}{2!}x^2 + \cdots + \frac{f^{(n)}(0)}{n!}x^n + \cdots, \quad x \in (-R, R)$$

例 7.5.1 将函数 $f(x) = e^x$ 展开成 x 的幂级数.

解 (1) $f^{(n)}(x) = e^x$，$n = 0, 1, 2, \cdots$；

(2) $f^{(n)}(0) = 1$，$n = 0, 1, 2, \cdots$；

(3) $f(x) = e^x$ 的麦克劳林级数为
$$1 + x + \frac{1}{2!}x^2 + \frac{1}{3!}x^3 + \cdots + \frac{1}{n!}x^n + \cdots,$$

其收敛半径 $R = +\infty$；

(4) $R_n(x) = \dfrac{e^{\xi}}{(n+1)!} x^{n+1}$（$\xi$ 介于 0 与 x 之间），对于任意有限的数 x，有
$$|R_n(x)| = \left| \frac{e^{\xi}}{(n+1)!} x^{n+1} \right| < e^{|x|} \cdot \frac{|x|^{n+1}}{(n+1)!},$$

因 $e^{|x|}$ 为有限值，而 $\dfrac{|x|^{n+1}}{(n+1)!}$ 是收敛级数 $\sum_{n=0}^{\infty} \dfrac{|x|^{n+1}}{(n+1)!}$ 的一般项，故 $\lim_{n \to \infty} \dfrac{|x|^{n+1}}{(n+1)!} = 0$，从而 $\lim_{n \to \infty} |R_n(x)| = 0$，即 $\lim_{n \to \infty} R_n(x) = 0$，于是得展式
$$e^x = 1 + x + \frac{1}{2!}x^2 + \frac{1}{3!}x^3 + \cdots + \frac{1}{n!}x^n + \cdots, \quad x \in (-\infty, +\infty).$$

例 7.5.2 将函数 $f(x) = \sin x$ 展开成 x 的幂级数.

解 (1) $f^{(n)}(x) = \sin\left(x + n \cdot \dfrac{\pi}{2}\right)$, $n = 0, 1, 2, \cdots$;

(2) $f(0) = 0$, $f'(0) = 1$, $f''(0) = 0$, $f'''(0) = -1$, $f^{(4)}(0) = 0, \cdots$;

(3) $f(x) = \sin x$ 的麦克劳林级数为

$$x - \frac{1}{3!}x^3 + \frac{1}{5!}x^5 - \cdots + (-1)^{n-1}\frac{x^{2n-1}}{(2n-1)!} + \cdots$$

可求得收敛半径 $R = +\infty$.

(4) $R_n(x) = \dfrac{\sin\left[\xi + \dfrac{n(n+1)}{2}\pi\right]}{(n+1)!}x^{n+1}$ (ξ 介于 0 与 x 之间)，对于任意有限的数 x，有

$$|R_n(x)| = \left|\frac{\sin\left[\xi + \dfrac{n(n+1)}{2}\pi\right]}{(n+1)!}x^{n+1}\right| < \frac{|x|^{n+1}}{(n+1)!} \to 0, \ n \to \infty,$$

于是得展开式

$$\sin x = x - \frac{1}{3!}x^3 + \frac{1}{5!}x^5 - \cdots + (-1)^n\frac{x^{2n+1}}{(2n+1)!} + \cdots, \ -\infty < x < +\infty.$$

2. 间接展开法

直接展开法计算量较大，还要考察余项 $R_n(x)$ 的极限是否为零，如果 $f(x)$ 是比较复杂的函数，用直接展开法往往很不方便. 根据函数展开为幂级数的唯一性，可以从一些已知函数的幂级数展开式出发，通过变量代换、四则运算、逐项求导以及逐项积分等运算，求得所给函数的幂级数展开式，这种方法称为**间接展开法**. 间接展开法不但计算简单，而且避免研究余项，是求函数的幂级数展开式的常用方法.

前面我们已经求得的幂级数展开式有

$$e^x = \sum_{n=0}^{\infty} \frac{1}{n!}x^n, \ -\infty < x < +\infty;$$

$$\sin x = \sum_{n=0}^{\infty} \frac{(-1)^n}{(2n+1)!}x^{2n+1}, \ -\infty < x < +\infty;$$

$$\frac{1}{1+x} = \sum_{n=0}^{\infty} (-1)^n x^n, \ -1 < x < 1.$$

利用这些展开式，可以求得许多函数的幂级数展开式.

例 7.5.3 将函数 $f(x) = \cos x$ 展开成 x 的幂级数.

解 由于

$$\sin x = x - \frac{1}{3!}x^3 + \frac{1}{5!}x^5 - \cdots + (-1)^n\frac{x^{2n+1}}{(2n+1)!} + \cdots, \ -\infty < x < +\infty.$$

逐项求导，得

$$\cos x = 1 - \frac{1}{2!}x^2 + \frac{1}{4!}x^4 - \cdots + (-1)^n\frac{x^{2n}}{(2n)!} + \cdots, \ -\infty < x < +\infty.$$

例 7.5.4 将函数 $f(x)=\ln(1+x)$ 展开成 x 的幂级数.

解 因为 $f'(x)=\dfrac{1}{1+x}$, 而

$$\frac{1}{1+x}=\sum_{n=0}^{\infty}(-1)^n x^n=1-x+x^2-x^3+x^4-x^5+\cdots+(-1)^n x^n+\cdots,$$
$$-1<x<1,$$

微课：例 7.5.4

将上式两边从 0 到 x 积分，得

$$\ln(1+x)=x-\frac{x^2}{2}+\frac{x^3}{3}-\frac{x^4}{4}+\cdots+(-1)^n\frac{x^{n+1}}{n+1}+\cdots,\ -1<x<1.$$

由于 $\ln(1+x)$ 在 $x=1$ 处连续，而当 $x=1$ 时，级数 $\sum\limits_{n=0}^{\infty}(-1)^n\dfrac{x^{n+1}}{n+1}$ 是收敛的交错级数，所以上述展开式在 $x=1$ 处也成立，于是有

$$\ln(1+x)=x-\frac{x^2}{2}+\frac{x^3}{3}-\frac{x^4}{4}+\cdots+(-1)^n\frac{x^{n+1}}{n+1}+\cdots,x\in(-1,1].$$

例 7.5.5 将函数 $f(x)=\arctan x$ 展开成麦克劳林级数.

解 因为 $\arctan x=\displaystyle\int_0^x\dfrac{1}{1+t^2}\mathrm{d}t,$

而将函数 $\dfrac{1}{1+x}$ 的幂级数展开式中的 x 换成 x^2, 得

$$\frac{1}{1+x^2}=1-x^2+x^4-x^6+\cdots+(-1)^n x^{2n}+\cdots,\ -1<x<1.$$

将上式两边从 0 到 x 积分，得

$$\arctan x=x-\frac{x^3}{3}+\frac{x^5}{5}-\frac{x^7}{7}+\cdots+(-1)^n\frac{x^{2n+1}}{2n+1}+\cdots,\ -1<x<1.$$

由于 $\arctan x$ 在 $x=\pm 1$ 处连续，且当 $x=\pm 1$ 时，级数 $\sum\limits_{n=0}^{\infty}(-1)^n\dfrac{x^{2n+1}}{2n+1}$ 是收敛的交错级数，所以上述展开式在 $x=\pm 1$ 处也成立，于是有

$$\arctan x=x-\frac{x^3}{3}+\frac{x^5}{5}-\frac{x^7}{7}+\cdots+(-1)^n\frac{x^{2n+1}}{2n+1}+\cdots,\ -1\leqslant x\leqslant 1.$$

特别地，取 $x=1$, 可得

$$\frac{\pi}{4}=1-\frac{1}{3}+\frac{1}{5}-\frac{1}{7}+\cdots.$$

例 7.5.6 将函数 $f(x)=(1+x)^m$ 展开成 x 的幂级数，其中 m 为任意实数.

解 因为

$$f'(x)=m(1+x)^{m-1},$$
$$f''(x)=m(m-1)(1+x)^{m-2},$$
$$\vdots$$
$$f^{(n)}(x)=m(m-1)\cdots(m-n+1)(1+x)^{m-n},$$
$$\vdots$$

得

$$f(0)=1, f'(0)=m, f''(0)=m(m-1),\cdots,$$

$$f^{(n)}(0) = m(m-1)\cdots(m-n+1).$$

于是得幂级数

$$1 + mx + \frac{m(m-1)}{2!}x^2 + \cdots + \frac{m(m-1)\cdots(m-n+1)}{n!}x^n + \cdots.$$

由于 $\lim_{n\to\infty}\left|\frac{a_{n+1}}{a_n}\right| = \lim_{n\to\infty}\left|\frac{m-n}{n+1}\right| = 1$,收敛半径 $R = 1$,所以对于任何实数 m,级数在开区间 $(-1, 1)$ 内收敛.

可以证明在 $(-1, 1)$ 内余项 $R_n(x) \to 0$,$n \to \infty$(证明从略),于是得 $(1+x)^m$ 的幂级数展开式为

$$(1+x)^m = 1 + mx + \frac{m(m-1)}{2!}x^2 + \cdots + \frac{m(m-1)\cdots(m-n+1)}{n!}x^n + \cdots, \quad -1 < x < 1.$$

(7.5.6)

在区间的端点 $x = \pm 1$ 处,展开式是否成立由 m 的取值而定.
当 $m \leq -1$ 时,收敛域为 $(-1, 1)$;当 $-1 < m < 0$ 时,收敛域为 $(-1, 1]$;当 $m > 0$ 时,收敛域为 $[-1, 1]$.

式 (7.5.6) 称为**二项展开式**. 当 m 为正整数时,级数成为 x 的 m 次多项式,这就是代数学中的二项式定理.

在二项展开式中 m 取不同的值,就可以得到不同函数的麦克劳林展开式. 例如

当 $m = -1$ 时,得到我们学习过的等比级数

$$\frac{1}{1+x} = 1 - x + x^2 - x^3 + x^4 - x^5 + \cdots + (-1)^n x^n + \cdots, \quad -1 < x < 1.$$

当 $m = -\frac{1}{2}$ 时,得到

$$\frac{1}{\sqrt{1+x}} = 1 - \frac{1}{2}x + \frac{1\cdot 3}{2\cdot 4}x^2 - \frac{1\cdot 3\cdot 5}{2\cdot 4\cdot 6}x^3 + \cdots, \quad -1 < x \leq 1.$$

在上式中,用 $-x^2$ 代换 x,得到

$$\frac{1}{\sqrt{1-x^2}} = 1 + \frac{1}{2}x^2 + \frac{1\cdot 3}{2\cdot 4}x^4 + \frac{1\cdot 3\cdot 5}{2\cdot 4\cdot 6}x^6 + \cdots, \quad -1 < x < 1.$$

例 7.5.7 将函数 $f(x) = \dfrac{1}{x^2 + 3x + 2}$ 展开成 $(x+3)$ 的幂级数.

解 因为

$$f(x) = \frac{1}{(x+1)(x+2)} = \frac{1}{x+1} - \frac{1}{x+2}$$

$$= \frac{1}{(x+3)-2} - \frac{1}{(x+3)-1} = \frac{1}{1-(x+3)} - \frac{1}{2}\cdot\frac{1}{1-\frac{x+3}{2}},$$

而

$$\frac{1}{1-(x+3)} = \sum_{n=0}^{\infty}(x+3)^n, \quad -4 < x < -2,$$

$$\frac{1}{1-\frac{x+3}{2}} = \sum_{n=0}^{\infty}\left(\frac{x+3}{2}\right)^n = \sum_{n=0}^{\infty}\frac{1}{2^n}(x+3)^n, \quad -5 < x < -1,$$

所以
$$f(x) = \frac{1}{x^2 + 3x + 2} = \sum_{n=0}^{\infty} (x+3)^n - \frac{1}{2}\sum_{n=0}^{\infty} \frac{1}{2^n}(x+3)^n$$
$$= \sum_{n=0}^{\infty} \left(1 - \frac{1}{2^{n+1}}\right)(x+3)^n, \ -4 < x < -2.$$

例 7.5.8 将函数 $f(x) = \sin x$ 展开成 $x - \frac{\pi}{4}$ 的幂级数.

解 因为
$$\sin x = \sin\left[\frac{\pi}{4} + \left(x - \frac{\pi}{4}\right)\right] = \sin\frac{\pi}{4}\cos\left(x - \frac{\pi}{4}\right) + \cos\frac{\pi}{4}\sin\left(x - \frac{\pi}{4}\right)$$
$$= \frac{\sqrt{2}}{2}\left[\cos\left(x - \frac{\pi}{4}\right) + \sin\left(x - \frac{\pi}{4}\right)\right],$$

又由于
$$\cos\left(x - \frac{\pi}{4}\right) = 1 - \frac{\left(x - \frac{\pi}{4}\right)^2}{2!} + \frac{\left(x - \frac{\pi}{4}\right)^4}{4!} - \frac{\left(x - \frac{\pi}{4}\right)^6}{6!} + \cdots,$$
$$\sin\left(x - \frac{\pi}{4}\right) = \left(x - \frac{\pi}{4}\right) - \frac{\left(x - \frac{\pi}{4}\right)^3}{3!} + \frac{\left(x - \frac{\pi}{4}\right)^5}{5!} - \frac{\left(x - \frac{\pi}{4}\right)^7}{7!} + \cdots,$$

所以
$$\sin x = \frac{\sqrt{2}}{2}\left[1 + \left(x - \frac{\pi}{4}\right) - \frac{\left(x - \frac{\pi}{4}\right)^2}{2!} - \frac{\left(x - \frac{\pi}{4}\right)^3}{3!} + \frac{\left(x - \frac{\pi}{4}\right)^4}{4!} + \frac{\left(x - \frac{\pi}{4}\right)^5}{5!} - \cdots\right],$$
$$x \in (-\infty, +\infty).$$

为方便使用,将常用函数的麦克劳林展开式列举如下:

(1) $e^x = 1 + x + \frac{1}{2!}x^2 + \frac{1}{3!}x^3 + \cdots + \frac{1}{n!}x^n + \cdots, \ x \in (-\infty, +\infty).$

(2) $\sin x = x - \frac{1}{3!}x^3 + \frac{1}{5!}x^5 - \cdots + (-1)^n \frac{x^{2n+1}}{(2n+1)!} + \cdots, \ x \in (-\infty, +\infty).$

(3) $\cos x = 1 - \frac{1}{2!}x^2 + \frac{1}{4!}x^4 - \cdots + (-1)^n \frac{x^{2n}}{(2n)!} + \cdots, \ x \in (-\infty, +\infty).$

(4) $\ln(1+x) = x - \frac{x^2}{2} + \frac{x^3}{3} - \frac{x^4}{4} + \cdots + (-1)^n \frac{x^{n+1}}{n+1} + \cdots, \ x \in (-1, 1].$

(5) $(1+x)^m = 1 + mx + \frac{m(m-1)}{2!}x^2 + \cdots + \frac{m(m-1)\cdots(m-n+1)}{n!}x^n + \cdots, \ x \in (-1, 1).$

特别地,有
$$\frac{1}{1-x} = 1 + x + x^2 + \cdots + x^n + \cdots, \ x \in (-1, 1).$$
$$\frac{1}{1+x} = 1 - x + x^2 - x^3 + \cdots + (-1)^n x^n + \cdots, \ x \in (-1, 1).$$

(6) $\arctan x = x - \frac{x^3}{3} + \frac{x^5}{5} - \cdots + (-1)^n \frac{x^{2n+1}}{2n+1} + \cdots, \ x \in [-1, 1].$

7.5.3 同步习题

1. 利用已知展开式将下列函数展开成 x 的幂级数：

(1) $f(x) = e^{-x^2}$;　　(2) $f(x) = \cos^2 x$;

(3) $f(x) = \dfrac{1}{\sqrt{1-x^2}}$;　(4) $f(x) = x^3 e^{-x}$;

(5) $f(x) = \dfrac{1}{3-x}$;　　(6) $f(x) = \ln(a+x), a > 0$.

2. 将函数 $f(x) = \dfrac{1}{x+2}$ 展开成 $(x-2)$ 的幂级数.

3. 将函数 $f(x) = \dfrac{1}{x^2+3x+2}$ 展开成 $(x+4)$ 的幂级数.

4. 将函数 $f(x) = \cos x$ 展开成 $\left(x+\dfrac{\pi}{3}\right)$ 的幂级数.

7.6 傅里叶级数

在函数项级数中除幂级数外，三角级数在理论上同样非常重要，并且应用非常广泛．

在讨论函数的幂级数展开时我们知道，一个函数能够展开成幂级数的要求是很高的，如任意阶可导，余项随 n 增大趋于零等．如果函数没有这些性质，我们还希望能够用一些熟知的函数组成的级数来表示该函数，这就是本节要讨论的傅里叶级数，即将一个周期函数展开成三角函数级数．

7.6.1 三角级数及三角函数系的正交性

在经济学、物理学中常常要研究一些周期函数，它们反映了较复杂的周期运动．下面讨论周期函数在什么情况下能展开成三角函数组成的级数（简称三角级数）．

定义 7.6.1 形如
$$\frac{a_0}{2} + \sum_{n=1}^{\infty}(a_n \cos nx + b_n \sin nx) \tag{7.6.1}$$
的级数称为**三角级数**．

显然，如果三角级数 (7.6.1) 收敛，则其和函数也是周期函数．于是我们提出如下问题，一个周期函数 $f(x)$ 是否能展开成三角级数？若能够展开成三角级数，如何由 $f(x)$ 来确定系数 a_n, b_n？以及这些系数确定后，三角级数是否一定收敛于 $f(x)$ 呢？下面我们来一一解决这些问题．

首先介绍三角函数系的正交性．

定义 7.6.2 由三角函数
$$1, \cos x, \sin x, \cos 2x, \sin 2x, \cdots, \cos nx, \sin nx, \cdots \tag{7.6.2}$$
所组成的函数系称为**三角函数系**．

三角函数系有两个重要的性质：

(1) 其中任意两个不同函数的乘积在区间 $[-\pi, \pi]$ 上的积分为零，即

$$\int_{-\pi}^{\pi} \cos nx \, dx = 0, \quad n = 1,2,3,\cdots;$$

$$\int_{-\pi}^{\pi} \sin nx \, dx = 0, \quad n = 1,2,3,\cdots;$$

$$\int_{-\pi}^{\pi} \sin kx \cos nx \, dx = 0, \quad k,n = 1,2,3,\cdots;$$

$$\int_{-\pi}^{\pi} \cos kx \cos nx \, dx = 0, \quad n = 1,2,3,\cdots k \neq n;$$

$$\int_{-\pi}^{\pi} \sin kx \sin nx \, dx = 0, \quad n = 1,2,3,\cdots k \neq n.$$

以上等式都可以通过计算定积分来验证.

(2) 每一个函数的平方在区间 $[-\pi,\pi]$ 上的积分为正,即

$$\int_{-\pi}^{\pi} 1^2 \, dx = 2\pi;$$

$$\int_{-\pi}^{\pi} \cos^2 nx \, dx = \pi, \quad n = 1,2,3,\cdots;$$

$$\int_{-\pi}^{\pi} \sin^2 nx \, dx = \pi, \quad n = 1,2,3,\cdots.$$

定义 7.6.3 三角函数系的上述两种性质,称为三角函数系在 $[-\pi,\pi]$ 上的**正交性**.

7.6.2 周期为 2π 的函数的傅里叶级数

设 $f(x)$ 是周期为 2π 的周期函数,且在 $[-\pi,\pi]$ 上能展开成三角级数,即

$$f(x) = \frac{a_0}{2} + \sum_{n=1}^{\infty} (a_n \cos nx + b_n \sin nx). \tag{7.6.3}$$

现在要问:系数 $a_0, a_n, b_n, n = 1,2,\cdots$,与函数 $f(x)$ 之间存在什么样的关系? 即能不能利用 $f(x)$ 把这些系数表达出来? 为此,假定式(7.6.3)右端可以逐项积分,并且用 $\sin nx$ 和 $\cos nx$ 去乘式(7.6.3)的右端后所得到的函数项级数还可以逐项积分.

首先,求 a_0.

对式(7.6.3)从 $-\pi$ 到 π 积分,于是有

$$\int_{-\pi}^{\pi} f(x) \, dx = \int_{-\pi}^{\pi} \frac{a_0}{2} dx + \sum_{n=1}^{\infty} \int_{-\pi}^{\pi} (a_n \cos nx + b_n \sin nx) \, dx.$$

根据三角函数系的正交性,等式右端除第一项外,其余各项均为零. 所以

$$\int_{-\pi}^{\pi} f(x) \, dx = \frac{a_0}{2} \cdot 2\pi.$$

于是得

$$a_0 = \frac{1}{\pi} \int_{-\pi}^{\pi} f(x) \, dx. \tag{7.6.4}$$

其次，求 a_n.

用 $\cos nx$ 乘式(7.6.3)的两端，再从 $-\pi$ 到 π 积分，得

$$\int_{-\pi}^{\pi} f(x)\cos nx \mathrm{d}x = \int_{-\pi}^{\pi} \frac{a_0}{2}\cos nx \mathrm{d}x + \sum_{k=1}^{\infty}\int_{-\pi}^{\pi}(a_k\cos kx + b_k\sin kx)\cos nx \mathrm{d}x.$$

根据三角函数系的正交性，等式右端除 $k=n$ 的一项外，其余各项均为零. 所以

$$\int_{-\pi}^{\pi} f(x)\cos nx \mathrm{d}x = a_n\int_{-\pi}^{\pi}\cos^2 nx \mathrm{d}x = a_n\pi.$$

于是得

$$a_n = \frac{1}{\pi}\int_{-\pi}^{\pi} f(x)\cos nx \mathrm{d}x,\ n=1,2,3,\cdots. \tag{7.6.5}$$

类似地，用 $\sin nx$ 乘式(7.6.3)的两端，再从 $-\pi$ 到 π 积分，得

$$b_n = \frac{1}{\pi}\int_{-\pi}^{\pi} f(x)\sin nx \mathrm{d}x,\ n=1,2,3,\cdots. \tag{7.6.6}$$

公式(7.6.4)可以看作公式(7.6.5)当 $n=0$ 时的特殊情形.

定义 7.6.4 由式(7.6.4)~式(7.6.6)所确定的系数 $a_0, a_n, b_n, n=1,2,\cdots$ 称为函数 $f(x)$ 的**傅里叶系数**，将这些系数代入式(7.6.3)右端所得的三角级数

$$\frac{a_0}{2} + \sum_{n=1}^{\infty}(a_n\cos nx + b_n\sin nx)$$

称为函数 $f(x)$ 的**傅里叶级数**.

$$f(x) \sim \frac{a_0}{2} + \sum_{n=1}^{\infty}(a_n\cos nx + b_n\sin nx).$$

这里，并没有写成等式，因为右边的这个傅里叶级数可能是不收敛的，即使收敛也未必收敛于 $f(x)$.

到目前为止，一个函数的傅里叶级数完全是形式上构造出来的. 那么对于一个定义在 $(-\infty,+\infty)$ 上周期为 2π 的函数 $f(x)$ 来说，在什么条件下，它的傅里叶级数收敛，而且收敛于 $f(x)$ 呢？

下面的定理给出了关于上述问题的一个重要结论：

定理 7.6.1(收敛定理 狄利克雷(Dirichlet)充分条件) 设以 2π 为周期的函数 $f(x)$ 在区间 $[-\pi,\pi]$ 上满足下列条件：

(1) 连续或只有有限个第一类间断点；

(2) 至多只有有限个极值点，

则 $f(x)$ 的傅里叶级数收敛，并且

当 x 是 $f(x)$ 的连续点时，级数收敛于 $f(x)$；

当 x 是 $f(x)$ 的间断点时，级数收敛于 $\frac{1}{2}[f(x-0)+f(x+0)]$；

在 $x=\pm\pi$ 处，级数收敛于 $\frac{1}{2}[f(-\pi+0)+f(\pi-0)]$.

收敛定理告诉我们，只要函数在$[-\pi,\pi]$上至多有有限个第一类间断点，并且不做无限次振动，那么函数的傅里叶级数在连续点处收敛于该点的函数值，在间断点处收敛于该点左极限与右极限的算术平均值. 可见，函数展开成傅里叶级数的条件比展开成幂级数的条件低得多.

例 7.6.1 设$f(x)$是以2π为周期的函数，它在$[-\pi,\pi)$上的表达式为

$$f(x) = \begin{cases} -\dfrac{\pi}{2}, & -\pi \leqslant x < 0, \\ \dfrac{\pi}{2}, & 0 \leqslant x < \pi. \end{cases}$$

将$f(x)$展开成傅里叶级数.

解 所给函数在点$x = k\pi$, $k = 0, \pm 1, \pm 2, \cdots$处有第一类间断点，在其他点处连续且没有极值存在，满足收敛定理的条件，故$f(x)$的傅里叶级数收敛，并且在间断点$x = k\pi$处级数收敛于

$$\dfrac{-\dfrac{\pi}{2} + \dfrac{\pi}{2}}{2} = \dfrac{\dfrac{\pi}{2} + \left(-\dfrac{\pi}{2}\right)}{2} = 0.$$

在连续点$x, x \neq k\pi$处级数收敛于$f(x)$，和函数的图形如图 7.1 所示.

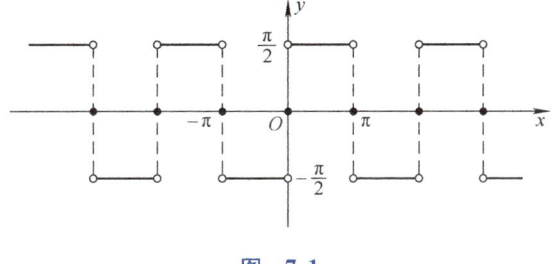

图 7.1

$f(x)$的傅里叶系数是：

$$a_n = \dfrac{1}{\pi} \int_{-\pi}^{\pi} f(x) \cos nx \, dx$$

$$= \dfrac{1}{\pi} \int_{-\pi}^{0} \left(-\dfrac{\pi}{2}\right) \cos nx \, dx + \dfrac{1}{\pi} \int_{0}^{\pi} \dfrac{\pi}{2} \cos nx \, dx = 0, \quad n = 0,1,2,\cdots.$$

$$b_n = \dfrac{1}{\pi} \int_{-\pi}^{\pi} f(x) \sin nx \, dx$$

$$= \dfrac{1}{\pi} \int_{-\pi}^{0} \left(-\dfrac{\pi}{2}\right) \sin nx \, dx + \dfrac{1}{\pi} \int_{0}^{\pi} \dfrac{\pi}{2} \sin nx \, dx$$

$$= \dfrac{1}{2} \left[\dfrac{\cos nx}{n}\right]_{-\pi}^{0} + \dfrac{1}{2} \left[-\dfrac{\cos nx}{n}\right]_{0}^{\pi} = \dfrac{1}{n}(1 - \cos n\pi)$$

$$= \begin{cases} \dfrac{2}{n}, & n = 1,3,5,\cdots, \\ 0, & n = 2,4,6,\cdots. \end{cases}$$

将求得的系数代入式(7.6.3)，就得到$f(x)$的傅里叶级数展开式为

$$f(x) = 2\left[\sin x + \frac{1}{3}\sin 3x + \frac{1}{5}\sin 5x + \cdots + \frac{1}{2k-1}\sin(2k-1)x + \cdots\right],$$
$$-\infty < x < +\infty; x \neq 0, \pm\pi, \pm 2\pi, \cdots.$$

若将此函数理解为矩形波的波形函数，那么所得到的展开式表明：矩形波是由一系列不同频率的正弦波叠加而成的，这些正弦波的频率依次为基波频率的奇数倍.

例 7.6.2 设 $f(x)$ 是以 2π 为周期的函数，它在 $[-\pi, \pi)$ 上的表达式为
$$f(x) = \begin{cases} x, & -\pi \leq x < 0, \\ 0, & 0 \leq x < \pi. \end{cases}$$
将 $f(x)$ 展开成傅里叶级数.

解 所给函数在点 $x = (2k+1)\pi$，$k = 0, \pm 1, \pm 2, \cdots$ 处有第一类间断点，在其他点处连续且没有极值存在，满足收敛定理的条件，故 $f(x)$ 的傅里叶级数收敛，并且在间断点 $x = (2k+1)\pi$ 处级数收敛于
$$\frac{f(-\pi+0) + f(\pi-0)}{2} = \frac{-\pi+0}{2} = -\frac{\pi}{2}.$$

在连续点 $x, x \neq (2k+1)\pi$，处级数收敛于 $f(x)$，和函数的图形如图 7.2 所示.

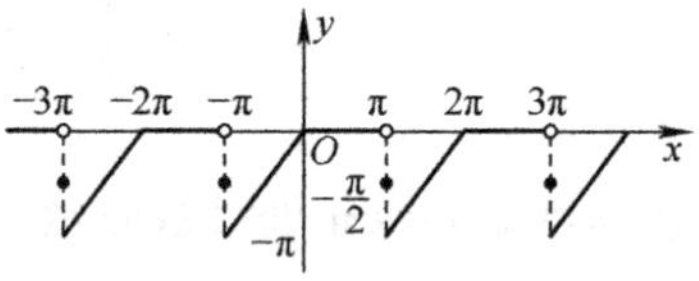

图 7.2

$f(x)$ 的傅里叶系数是：
$$a_0 = \frac{1}{\pi}\int_{-\pi}^{\pi} f(x)\mathrm{d}x = \frac{1}{\pi}\int_{-\pi}^{0} x\mathrm{d}x = -\frac{\pi}{2},$$

$$a_n = \frac{1}{\pi}\int_{-\pi}^{\pi} f(x)\cos nx\mathrm{d}x = \frac{1}{\pi}\int_{-\pi}^{0} x\cos nx\mathrm{d}x$$
$$= \frac{1}{\pi}\left[\frac{x\sin nx}{n} + \frac{\cos nx}{n^2}\right]_{-\pi}^{0}$$
$$= \begin{cases} \dfrac{2}{n^2\pi}, & n = 1, 3, 5, \cdots, \\ 0, & n = 2, 4, 6, \cdots. \end{cases}$$

$$b_n = \frac{1}{\pi}\int_{-\pi}^{\pi} f(x)\sin nx\mathrm{d}x = \frac{1}{\pi}\int_{-\pi}^{0} x\sin nx\mathrm{d}x$$
$$= \frac{1}{\pi}\left[-\frac{x\cos nx}{n} + \frac{\sin nx}{n^2}\right]_{-\pi}^{0} = -\frac{\cos n\pi}{n} = \frac{(-1)^{n+1}}{n}$$
$$= \begin{cases} \dfrac{1}{n}, & n = 1, 3, 5, \cdots, \\ -\dfrac{1}{n}, & n = 2, 4, 6, \cdots. \end{cases}$$

将求得的系数代入式 (7.6.3)，就得到 $f(x)$ 的傅里叶级数展开式为
$$f(x) = -\frac{\pi}{4} + \frac{2}{\pi}\left(\frac{\cos x}{1^2} + \frac{\cos 3x}{3^2} + \frac{\cos 5x}{5^2} + \cdots\right) + \left(\sin x - \frac{\sin 2x}{2} + \frac{\sin 3x}{3} - \cdots\right),$$
$$-\infty < x < +\infty; x \neq \pm\pi, \pm 3\pi, \cdots.$$

一般说来，一个函数的傅里叶级数既含有正弦项又含有余弦项，但有些函数的傅里叶级数只含有正弦项（见例 7.6.1），有些则只含有常数项和

余弦项，这是由所给函数的奇偶性决定的.

定理 7.6.2 当周期为 2π 的奇函数 $f(x)$ 展开成傅里叶级数时，它的傅里叶系数为

$$a_n = 0, \quad n = 0,1,2,\cdots,$$
$$b_n = \frac{2}{\pi}\int_0^\pi f(x)\sin nx\,dx, \quad n = 1,2,\cdots.$$

当周期为 2π 的偶函数 $f(x)$ 展开成傅里叶级数时，它的傅里叶系数为

$$a_n = \frac{2}{\pi}\int_0^\pi f(x)\cos nx\,dx, \quad n = 0,1,2,\cdots,$$
$$b_n = 0, \quad n = 1,2,\cdots.$$

证 由于奇函数在对称区间上的积分为零，偶函数在对称区间上的积分等于半区间上积分的两倍，因此，当 $f(x)$ 为奇函数时，$f(x)\cos nx$ 是奇函数，$f(x)\sin nx$ 是偶函数，故

$$a_n = \frac{1}{\pi}\int_{-\pi}^{\pi}f(x)\cos nx\,dx = 0, \quad n = 0,1,2,\cdots,$$
$$b_n = \frac{1}{\pi}\int_{-\pi}^{\pi}f(x)\sin nx\,dx = \frac{2}{\pi}\int_0^{\pi}f(x)\sin nx\,dx, \quad n = 1,2,\cdots.$$

当 $f(x)$ 为偶函数时，$f(x)\cos nx$ 是偶函数，$f(x)\sin nx$ 是奇函数，故

$$a_n = \frac{1}{\pi}\int_{-\pi}^{\pi}f(x)\cos nx\,dx = \frac{2}{\pi}\int_0^{\pi}f(x)\cos nx\,dx, \quad n = 0,1,2,\cdots,$$
$$b_n = \frac{1}{\pi}\int_{-\pi}^{\pi}f(x)\sin nx\,dx = 0, \quad n = 1,2,\cdots.$$

定义 7.6.5 只含有正弦项的傅里叶级数 $\sum\limits_{n=1}^{\infty}b_n\sin nx$ 称为**正弦级数**；只含有常数项和余弦项的傅里叶级数 $\dfrac{a_0}{2} + \sum\limits_{n=1}^{\infty}a_n\cos nx$ 称为**余弦级数**.

如果函数 $f(x)$ 只在 $[-\pi,\pi]$ 上有定义，并且满足收敛定理的条件，则 $f(x)$ 也可以展开成傅里叶级数.

事实上，我们可对 $f(x)$ 做周期延拓，即在 $[-\pi,\pi]$（或 $(-\pi,\pi)$）外补充函数 $f(x)$ 的定义，将它拓展成周期为 2π 的周期函数 $F(x)$，令

$$F(x) = \begin{cases} f(x), & x \in [-\pi,\pi) \\ f(x-2k\pi), & x \in [(2k-1)\pi,(2k+1)\pi), \end{cases} \quad k = 0, \pm 1, \pm 2,\cdots,$$

将 $F(x)$ 展开成傅里叶级数. 则在 $(-\pi,\pi)$ 内，由于 $F(x) = f(x)$，这样便得到了 $f(x)$ 的傅里叶级数. 根据收敛定理，该级数在区间端点 $x = \pm\pi$ 处收敛于

$$\frac{f(-\pi+0) + f(\pi-0)}{2}.$$

微课：例 7.6.3

例 7.6.3 将函数 $f(x) = x$，$-\pi \leqslant x \leqslant \pi$，展开成傅里叶级数.

解 函数 $f(x) = x$ 在区间 $[-\pi, \pi]$ 满足收敛定理的条件. 对 $f(x)$ 做周期延拓，得到的周期函数 $F(x)$ 仅在点 $x = (2k+1)\pi$，$k = 0, \pm 1, \pm 2, \cdots$ 处有第一类间断点，因此其傅里叶级数在 $x = \pm\pi$ 处收敛于

$$\frac{1}{2}[f(-\pi+0) + f(\pi-0)] = \frac{1}{2}(-\pi + \pi) = 0.$$

$F(x)$ 在 $(-\pi, \pi)$ 上收敛于 $f(x)$，其傅里叶系数如下：

$$a_n = \frac{1}{\pi}\int_{-\pi}^{\pi} f(x)\cos nx\,dx = \frac{1}{\pi}\int_{-\pi}^{\pi} x\cos nx\,dx = 0, \quad n = 0,1,2,\cdots,$$

$$b_n = \frac{1}{\pi}\int_{-\pi}^{\pi} f(x)\sin nx\,dx = \frac{2}{\pi}\int_{0}^{\pi} x\sin nx\,dx$$

$$= -\frac{2}{n}\cos n\pi = (-1)^{n+1}\frac{2}{n}.$$

于是得到 $f(x)$ 的傅里叶级数展开式为

$$x = 2\left(\sin x - \frac{1}{2}\sin 2x + \frac{1}{3}\sin 3x - \cdots\right), \quad -\pi < x < \pi.$$

7.6.3 周期为 $2l$ 的函数的傅里叶级数

实际问题中的周期函数，其周期不一定是 2π. 对于周期为 $2l$ 的函数，可以通过变量代换将它转变为周期是 2π 的函数，从而得到其傅里叶级数展开式.

定理 7.6.3 设 $f(x)$ 是周期为 $2l$ 的函数，且满足收敛定理的条件，则它的傅里叶级数展开式为

$$f(x) = \frac{a_0}{2} + \sum_{n=1}^{\infty}\left(a_n\cos\frac{n\pi x}{l} + b_n\sin\frac{n\pi x}{l}\right). \tag{7.6.7}$$

其中

$$a_n = \frac{1}{l}\int_{-l}^{l} f(x)\cos\frac{n\pi x}{l}dx, \quad n = 0,1,2,\cdots;$$

$$b_n = \frac{1}{l}\int_{-l}^{l} f(x)\sin\frac{n\pi x}{l}dx, \quad n = 1,2,3,\cdots. \tag{7.6.8}$$

证 令 $z = \frac{\pi x}{l}$，设函数 $f(x) = f\left(\frac{lz}{\pi}\right) = F(z)$，则 $F(z)$ 就是以 2π 为周期的函数，并且满足收敛定理的条件. 将 $F(z)$ 展开成傅里叶级数

$$F(z) = \frac{a_0}{2} + \sum_{n=1}^{\infty}(a_n\cos nz + b_n\sin nz),$$

其中

$$a_n = \frac{1}{\pi}\int_{-\pi}^{\pi} F(z)\cos nz\,dz, \quad n = 0,1,2,\cdots;$$

$$b_n = \frac{1}{\pi}\int_{-\pi}^{\pi} F(z)\sin nz\,dz, \quad n = 1,2,\cdots.$$

将 $z = \dfrac{\pi x}{l}$ 回代，并注意到 $F(z) = f(x)$，于是有

$$f(x) = \dfrac{a_0}{2} + \sum_{n=1}^{\infty} \left(a_n \cos \dfrac{n\pi x}{l} + b_n \sin \dfrac{n\pi x}{l} \right),$$

其中

$$a_n = \dfrac{1}{l} \int_{-l}^{l} f(x) \cos \dfrac{n\pi x}{l} dx, \ n = 0, 1, 2, \cdots;$$

$$b_n = \dfrac{1}{\pi} \int_{-\pi}^{\pi} F(z) \sin nz\, dz, \ n = 1, 2, \cdots.$$

由定理 7.6.2 可知，当 $f(x)$ 为奇函数时，有

$$a_n = 0, \ n = 0, 1, 2, \cdots;$$
$$b_n = \dfrac{2}{l} \int_0^l f(x) \sin \dfrac{n\pi x}{l} dx, \ n = 1, 2, 3, \cdots.$$

其傅里叶级数为

$$f(x) = \sum_{n=1}^{\infty} b_n \sin \dfrac{n\pi x}{l}.$$

当 $f(x)$ 为偶函数时，有

$$b_n = 0, \ n = 1, 2, \cdots;$$
$$a_n = \dfrac{2}{l} \int_0^l f(x) \cos \dfrac{n\pi x}{l} dx, \ n = 0, 1, 2, \cdots.$$

其傅里叶级数为

$$f(x) = \dfrac{a_0}{2} + \sum_{n=1}^{\infty} a_n \cos \dfrac{n\pi x}{l}.$$

例 7.6.4 设 $f(x)$ 是周期为 4 的周期函数，它在 $[-2, 2)$ 上的表达式为

$$f(x) = \begin{cases} 0, & -2 \leqslant x < 0, \\ h, & 0 \leqslant x < 2, h > 0. \end{cases}$$

将 $f(x)$ 展开成傅里叶级数.

解 这时 $l = 2$，由式 (7.6.8) 可得

$$a_0 = \dfrac{1}{2} \int_{-2}^{0} 0\, dx + \dfrac{1}{2} \int_0^2 h\, dx = h.$$

$$a_n = \dfrac{1}{2} \int_0^2 h \cos \dfrac{n\pi x}{2} dx = \left[\dfrac{h}{n\pi} \sin \dfrac{n\pi x}{2} \right]_0^2 = 0, \ n = 1, 2, \cdots.$$

$$b_n = \dfrac{1}{2} \int_0^2 h \sin \dfrac{n\pi x}{2} dx = \left[-\dfrac{h}{n\pi} \cos \dfrac{n\pi x}{2} \right]_0^2 = \dfrac{h}{n\pi}(1 - \cos n\pi)$$

$$= \begin{cases} \dfrac{2h}{n\pi}, & n = 1, 3, 5, \cdots, \\ 0, & n = 2, 4, 6, \cdots. \end{cases}$$

将求得的系数 a_n，b_n 代入式 (7.6.7)，得

$$f(x) = \dfrac{h}{2} + \dfrac{2h}{\pi} \left(\sin \dfrac{\pi x}{2} + \dfrac{1}{3} \sin \dfrac{3\pi x}{2} + \dfrac{1}{5} \sin \dfrac{5\pi x}{2} + \cdots \right),$$
$$-\infty < x < +\infty; x \neq 0, \pm 2, \pm 4, \cdots.$$

7.6.4 同步习题

1.（1）设 $f(x) = \begin{cases} -1, & -\pi \leqslant x \leqslant \pi \\ 1+x^2, & 0 < x \leqslant \pi \end{cases}$，则其以 2π 为周期的傅里叶级数在点 $x = \pi$ 处收敛于 _____；

（2）设 $x^2 = \sum\limits_{n=0}^{\infty} a_n \cos nx$，$-\pi \leqslant x \leqslant \pi$，则 $a_2 =$ _____.

2. 下列周期函数 $f(x)$ 的周期为 2π，试将 $f(x)$ 展开成傅里叶级数：

（1）$f(x) = 3x^2 + 1$，$-\pi \leqslant x < \pi$；

（2）$f(x) = e^{2x}$，$-\pi \leqslant x < \pi$.

（3）$f(x) = \begin{cases} -\dfrac{\pi}{2}, & -\pi \leqslant x < -\dfrac{\pi}{2}, \\ x, & -\dfrac{\pi}{2} \leqslant x < \dfrac{\pi}{2}, \\ \dfrac{\pi}{2}, & \dfrac{\pi}{2} \leqslant x < \pi. \end{cases}$

3. 将下列函数 $f(x)$ 展开成傅里叶级数：

（1）$f(x) = \cos\dfrac{x}{2}$，$-\pi \leqslant x \leqslant \pi$；

（2）$f(x) = \begin{cases} e^x, & -\pi \leqslant x < 0, \\ 1, & 0 \leqslant x \leqslant \pi. \end{cases}$

4. 将下列各周期函数展开成傅里叶级数：

（1）$f(x) = 1 - x^2$，$-\dfrac{1}{2} \leqslant x < \dfrac{1}{2}$；

（2）$f(x) = \begin{cases} x, & -1 \leqslant x < 0, \\ 1, & 0 \leqslant x < \dfrac{1}{2}, \\ -1, & \dfrac{1}{2} \leqslant x < 1; \end{cases}$

（3）$f(x) = \begin{cases} 2x+1, & -3 \leqslant x < 0, \\ 1, & 0 \leqslant x \leqslant 3. \end{cases}$

7.7 MATLAB 数学实验

7.7.1 无穷级数求和

MATLAB 求无穷级数的和，其调用格式为：

```
symsum(s,v,n,m)
```

其中，s 表示一个级数的通项，是一个符号表达式. v 是求和变量，v 省略时使用系统的默认变量. n 和 m 是求和变量 v 的初值和末值.

例 7.7.1 求下列级数之和：

$$S_1 = 1 + 4 + 9 + 16 + \cdots + 10000;$$

$$S_2 = 1 - \dfrac{1}{2} + \dfrac{1}{3} - \dfrac{1}{4} + \cdots + (-1)^n \dfrac{1}{n};$$

$$S_3 = 1 - \dfrac{1}{3} + \dfrac{1}{5} - \dfrac{1}{7} + \cdots + (-1)^n \dfrac{1}{2n-1}.$$

程序

```
syms n;
s1 = symsum(n^2,1,100) s1 =338350;
s2 = symsum((-1)^(n-1)/n,1,inf) s2 =log(2);
s3 = symsum((-1)^(n-1)/(2*n-1),n,1,inf);
s3 = hypergeom([-1/2,1],1/2, -1) -1; % 超几何函数
eval(s3)*4
```

运行结果

```
ans =3.1416 %  即原级数之和为 π/4.
```

例 7.7.2 假设某人在银行存款 50000 元,年利率为 4.5%,按复利计息.

(1) 若半年期计息一次,请问一年后总金额是多少?
(2) 若每季度计息一次,请问一年后总金额是多少?
(3) 若每月计息一次,请问一年后总金额是多少?
(4) 若计息时间无限短,即计息期数趋于无穷,则一年后总金额是多少?
(5) 期数无限多,总金额是否也会无限增长?

分析如下:

假设存款(初始总金额)为 p,年利率为 r,计息期数为 k.

第一期后总金额为 $p\left(1+\dfrac{r}{k}\right)$,第二期后总金额为 $p\left(1+\dfrac{r}{k}\right)^2$,第三期后总金额为 $p\left(1+\dfrac{r}{k}\right)^3$,依此类推,第 k 期后总金额为 $p\left(1+\dfrac{r}{k}\right)^k$.

程序

```
syms p k r;
p2 =symsum(50000* (1 +0.045/k)^k,k,2,2);
p4 =symsum(50000* (1 +0.045/k)^k,k,4,4);
p12 =symsum(50000* (1 +0.045/k)^k,k,12,12);
disp({'p2',eval(p2);...
    'p4',eval(p4);...
    'p12',eval(p12);})
pinf =limit(p* (1 +r/k)^k, k, inf)
```

运行结果

```
'p2'     [5.2275e +04]
'p4'     [5.2288e +04]
'p12'    [5.2297e +04]
pinf =p* exp(r)
```

即使是无数次计息,只要年利率确定,总金额也不会无限增长,它收敛于 pe^r.

7.7.2 泰勒展开

MATLAB 求泰勒展开式,通常的语法格式有:

```
taylor(f)            % 默认在 x =0 点展开 6 项
taylor(f,n,x0)       % 在 x =x₀ 点展开 n 项
```

若只有一个数值参数，默认其表示展开的项数；若有两个参数，第一个表示展开的项数，第二个表示点 x_0.

例 7.7.3 将 e^x 在 $x=0$ 点展开 5 项，再在 $x=3$ 点展开 5 项.

程序

```
syms x;
f = exp(x);
y1 = taylor(f,x,'Order',5)
y2 = taylor(f,x,3,'Order',5)
```

运行结果

```
y1 =
    1 +1* x +1/2* x^2 +1/6* x^3 +1/24* x^4
y2 =
    exp(3) +exp(3)* (x -3) +1/2* exp(3)* (x -3)^2 +1/6* exp(3)*
(x -3)^3 +1/24* exp(3)* (x -3)^4
```

例 7.7.4 求函数 $f(x) = \dfrac{1+x+x^2}{1-x+x^2}$ 在 $x=1$ 处的 5 阶泰勒级数展开式.

程序

```
syms x;
f = (1 +x +x^2)/(1 -x +x^2);
taylor(f,x,1,'Order',6)       % 'Order': 指定截断参数，对应值为一个正整
数. 未设置时，截断参数为 6，即展开式的最高阶为 5.
```

运行结果

```
ans =
2* (x -1)^3 -2* (x -1)^2 -2* (x -1)^5 +3 > >expand(ans)
ans =
 -2* x^5 +10* x^4 -18* x^3 +12* x^2 +1
```

7.7.3 傅里叶变换

MATLAB 求傅里叶变换，通常的语法格式有：

```
fourier(f,v)  %% 返回的傅里叶变换以v为默认变量,
```

即求

$$F(v) = \int_{-\infty}^{+\infty} f(x) e^{-ivx} dx.$$

例 7.7.5　计算 $f(x) = \dfrac{1+x+x^2}{1-x+x^2}$ 傅里叶变换.

程序

```
clc;
clear all;
syms x w;
f = (1 +x +x^2)/(1 -x +x^2);
g = fourier(f,w)
```

运行结果

```
g =
2* pi* dirac(w) -(2* 3^(1/2)* (-pi* exp((w* (-1 +3^(1/2)* 1i)*
1i)/2)* dirac(w)* 2i +pi* exp(-(w* (1 +3^(1/2)* 1i)* 1i)/2)* dirac
(w)* 2i +pi* exp((w* (-1 +3^(1/2)* 1i)* 1i)/2)* (3^(1/2)/2 +1i/2)
* (sign(w) +1)* 1i +pi* exp(-(w* (1 +3^(1/2)* 1i)* 1i)/2)* (3^(1/
2)/2 -1i/2)* (sign(w) -1)* 1i))/3
```

7.8　阅读材料

7.8.1　级数概念的发展[一]

级数(Series)理论是分析学的一个分支,它从离散的角度来研究函数关系,是分析学的基础知识和研究工具,在其余各分支中有着重要应用.

在数学史上级数出现得很早. 古希腊时期,亚里士多德就知道公比小于1(大于0)的几何级数可以求出和数. 阿基米德在计算抛物弓形面积时,实际上求出了公比为 $\dfrac{1}{4}$ 的无穷几何级数的和. 14世纪法国数学家奥雷姆证明了调和级数的和为无穷,他还把一些收敛级数与发散级数区别开来,给出级数收敛的某种判别法则. 但是直到微积分发明的时代,人们才把级数作为独立的概念,把级数运算作为一种算术运算并正式使用收敛和发散两个术语.

在微积分的初创时期,就为级数理论的建立提供了基本素材. 许多数学家通过微积分的基本运算与级数运算的纯形式的结合,得到了一系列初

[一] 杜瑞芝. 数学史辞典新编[M]. 济南:山东教育出版社,2017.

等函数的幂级数展开式. 例如, 牛顿在 1666 ~ 1669 年得到 arcsin$x$, arctan$x$, sin$x$, cos$x$ 和 e^x 的级数; 格雷戈里在 1670 年得到 tan$x$, sec$x$ 的级数; 莱布尼茨也在 1673 年独立地推导出 sin$x$, cos$x$ 和 arctan$x$ 的级数等. 这些工作表明, 在 17 世纪下半叶, 数学家们在研究超越函数时通过其级数展开取得了有效进展. 在这个时期, 级数还被用来计算一些特殊的量, 如 π 和 e(牛顿、莱布尼茨、格雷戈里、欧拉等)及求隐函数的显式解(牛顿、泰勒、斯特灵、麦克劳林等)等.

在 17 世纪末至 18 世纪, 为适应航海、天文学和地理学的发展, 要求各种数学用表有较大的精确度, 因而数学家们开始寻求较好的插值方法. 布里格斯、牛顿和格雷戈里等都深入研究了有限差分法, 并得到以牛顿和格雷戈里的名字命名的著名插值公式. 这个公式由泰勒发展成一个把函数展成无穷级数的普遍方法, 即建立了著名的泰勒定理, 与其等价的现代形式为

$$f(x+h) = f(x) + hf'(x) + \frac{h^2}{2!}f''(x) + \cdots.$$

从此以后, 级数作为函数的分析等价物, 用以计算函数的值, 代表函数参加运算, 并以所得结果解释函数的性质. 在运算过程中, 级数被视为多项式的直接的代数推广, 在许多情形下当作通常的多项式来对待. 这些基本观点的运用, 一直持续到 19 世纪初期, 并取得了丰硕的成果. 例如, 雅各布·伯努利证明了调和级数的和是无穷大, 还成功地应用了比较判别法; 欧拉把级数看作无穷次的多项式, 利用根与系数的关系, 计算出了许多常数项级数的和, 他还研究了伯努利数, 建立了递推关系和伯努利多项式, 给出调和级数的渐近表达式(引进欧拉常数)等; 斯特灵考察了 log$n$! 和 n! 的展开式; 德·摩根给出现被称为斯特林逼近的表达式; 拉格朗日和傅里叶也都做出了许多贡献.

同时, 悖论等式的不时出现促使数学家们逐渐意识到级数的无限多项之和有别于有限多项之和这一事实, 注意到函数的级数展开的有效性表现为级数的部分和收敛于函数值, 当级数收敛时其运算才具有合理性. 在 1810 年前后, 数学家们开始确切地表述无穷级数. 柯西在 1821 年给出级数收敛和发散的确切定义, 并建立了判断级数收敛的柯西准则及正项级数收敛的根值判别法和比值判别法(华林于 1776 年就得到了比值判别法, 后来被柯西重新发现), 推导出交错级数的莱布尼茨判别法, 然后他研究函数项级数, 给出确定收敛区间的方法, 并推广到复变函数的情形. 1826 年, 阿贝尔在他的关于二项式级数的论文中更正了柯西关于一致连续性的若干结论, 并给出了二项式级数的严格的求和方法, 指出了连续性在收敛问题中的重要性.

函数项级数的一致收敛性概念最初由柯西研究, 但首先得出正确结论的是斯托克斯和德国数学家赛德尔, 而确切的表述是由魏尔斯特拉斯(1842 年前后)给出的. 魏尔斯特拉斯还建立了逐项积分和微分的条件. 狄利克雷在 1837 年证明了绝对收敛级数的性质, 他和黎曼分别给出例子, 说明条件收敛级数通过重新排序使其和不相同或等于任何已知数. 到 19 世纪末, 无

穷级数收敛的许多判别法则都已建立起来. 由傅里叶的工作引出的对三角级数的研究已发展成分析学的一个重要分支(见傅里叶分析).

在 19 世纪初期，随着分析基础的严谨化，发散级数已作为不可靠的东西而被摒弃. 但是仍有一些数学家继续研究发散级数. 天文学家也发现，这种级数可以提供很好的数值逼近. 到 19 世纪后期，发散级数这个课题又被重新研究. 数学家们对那些给函数很好逼近值的发散级数进行了认真的考察，得到有关级数渐近性的一些结果. 对发散级数研究的另一个课题是可和性问题，这个概念可以看作是收敛概念的推广或扩大，泊松、弗罗贝尼乌斯、波莱尔、赫尔德、切萨罗、斯蒂尔切斯等都有很深入的工作. 对发散级数理论的研究，扩大了分析学严密理论的适用范围，在傅里叶分析、函数构造论和微分方程等方面有许多应用.

7.8.2 泰勒级数的发现

泰勒级数(Taylor Series)是解析函数的一类幂级数展开式. 在圆 $|z-a|<R$ 内解析的函数 $f(z)$ 可以展为下列形式的幂级数

$$f(z) = \sum_{n=0}^{\infty} \frac{f^{(n)}(a)}{n!} (z-a)^n,$$

此级数被称为 $f(z)$ 在 $z=a$ 处的泰勒级数. 当 $a=0$ 时，被称为麦克劳林级数.

早在古希腊时代，哲学家芝诺就考虑了利用无穷级数求和来得到有限结果的问题，得出了相关的芝诺悖论. 后来，亚里士多德对芝诺悖论在哲学上进行了反驳，而德谟克利特及后来的阿基米德则继续研究，阿基米德利用穷举法才使得一个无穷级数被逐步地细分，得到了有限的结果. 几个世纪之后，中国数学家刘徽也独立提出了类似的方法. 进入 14 世纪，印度数学家马德哈瓦最早使用了泰勒级数及相关的方法，但他的著作没有流传下来，人们只是从后来的印度数学家的著作中发现了他的一些工作，包括正弦、余弦、正切和反正切三角函数的泰勒级数等. 之后，印度喀拉拉学派在他的基础上进行了一系列的延伸与合理逼近，这些工作一直持续到 16 世纪. 到了 17 世纪，格雷戈里同样继续着这方面的研究并且发表了若干麦克劳林级数. 直到 1712 年，泰勒在给他的老师梅钦的信中提出了一个通用的方法来构建适用于所有函数的此类级数. 这就是后来人们所熟知的泰勒级数，等价于现代形式

$$f(x+h) = f(x) + hf'(x) + \frac{h^2}{2!}f''(x) + \cdots,$$

麦克劳林级数是泰勒级数的特例，是麦克劳林在 18 世纪发表的.

泰勒级数的重要性大约在 50 年后通过法国数学家拉格朗日的研究才为大家所认识. 泰勒对定理的证明尚未考虑收敛性，因此并不严密. 一个世纪以后，法国数学家柯西给出第一个较为严密的证明. 拉格朗日和柯西还给出了泰勒级数的两种不同形式的余项. 随着复变函数论的发展，泰勒级数被推广到复变量的情形. 通过解析函数可以展开为泰勒级数这一事实，可以更进一步研究解析函数的性质.

总复习题

第一部分：基础题

1. 判断下列级数的敛散性：

(1) $\sum_{n=2}^{\infty} \dfrac{1}{\sqrt[n]{\ln n}}$；

(2) $\sum_{n=1}^{\infty} \dfrac{1}{3^{n+(-1)^n}}$；

(3) $\sum_{n=1}^{\infty} \left[\dfrac{1}{n} - \ln\left(1+\dfrac{1}{n}\right)\right]$；

(4) $\sum_{n=1}^{\infty} \left(\dfrac{2n-1}{2n+1}\right)^{n^2}$；

(5) $\sum_{n=1}^{\infty} \dfrac{n^{n-1}}{(n+1)^{n+1}}$；

(6) $\sum_{n=1}^{\infty} \dfrac{n^n}{5^n n!}$.

2. 判断下列级数的敛散性，若收敛，指出是绝对收敛还是条件收敛：

(1) $\sum_{n=1}^{\infty} \dfrac{\cos n\pi}{\sqrt{n^4+1}}$；

(2) $\sum_{n=2}^{\infty} \sin\left(n\pi + \dfrac{1}{\ln n}\right)$；

(3) $\sum_{n=1}^{\infty} (-1)^{n-1} \dfrac{3^n n!}{n^n}$；

(4) $\sum_{n=1}^{\infty} (-1)^{n-1} \dfrac{1}{3^n} \left(1+\dfrac{1}{n}\right)^{n^2}$.

3. 求下列幂级数的收敛域：

(1) $\sum_{n=1}^{\infty} \dfrac{(x+1)^n}{n}$；

(2) $\sum_{n=1}^{\infty} \dfrac{2n-1}{2^n} (x-2)^{2n}$.

4. 求下列数项级数的和：

(1) $\sum_{n=1}^{\infty} \dfrac{n}{9^n}$；

(2) $\sum_{n=1}^{\infty} \dfrac{1}{(n+1)2^n}$.

第二部分：拓展题

一、选择题

1. 已知 $\lim\limits_{n\to\infty} u_n = a$，则级数 $\sum\limits_{n=1}^{\infty} (u_n - u_{n+1})$ ( ).

A. 收敛于 0   B. 收敛于 a

C. 收敛于 $u_1 - a$ D. 发散

2. 关于级数 $\sum\limits_{n=1}^{\infty} \dfrac{(-1)^{n-1}}{n^p}$ 收敛性的下述结论中，正确的是( ).

A. $0 < p \leqslant 1$ 时，条件收敛

B. $0 < p \leqslant 1$ 时，绝对收敛

C. $p > 1$ 时，条件收敛

D. $0 < p \leqslant 1$ 时，发散

3. 级数 $\sum\limits_{n=1}^{\infty} \left(\dfrac{na}{n+1}\right)^n$，$a > 0$，下列结论中不正确的是( ).

A. $a > 1$ 时，发散   B. $a < 1$ 时，收敛

C. $a = 1$ 时，发散   D. $a = 1$ 时，收敛

4. 设 $p_n = \dfrac{u_n + |u_n|}{2}$，$q_n = \dfrac{u_n - |u_n|}{2}$，则 ( ).

A. 若 $\sum\limits_{n=1}^{\infty} u_n$ 条件收敛，则 $\sum\limits_{n=1}^{\infty} p_n$ 与 $\sum\limits_{n=1}^{\infty} q_n$ 都收敛

B. 若 $\sum\limits_{n=1}^{\infty} u_n$ 绝对收敛，则 $\sum\limits_{n=1}^{\infty} p_n$ 与 $\sum\limits_{n=1}^{\infty} q_n$ 都收敛

C. 若 $\sum\limits_{n=1}^{\infty} u_n$ 绝对收敛，则 $\sum\limits_{n=1}^{\infty} p_n$ 与 $\sum\limits_{n=1}^{\infty} q_n$ 的敛散性都不确定

D. 若 $\sum\limits_{n=1}^{\infty} u_n$ 条件收敛，则 $\sum\limits_{n=1}^{\infty} p_n$ 与 $\sum\limits_{n=1}^{\infty} q_n$ 的敛散性都不确定

二、填空题

1. $\sum\limits_{n=1}^{\infty} \dfrac{1}{n(n+1)(n+2)} = $ _____.

2. 设级数 $\sum\limits_{n=1}^{\infty} u_n$ 的部分和 $s_n = \dfrac{n}{2n-1}$，则 $\sum\limits_{n=1}^{\infty} (u_n + u_{n+1} + u_{n+2}) = $ _____.

3. $\sum\limits_{n=1}^{\infty} n\left(\dfrac{1}{2}\right)^{n-1} = $ _____.

4. 设 $a_n \neq 0$ 且幂级数 $\sum\limits_{n=0}^{\infty} a_n x^n$ 在 $x = -3$ 处条件收敛，则 $\sum\limits_{n=0}^{\infty} a_n x^n$ 的收敛域为 _____.

5. 设幂级数 $\sum\limits_{n=1}^{\infty} a_n x^n$ 的收敛半径为 2，则 $\sum\limits_{n=1}^{\infty} n a_n (x+1)^n$ 的收敛区间为 _____.

6. 设函数 $f(x) = x^2$, $0 \leq x \leq 1$, $s(x) = \sum_{n=1}^{\infty} b_n \sin n\pi x$, $-\infty < x < +\infty$, 其中 $b_n = 2\int_0^1 f(x)\sin n\pi x dx$, $n = 1,2,3,\cdots$, 则 $s\left(-\dfrac{1}{2}\right) = $ _____.

三、计算题

1. 将函数 $f(x) = \dfrac{1}{(2-x)^2}$ 展开成 x 的幂级数.

2. 设 $f(x)$ 是周期为 2π 的函数, 它在 $[-\pi, \pi)$ 上的表达式为

$$f(x) = \begin{cases} 0, & -\pi \leq x < 0, \\ e^x, & 0 \leq x \leq \pi. \end{cases}$$

将 $f(x)$ 展开成傅里叶级数.

第三部分：考研真题

一、选择题

1. (2017 年, 数三) 若级数 $\sum_{n=2}^{\infty} \left[\sin\dfrac{1}{n} - k\ln\left(1 - \dfrac{1}{n}\right)\right]$ 收敛, 则 $k = $ (   )

A. 1   B. 2
C. -1 D. -2

2. (2019 年, 数三) 若 $\sum_{n=1}^{\infty} nu_n$ 绝对收敛, $\sum_{n=1}^{\infty} \dfrac{v_n}{n}$ 条件收敛, 则(   ).

A. $\sum_{n=1}^{\infty} u_n v_n$ 条件收敛

B. $\sum_{n=1}^{\infty} u_n v_n$ 绝对收敛

C. $\sum_{n=1}^{\infty} (u_n + v_n)$ 收敛

D. $\sum_{n=1}^{\infty} (u_n + v_n)$ 发散

3. (2020 年, 数三) 设幂级数 $\sum_{n=1}^{\infty} na_n(x-2)^n$ 的收敛区间为 $(-2,6)$, 则 $\sum_{n=1}^{\infty} na_n(x+1)^{2n}$ 的收敛区间为(   ).

A. $(-2, 6)$ B. $(-3, 1)$
C. $(-5, 3)$ D. $(-17, 15)$

4. (2023 年, 数三) 设 $a_n < b_n$, 且 $\sum_{n=1}^{\infty} a_n$ 与 $\sum_{n=1}^{\infty} b_n$ 收敛, $\sum_{n=1}^{\infty} a_n$ 绝对收敛是 $\sum_{n=1}^{\infty} b_n$ 绝对收敛的(   ).

A. 充分必要条件   B. 充分不必要条件
C. 必要不充分条件   D. 既非充分又非必要条件

5. (2024 年, 数三) 设幂级数 $\sum_{n=0}^{\infty} a_n x^n$ 的和函数为 $\ln(2+x)$, 则 $\sum_{n=0}^{\infty} na_{2n}$(   )

A. $-\dfrac{1}{6}$ B. $-\dfrac{1}{3}$

C. $\dfrac{1}{6}$ D. $\dfrac{1}{3}$

二、填空题

(2023 年, 数三) $\sum_{n=0}^{\infty} \dfrac{x^{2n}}{(2n)!} = $ _____.

三、解答题

1. (2017 年, 数三) 设 $a_0 = 1$, $a_1 = 0$, $a_{n+1} = \dfrac{1}{n+1}(na_n + a_{n-1})$, $n = 1, 2, 3\cdots$, $S(x)$ 为幂级数 $\sum_{n=0}^{\infty} a_n x^n$ 的和函数

(1) 证明: $\sum_{n=0}^{\infty} a_n x^n$ 的收敛半径不小于 1.

(2) 证明: $(1-x)S'(x) - xS(x) = 0$, $x \in (-1, 1)$, 并求出和函数的表达式.

2. (2018 年, 数三) 已知 $\cos 2x - \dfrac{1}{(1+x)^2} = \sum_{n=0}^{\infty} a_n x^n$, $-1 < x < 1$, 求 a_n.

3. (2022 年, 数三) 求幂级数 $\sum_{n=0}^{\infty} \dfrac{(-4)^n + 1}{4^n(2n+1)} x^{2n}$ 的收敛域及和函数 $S(x)$.

自测题

(满分 100 分, 测试时间 45min)

一、单项选择题(本题共 10 个小题, 每小题 5 分, 共 50 分)

1. $\lim\limits_{n \to \infty} s_n$ 存在是 $\sum_{n=1}^{\infty} u_n$ 收敛的(   ).

A. 充分但非必要条件
B. 必要但非充分条件
C. 充分必要条件
D. 既非充分又非必要条件

2. 若级数 $\sum_{n=1}^{\infty} u_n$ 收敛，则下列级数中发散的是（   ）．

A. $\sum_{n=1}^{\infty} 100 u_n$ B. $\sum_{n=1}^{\infty} (u_n + 100)$

C. $100 + \sum_{n=1}^{\infty} u_n$ D. $\sum_{n=1}^{\infty} u_{n+100}$

3. 关于级数 $\sum_{n=1}^{\infty} \dfrac{(-1)^{n-1}}{n^p}$ 收敛性的下述结论中，正确的是（   ）．

A. $0 < p \le 1$ 时条件收敛
B. $0 < p \le 1$ 时绝对收敛
C. $p > 1$ 时条件收敛
D. $0 < p \le 1$ 时发散

4. 下列级数中收敛的是（   ）．

A. $\sum_{n=1}^{\infty} \dfrac{n}{2n-1}$ B. $\sum_{n=1}^{\infty} (-1)^{\frac{n(n+1)}{2}} \dfrac{n!}{3^n}$

C. $\sum_{n=1}^{\infty} \dfrac{1}{2n^2+1}$ D. $\sum_{n=1}^{\infty} \dfrac{\sqrt{n}}{n+1}$

5. 若幂级数在 $x = 3$ 处收敛，则该级数在 $x = 1$ 处必定（   ）．

A. 发散 B. 条件收敛
C. 绝对收敛 D. 敛散性无法确定

6. 正项级数 $\sum_{n=1}^{\infty} u_n$ 收敛是级数 $\sum_{n=1}^{\infty} u_n^2$ 收敛的（   ）．

A. 充分但非必要条件
B. 必要但非充分条件
C. 充分必要条件
D. 既非充分又非必要条件

7. 设 α 为常数，则级数 $\sum_{n=1}^{\infty} \left[\dfrac{\sin(n\alpha)}{n^2} - \dfrac{1}{n} \right]$（   ）．

A. 发散 B. 条件收敛
C. 绝对收敛 D. 敛散性无法确定

8. 设幂级数 $\sum_{n=0}^{\infty} a_n (x-1)^n$ 在 $x = -1$ 处发散，则该级数在 $x = 2$ 处（   ）．

A. 发散 B. 条件收敛

C. 绝对收敛 D. 敛散性无法确定

9. 幂级数 $\sum_{n=1}^{\infty} \dfrac{2n-1}{2^n} x^{2n}$ 的收敛半径为（   ）．

A. $\dfrac{1}{\sqrt{2}}$ B. $\sqrt{2}$

C. $\dfrac{1}{2}$ D. 2

10. 幂级数 $\sum_{n=1}^{\infty} (-1)^n \dfrac{(x+1)^n}{n}$ 的收敛域为（   ）．

A. $(-2, 0)$ B. $(-2, 0]$
C. $[-2, 0)$ D. $[-2, 0]$

二、判断题（用√、×表示．本题共 10 个小题，每小题 5 分，共 50 分）

1. 已知级数 $\sum_{n=1}^{\infty} (-1)^{n-1} u_n = 2$，$\sum_{n=1}^{\infty} u_{2n-1} = 5$，则级数 $\sum_{n=1}^{\infty} u_n = 8$．　（　）

2. 级数 $\sum_{n=1}^{\infty} \dfrac{1}{\sqrt[n]{\ln n}}$ 是收敛级数．　（　）

3. 级数 $\sum_{n=1}^{\infty} \dfrac{1}{(n+1)^2}$ 是收敛级数．　（　）

4. 级数 $\sum_{n=1}^{\infty} \dfrac{1}{2\sqrt{n(n+1)}}$ 是发散级数．　（　）

5. 级数 $\sum_{n=1}^{\infty} \dfrac{2^n}{5^n - 3^n}$ 是收敛级数．　（　）

6. 级数 $\sum_{n=1}^{\infty} \dfrac{(-1)^{n-1}}{\ln(n+1)}$ 条件收敛．　（　）

7. 幂级数 $\sum_{n=1}^{\infty} \dfrac{x^n}{(2n)!}$ 的收敛半径 $R = 0$．（　）

8. 幂级数 $\sum_{n=1}^{\infty} \dfrac{2n-1}{2^n} x^{2n}$ 的收敛区间是 $(-\sqrt{2}, \sqrt{2})$．　（　）

9. 幂级数 $\sum_{n=1}^{\infty} (-1)^n \dfrac{(x+1)^n}{n}$ 的收敛域是 $(-2, 0]$．　（　）

10. 函数 $f(x) = \dfrac{1}{x^2 - 2x - 3}$ 展开为 x 的幂级数是 $\dfrac{1}{4} \sum_{n=0}^{\infty} \left[(-1)^{n+1} - \dfrac{1}{3^{n+1}} \right] x^n$，$-1 < x < 1$．（　）

第 8 章 多元函数微积分学

【学习目标】

1. 了解多元函数的定义、极限与连续.
2. 了解多元函数的偏导数与全微分.
3. 掌握多元复合函数与隐函数的导数.
4. 掌握二元函数极值的概念、极值存在的必要条件与充分条件.
5. 掌握求多元函数条件极值的拉格朗日乘数法.
6. 了解二重积分的概念、性质.
7. 掌握在直角坐标系下计算二重积分.
8. 掌握在极坐标系下计算二重积分.
9. 了解比较简单的反常二重积分的计算.

多元函数是一元函数的推广，因此研究问题的思想方法与一元函数有许多相似之处. 但由于自变量个数的增加，它与一元函数又存在着某些区别，这些区别在学习的过程中要特别注意，并加以对比.

本章知识结构图

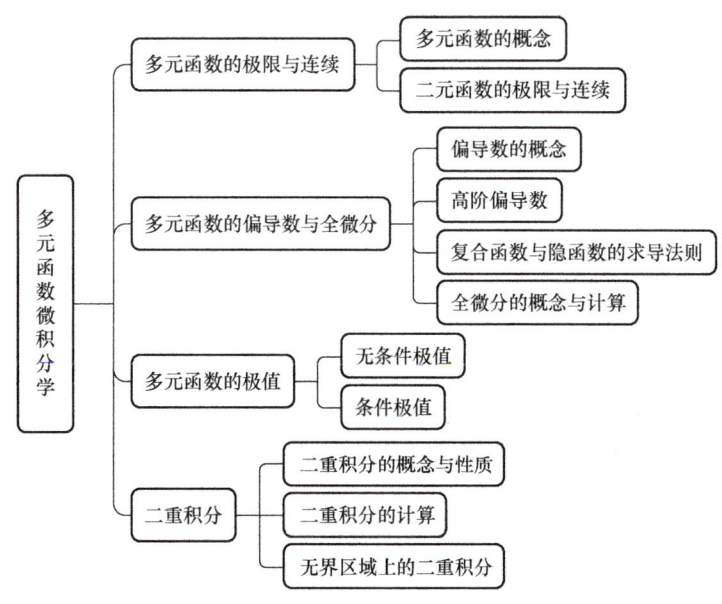

8.1 多元函数的基本概念

8.1.1 多元函数的概念

我们已经完成了一元函数微积分的学习,掌握了一元函数的定义、极限与连续、导数与微分、积分及其应用的有关内容. 前面的学习中所研究的函数都是一元函数,即只有一个自变量对因变量产生影响,这显然是对现实情形的假设,在实际问题中我们所遇到的多是一个变量(因变量)的变化受到另外多个变量(自变量)的影响,由此引入多元函数的概念,并学习多元函数的微积分学.

1. 平面点集

引入直角坐标系后,平面上的点 P 与二元有序数组 (x,y) 之间建立了一一对应关系,这样建立了坐标系的平面与二元有序实数组的全体之间成为等同关系. 今后常用二元有序实数组的全体 $\mathbf{R}^2 = \{(x,y) \mid x,y \in \mathbf{R}\}$ 表示坐标平面,也将坐标平面称为二维空间.

坐标平面上具有某种共同特征的点的集合,称为 **平面点集**. 例如,平面上以原点为中心,r 为半径的圆内所有点的集合记为 $C = \{(x,y) \mid x^2 + y^2 < r^2\}$,如果以点 P 表示 (x,y),$|OP|$ 表示点 P 到原点 O 的距离,那么集合 C 也可以表示成

$$C = \{P \mid |OP| < r\}.$$

现在来引入 $\mathbf{R}^2$ 中邻域的概念.

设 $P_0(x_0, y_0)$ 是 xOy 平面上的一个点,δ 是某一正数,与点 $P_0(x_0, y_0)$ 的距离小于 δ 的点 $P(x,y)$ 的全体,称为点 P_0 的 δ **邻域**,记为 $U(P_0, \delta)$,即

$$U(P_0, \delta) = \{P \mid |PP_0| < \delta\}.$$

在几何上,$U(P_0, \delta)$ 就是 xOy 平面上,以点 $P_0(x_0, y_0)$ 为中心,$\delta > 0$ 为半径的圆的内部的点的全体(见图 8.1).

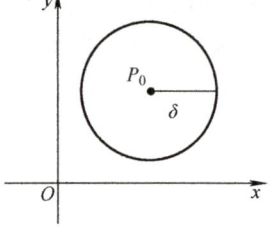

图 8.1

该邻域去掉中心 $P_0(x_0, y_0)$ 后,称为点 P_0 的去心邻域,记为 $\mathring{U}(P_0, \delta)$,即

$$\mathring{U}(P_0, \delta) = \{P \mid 0 < |PP_0| < \delta\}.$$

若不需要特别强调邻域半径,则用 $U(P_0)$ 来表示点 P_0 的某个邻域,点 P_0 的去心邻域记为 $\mathring{U}(P_0)$.

内点:设 E 是平面上的一个点集,P 是平面上的一个点,如果存在点 P 的某一邻域 $U(P)$,使得 $U(P) \subset E$,则称点 P 为 E 的 **内点**,图 8.2 中的点 P_1 是 E 的内点.

外点:如果存在点 P 的某个邻域 $U(P)$,使得

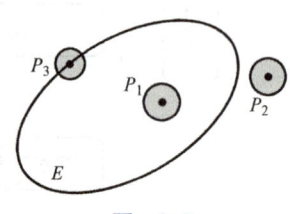

图 8.2

$U(P) \cap E = \Phi$,则称点 P 为 E 的外点,图 8.2 中的点 P_2 是 E 的**外点**.

边界点:如果点 P 的任一邻域内既有属于 E 的点,也有不属于 E 的点,则称点 P 为 E 的边界点,图 8.2 中的点 P_3 是 E 的**边界点**.

对于平面点集 E,如果存在一个正数 r,使得 $E \subseteq U(O, r)$,其中 O 是坐标原点,则称 E 为**有界集**,否则称为**无界集**.

2. 多元函数概念

在实际问题中,经常遇到一个量的变化受多种因素的影响,从而导致了一个变量与多个变量之间的依赖关系,举例如下:

物体位移 s 的变化受到物体运动平均速度 v 和时间 t 的影响,其关系式可表示为

$$s = vt.$$

圆柱体的体积 V 和它的底圆半径 r,高 h 之间具有关系式

$$V = \pi r^2 h.$$

柯布道格拉斯生产函数中,产出 Q 与劳动力投入 L 和资本投入 K 之间具有关系

$$Q = AL^\alpha K^\beta, \quad \alpha, \beta \text{ 为常数}$$

上面三个例子的具体意义虽各不相同,但它们却有共同的特点,即一个量的变化受到多个变量的影响,抽象出这些共性可以得出二元函数的定义.

定义 8.1.1 设 D 是平面上的一个点集. 如果对于每个点 $P(x,y) \in D$,变量 z 按照一定的法则总有确定的值和它对应,则称 z 是变量 x、y 的二元函数(或点 P 的函数),记为

$$z = f(x, y) \ (\text{或 } z = f(P)).$$

x, y 称为自变量,z 称为因变量,点集 D 称为该函数的**定义域**,数集

$$\{z \mid z = f(x, y), (x, y) \in D\}$$

称为该函数的**值域**.

z 是 x, y 的函数也可记为 $z = z(x, y)$,$z = \varphi(x, y)$ 等.

类似地,可以定义三元函数 $u = f(x, y, z)$ 及三元以上的函数. 一般地,把定义 8.1.1 中的平面点集 D 换成 n 维空间内的点集 D,则可以类似地定义 n 元函数

$$u = f(x_1, x_2, \cdots, x_n).$$

n 元函数也可简记为 $u = f(P)$,这里点 $P(x_1, x_2, \cdots, x_n) \in D$. 当 $n = 1$ 时,就是一元函数. 当 $n \geq 2$ 时,统称为多元函数.

关于多元函数的定义域,与一元函数类似,一般地,讨论用解析式表达的多元函数 $u = f(P)$ 时,使该解析式有意义的自变量所确定的点集称为这个函数的**定义域**.

微课: 例 8.1.1

例 8.1.1 求下列函数的定义域并画出定义域的图形.

(1) $z = \ln(y - x^2) + \sqrt{1 - y^2 - x^2}$; (2) $z = \arcsin(x - y)$.

解 (1) 要使函数有意义, 需满足条件
$$\begin{cases} y - x^2 > 0, \\ 1 - y^2 - x^2 \geq 0, \end{cases}$$
故函数的定义域为 $D = \{(x,y) \mid x^2 < y, x^2 + y^2 \leq 1\}$.

其图形为 $y = x^2$ 与 $x^2 + y^2 = 1$ 所围成的部分, 包括曲线 $x^2 + y^2 = 1$ (见图 8.3).

(2) 要使函数有意义, 需满足条件
$$|x - y| \leq 1$$
故函数的定义域为 $D = \{(x,y) \mid |x - y| \leq 1\}$, 此函数定义域为无限区域, 其图形见图 8.4 阴影部分.

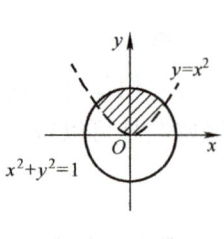

图 8.3

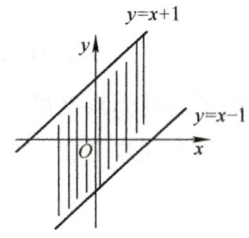

图 8.4

设函数 $z = f(x,y)$ 的定义域为 D. 对于任意取定的点 $P(x,y) \in D$, 都有确定的函数值 $z = f(x,y)$ 与它对应. 这样, 以 x 为横坐标, y 为纵坐标, $z = f(x,y)$ 为竖坐标, 在空间就确定一点 $M(x,y,z)$. 当 (x,y) 取遍 D 上的所有点时, 就得到一个空间点集
$$\{(x,y,z) \mid z = f(x,y), (x,y) \in D\},$$

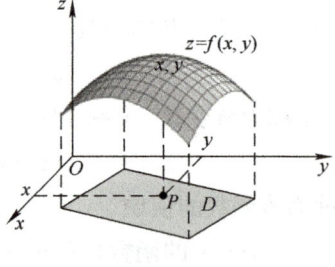

图 8.5

这个点集称为二元函数的**图形**. 二元函数 $z = f(x,y)$ 的图形一般是三维空间中的一张曲面(见图 8.5). 如二元函数 $z = \sqrt{1 - x^2 - y^2}$ 表示以原点为球心, 以 1 个单位长度为半径的上半球面, 它的定义域是 xOy 平面上以原点为圆心的单位圆.

8.1.2 多元函数的极限

我们先讨论当 $x \to x_0$, $y \to y_0$, 即 $P(x,y) \to P_0(x_0, y_0)$ 时二元函数 $z = f(x,y)$ 的极限.

与一元函数的极限类似, 我们给出二元函数极限的定义.

定义 8.1.2 设函数 $f(x,y)$ 的定义域是平面区域 D，$P_0(x_0,y_0)$ 是 D 的聚点[⊖]，若存在常数 A，对任意正数 ε，总存在正数 δ，对一切 $P \in D \cap \mathring{U}(P_0,\delta)$，都有 $|f(P) - A| < \varepsilon$，则称 A 为函数 $f(x,y)$ 当 $(x,y) \to (x_0,y_0)$ 时的极限值. 记作

$$\lim_{(x,y) \to (x_0,y_0)} f(x,y) = A,$$

或 $f(x,y) \to A$, $\rho \to 0$，这里 $\rho = |PP_0|$. 为了区别于一元函数的极限，我们把二元函数的极限叫作**二重极限**.

必须注意，所谓二重极限存在，是指 $P(x,y)$ 以任何方式趋于 $P_0(x_0,y_0)$ 时，函数 $f(x,y)$ 的都无限接近于常数 A. 因此，如果 $P(x,y)$ 在定义域内，以不同方式趋于 $P_0(x_0,y_0)$ 时，函数 $f(x,y)$ 趋于不同的值，或 $P(x,y)$ 以某一种方式趋于 $P_0(x_0,y_0)$ 时，$f(x,y)$ 的极限不存在，那么就可以断定这个函数的极限不存在. 下面我们举例说明.

例 8.1.2 判断函数 $f(x,y) = \dfrac{xy^2}{x^2+y^4}$, $x^2+y^2 \neq 0$，在 $(0,0)$ 点的极限是否存在.

解 当点 $P(x,y)$ 沿 x 轴趋于点 $(0,0)$ 时，在此过程中 $y = 0$，

$$\lim_{x \to 0} f(x,0) = \lim_{x \to 0} 0 = 0;$$

当点 $P(x,y)$ 沿着曲线 $x = y^2$ 趋于点 $(0,0)$ 时，有

$$\lim_{\substack{x \to 0 \\ y \to 0}} \frac{xy^2}{x^2+y^4} = \lim_{\substack{y \to 0 \\ x = y^2}} \frac{y^4}{y^4+y^4} = \frac{1}{2}.$$

可见，点 $P(x,y)$ 以上述两种特殊方式趋于原点时函数的极限存在但不相等，说明该函数在 $(0,0)$ 点的极限不存在.

二元函数极限的概念，可相应的推广到 n 元函数 $u = f(P)$.

对于 n 元函数 $f(P)$，当 $P \to P_0$ 时，若 $f(P)$ 与常数 A 无限接近，则称 A 为 n 元函数 $f(P)$ 在 $P \to P_0$ 时的极限，也称为 n 重极限，记为

$$\lim_{P \to P_0} f(P) = A.$$

多元函数极限的定义与一元函数极限的定义有着完全相同的形式，因而有关一元函数极限的运算法则和计算方法都可以在多元函数求极限中使用（洛必达法则除外）.

例 8.1.3 求 $\lim\limits_{(x,y) \to (0,2)} \dfrac{\sin(xy)}{x}$.

解 $\lim\limits_{(x,y) \to (0,2)} \dfrac{\sin(xy)}{x} = \lim\limits_{(x,y) \to (0,2)} \dfrac{\sin(xy)}{xy} y$

$= \lim\limits_{xy \to 0} \dfrac{\sin(xy)}{xy} \cdot \lim\limits_{y \to 2} y = 1 \cdot 2 = 2.$

例 8.1.4 计算 $\lim\limits_{(x,y) \to (0,0)} \dfrac{\sqrt{xy+1}-1}{xy}$.

⊖ 聚点：设 E 是 xOy 平面上的点集，点 P_0 是 xOy 平面上的点，若对于任意 $\varepsilon > 0$，总有 $\mathring{U}(P_0,\delta) \cap E \neq \varnothing$，则称 P_0 是 E 的聚点.

解 $\lim\limits_{(x,y)\to(0,0)}\dfrac{\sqrt{xy+1}-1}{xy} = \lim\limits_{(x,y)\to(0,0)}\dfrac{xy+1-1}{xy(\sqrt{xy+1}+1)}$

$\qquad\qquad\qquad\qquad\quad = \lim\limits_{(x,y)\to(0,0)}\dfrac{1}{\sqrt{xy+1}+1} = \dfrac{1}{2}.$

例 8.1.5 计算 $\lim\limits_{(x,y)\to(0,0)}\dfrac{\sqrt{x^2+y^2}-\sin\sqrt{x^2+y^2}}{(x^2+y^2)^{\frac{3}{2}}}$.

解 令 $\sqrt{x^2+y^2}=\rho$，原式转化为

$$\lim_{\rho\to 0}\frac{\rho-\sin\rho}{\rho^3} = \lim_{\rho\to 0}\frac{1-\cos\rho}{3\rho^2}$$

$$= \lim_{\rho\to 0}\frac{\sin\rho}{6\rho} = \frac{1}{6}.$$

8.1.3 多元函数的连续性

有了多元函数极限的概念，下面来定义多元函数的连续性.

> **定义 8.1.3** 设函数 $f(x,y)$ 在开区域(或闭区域) D 内有定义，聚点 $P_0(x_0,y_0) \in D$，如果
> $$\lim_{(x,y)\to(x_0,y_0)}f(x,y) = f(x_0,y_0),$$
> 则称函数 $f(x,y)$ 在点 $P_0(x_0,y_0)$ **连续**.
>
> 如果函数 $f(x,y)$ 在开区域(或闭区域) D 内的每一点处都连续，则称函数 $f(x,y)$ 在 D 内连续，或者称 $f(x,y)$ 是 D 内的**连续函数**.
>
> 二元函数连续性的概念，可相应地推广到 n 元函数 $u=f(P)$.
>
> 若函数 $f(x,y)$ 在点 $P_0(x_0,y_0)$ 处不连续，则称 P_0 为函数 $f(x,y)$ 的**间断点**. 另外 $f(x,y)$ 不但可以有间断点，有时间断点还可以形成一条曲线，称之为**间断线**.

例如点 $(0,0)$ 是函数 $f(x,y)=\dfrac{1}{x^2+y^2}$ 的间断点，$x^2+y^2=1$ 是二元函数 $z=\dfrac{1}{x^2+y^2-1}$ 的间断线.

与一元函数类似，利用多元函数极限的运算法则可以证明，多元连续函数的和、差、积、商(在分母不为零处)仍是连续函数，多元连续函数的复合函数也是连续函数.

多元初等函数是指由常量及具有不同自变量的一元基本初等函数经过有限次的四则运算和复合运算而形成的能用一个算式表示的多元函数. 多元初等函数在其定义域内是连续的.

例 8.1.6 讨论函数 $f(x,y)=\begin{cases}\dfrac{xy}{x^2+y^2}, & (x,y)\neq(0,0),\\ 0, & (x,y)=(0,0)\end{cases}$ 在点 $(0,0)$ 处的连续性.

解 点 $P(x,y)$ 沿着路径 $y=kx(k\neq 0)$ 趋近于点 $(0,0)$，计算极限

$$\lim_{\substack{x\to 0 \\ y=kx}} \frac{x\cdot kx}{x^2+k^2x^2} = \frac{k}{1+k^2}.$$

显然，极限值因 k 的取值不同而不同，故 $f(x,y)$ 在点 $(0,0)$ 的极限不存在. 因此该函数在 $(0,0)$ 点不连续.

求多元初等函数 $f(x,y)$ 在点 $P_0(x_0,y_0)$ 的极限时，如果 $P_0(x_0,y_0)$ 在此函数的定义域内，由多元初等函数的连续性，$f(x,y)$ 在点 $P_0(x_0,y_0)$ 的极限值就等于它在该点的函数值，即

$$\lim_{P\to P_0} f(P) = f(P_0).$$

例 8.1.7 计算 $\lim\limits_{(x,y)\to(1,2)} \dfrac{x-y}{1+xy}$.

解 由于函数 $f(x,y)=\dfrac{x-y}{1+xy}$ 是初等函数，且在点 $(1,2)$ 处连续. 故有

$$\lim_{(x,y)\to(1,2)} \frac{x-y}{1+xy} = f(1,2) = -\frac{1}{3}.$$

例 8.1.8 计算 $\lim\limits_{(x,y)\to(0,1)} \dfrac{x+y}{3-\sqrt{xy+4}}$.

解 由于 $f(x,y)=\dfrac{x+y}{3-\sqrt{xy+4}}$ 是初等函数，且在点 $(0,1)$ 处连续. 故有

$$\lim_{(x,y)\to(0,1)} \frac{x+y}{3-\sqrt{xy+4}} = f(0,1) = 1.$$

与闭区间上一元连续函数的性质相类似，在有界闭区域上多元连续函数也有如下性质.

性质 8.1.1 (最大值和最小值定理) 在有界闭区域 D 上的多元连续函数，在 D 上一定有最大值和最小值. 也就是说，在 D 上至少有一点 P_1 及一点 P_2，使得 $f(P_1)$ 为最大值而 $f(P_2)$ 为最小值，即对于一切 $P\in D$，有

$$f(P_2) \leqslant f(P) \leqslant f(P_1).$$

性质 8.1.2 (介值定理) 在有界闭区域 D 上的多元连续函数，必能取得介于最大值和最小值之间的任何值.

8.1.4 同步习题

1. 填空题

（1）已知函数 $f(x,y)=x^2-y^2$，则 $f(x+y,x-y)=$ _____.

（2）已知函数 $f(x+y,xy)=x^2+y^2$，则 $f(x,y)=$ _____.

（3）二元函数 $z=\sqrt{x}+y$ 的定义域是 _____.

（4）二元函数 $z=\ln(x+y)$ 的定义域是 _____.

（5）二元函数 $z=\arcsin(1-y)+\ln(x-y)$ 的定义域是 _____.

（6）三元函数 $u=\sqrt{R^2-x^2-y^2-z^2}+$

$\sqrt{x^2+y^2+z^2-r^2}$ 的定义域是_____.

2. 选择题

(1) $\lim\limits_{(x,y)\to(0,1)}\dfrac{1-xy}{x^2+2y^2}=(\ )$.

A. 1　　B. 0　　C. -1　　D. $\dfrac{1}{2}$

(2) $\lim\limits_{(x,y)\to(1,0)}\dfrac{\ln(x+e^y)}{\sqrt{x^2+y^2}}=(\ )$.

A. 1　　B. ln2　　C. -1　　D. ln3

(3) $\lim\limits_{(x,y)\to(0,0)}\dfrac{xy}{\sqrt{xy+1}-1}=(\ )$.

A. 1　　B. 0　　C. -1　　D. 2

(4) $\lim\limits_{(x,y)\to(\infty,\infty)}(x^2+y^2)\sin\dfrac{3}{x^2+y^2}=(\ )$.

A. 1　　B. 0　　C. 3　　D. 2

(5) $\lim\limits_{(x,y)\to(0,0)}\left(x\sin\dfrac{1}{y}+y\sin\dfrac{1}{x}\right)=(\ )$.

A. 1　　B. 0　　C. -1　　D. 2

(6) $\lim\limits_{(x,y)\to(1,1)}\dfrac{xy-1}{\sqrt{xy+1}}=(\ )$.

A. 0　　B. 1　　C. -1　　D. 2

3. 讨论下列函数在 $(0,0)$ 点处的连续性.

(1) $f(x,y)=\dfrac{x+y}{x-y}$；

(2) $f(x,y)=\dfrac{x^2y^2}{x^2y^2-(x-y)^2}$.

8.2 偏导数

8.2.1 偏导数的概念

在研究一元函数时，我们从函数的变化率入手，从而引出了导数的概念. 对于多元函数同样需要讨论它的变化率. 但多元函数的自变量不止一个，因变量与自变量的关系要比一元函数复杂得多. 在这一节里，我们首先考虑多元函数关于其中一个自变量的变化率. 以二元函数 $z=f(x,y)$ 为例，如果只有自变量 x 变化，而自变量 y 固定（即看作常量），这时它就是 x 的一元函数，该函数对 x 的导数，就称为二元函数 z 对于 x 的偏导数，有如下定义：

定义 8.2.1 设函数 $z=f(x,y)$ 在点 (x_0,y_0) 的某一邻域内有定义，当 y 固定在 y_0，而 x 在 x_0 处有增量 Δx 时，相应地函数有增量

$$\Delta z=f(x_0+\Delta x,y_0)-f(x_0,y_0),$$

如果

$$\lim_{\Delta x\to 0}\frac{f(x_0+\Delta x,y_0)-f(x_0,y_0)}{\Delta x} \qquad(8.2.1)$$

存在，则称此极限值为函数 $z=f(x,y)$ 在点 (x_0,y_0) 处对 x 的偏导数，记作

$$\left.\frac{\partial z}{\partial x}\right|_{\substack{x=x_0\\y=y_0}},\ \left.\frac{\partial f}{\partial x}\right|_{\substack{x=x_0\\y=y_0}},\ \left.z_x\right|_{\substack{x=x_0\\y=y_0}}\ \text{或}\ f_x(x_0,y_0).$$

即

$$f_x(x_0,y_0)=\lim_{\Delta x\to 0}\frac{f(x_0+\Delta x,y_0)-f(x_0,y_0)}{\Delta x}.$$

类似地，函数 $z=f(x,y)$ 在点 (x_0,y_0) 处对 y 的偏导数定义为

$$\lim_{\Delta y\to 0}\frac{f(x_0,y_0+\Delta y)-f(x_0,y_0)}{\Delta y}, \qquad(8.2.2)$$

记作 $\dfrac{\partial z}{\partial y}\Big|_{\substack{x=x_0\\y=y_0}}, \dfrac{\partial f}{\partial y}\Big|_{\substack{x=x_0\\y=y_0}}, z_y\Big|_{\substack{x=x_0\\y=y_0}}$ 或 $f_y(x_0,y_0)$.

如果函数 $z=f(x,y)$ 在区域 D 内每一点 (x,y) 处对 x 的偏导数都存在，那么这个偏导数就是关于 x, y 的函数，称为函数 $z=f(x,y)$ 对自变量 x 的偏导函数，记作

$$\frac{\partial z}{\partial x}, \frac{\partial f}{\partial x}, z_x \text{ 或 } f_x(x,y).$$

类似地，可以定义函数 $z=f(x,y)$ 对自变量 y 的偏导函数，记作

$$\frac{\partial z}{\partial y}, \frac{\partial f}{\partial y}, z_y \text{ 或 } f_y(x,y).$$

由偏导数的定义可知，$f(x,y)$ 在点 (x_0,y_0) 处对 x 的偏导数 $f_x(x_0,y_0)$ 显然就是偏导函数 $f_x(x,y)$ 在点 (x_0,y_0) 处的函数值；$f_y(x_0,y_0)$ 就是偏导函数 $f_y(x,y)$ 在点 (x_0,y_0) 处的函数值。就像一元函数的导函数一样，以后在不至于混淆的地方我们也把偏导函数简称为**偏导数**.

至于求 $z=f(x,y)$ 的偏导数，并不需要用新的方法，因为这里只有一个自变量在变动，另一个自变量是看作固定的，所以仍旧是一元函数的求导数问题。求 $\dfrac{\partial f}{\partial x}$ 时，只要把 y 暂时看作常量对 x 求导数；求 $\dfrac{\partial f}{\partial y}$ 时，则只要把 x 暂时看作常量而对 y 求导数.

偏导数的概念还可以推广到二元以上的函数。例如三元函数 $u=f(x,y,z)$ 在点 (x,y,z) 处对 x 的偏导数定义为

$$f_x(x,y,z) = \lim_{\Delta x \to 0} \frac{f(x_0+\Delta x,y,z)-f(x,y,z)}{\Delta x},$$

其中 (x,y,z) 是函数 $u=f(x,y,z)$ 的定义域的内点. 它们的求法仍旧可以看作一元函数的求导问题.

例 8.2.1 求函数 $z=x^2y+e^x+\sin y$ 的偏导数.

解 对 x 求导数时把 y 暂时看作常量，$\dfrac{\partial z}{\partial x}=2xy+e^x$；

对 y 求导数时把 x 暂时看作常量，$\dfrac{\partial z}{\partial y}=x^2+\cos y$.

例 8.2.2 求函数 $z=3^x+xy^3$ 的偏导数.

解 对 x 求导数时把 y 暂时看作常量，$\dfrac{\partial z}{\partial x}=3^x\ln 3+y^3$；

对 y 求导数时把 x 暂时看作常量，$\dfrac{\partial z}{\partial y}=3xy^2$.

例 8.2.3 已知函数 $z=x^y$, $x>0$, 且 $x\neq 1$, 求证：

$$\frac{x}{y}\frac{\partial z}{\partial x}+\frac{1}{\ln x}\frac{\partial z}{\partial y}=2z.$$

证 因为
$$\frac{\partial z}{\partial x} = yx^{y-1}, \quad \frac{\partial z}{\partial y} = x^y \ln x.$$

所以
$$\frac{x}{y}\frac{\partial z}{\partial x} + \frac{1}{\ln x}\frac{\partial z}{\partial y} = x^y + x^y = 2z.$$

我们知道，对于一元函数来说，$\dfrac{\mathrm{d}y}{\mathrm{d}x}$ 可看作函数的微分 $\mathrm{d}y$ 与自变量的微分 $\mathrm{d}x$ 之商. 对多元函数来说，偏导数的记号是一个<u>整体符号</u>，不能看作分子与分母之商.

例 8.2.4 求函数 $z = x^2 + 3xy + y^2 + 1$ 在点 $(1,2)$ 处的偏导数.

解 将 y 视为常数，对 x 求导，得
$$\frac{\partial z}{\partial x} = 2x + 3y;$$

将 x 视为常数，对 y 求导，得
$$\frac{\partial z}{\partial y} = 3x + 2y.$$

故
$$\left.\frac{\partial z}{\partial x}\right|_{(1,2)} = 2 \times 1 + 3 \times 2 = 8;$$
$$\left.\frac{\partial z}{\partial y}\right|_{(1,2)} = 3 \times 1 + 2 \times 2 = 7.$$

求多元函数在某点处的偏导数时，如求 $z = f(x,y)$ 在 (x_0, y_0) 的偏导数时，可以先将 $y = y_0$ 代入，得到相应的关于 x 的一元函数 $z = f(x, y_0)$，再对 x 求导数. 对 y 的偏导数可采取同样的办法. 如例 8.2.4，在计算函数点 $(1,2)$ 处对 x 的偏导数时，可先将 $y = 2$ 代入，即得 $z = x^2 + 6x + 5$，再求其对 x 的导数在 $x = 1$ 处的函数值.

二元函数 $z = f(x,y)$ 在点 (x_0, y_0) 处的偏导数有下述<u>几何意义</u>：

设 $M_0(x_0, y_0, f(x_0, y_0))$ 为曲面 $z = f(x,y)$ 上的一点，过 M_0 作平面 $y = y_0$，截此曲面得一曲线，此曲线在平面 $y = y_0$ 上的方程为 $z = f(x, y_0)$，则偏导数 $f_x(x_0, y_0)$ 就是该曲线在点 M_0 处的切线 $M_0 T_x$ 对 x 轴的斜率. 偏导数 $f_y(x_0, y_0)$ 的几何意义是曲面被平面 $x = x_0$ 所截得的曲线 $z = f(x_0, y)$ 在点 M_0 处的切线 $M_0 T_y$ 对 y 轴的斜率(见图 8.6).

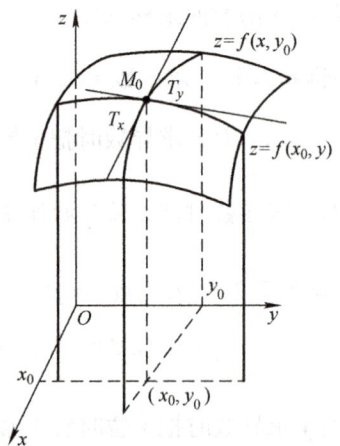

图 8.6

我们已经知道，如果一元函数在某点处具有导数，则它在该点必定连续. 但对于多元函数来说，即使两个偏导数在某点处都存在，也不能保证

函数在该点处连续. 这是因为两个偏导数存在只能保证点 P 沿着平行于坐标轴的方向趋于 P_0 时, 函数值 $f(P)$ 趋于 $f(P_0)$, 但不能保证点 P 按任何方式趋于点 P_0 时, 函数值 $f(P)$ 都趋于 $f(P_0)$. 例如, 函数

$$z = f(x,y) = \begin{cases} \dfrac{xy}{x^2+y^2}, & x^2+y^2 \neq 0, \\ 0, & x^2+y^2 = 0, \end{cases}$$

在点 $(0,0)$ 对 x 的偏导数为

$$f_x(0,0) = \lim_{\Delta x \to 0} \frac{f(0+\Delta x, 0) - f(0,0)}{\Delta x} = 0;$$

同样有

$$f_y(0,0) = \lim_{\Delta y \to 0} \frac{f(0, 0+\Delta y) - f(0,0)}{\Delta y} = 0.$$

我们在第 8.1 节中已经知道该函数在点 $(0,0)$ 不连续.

8.2.2 高阶偏导数

设函数 $z = f(x,y)$ 在区域 D 内具有偏导数

$$\frac{\partial z}{\partial x} = f_x(x,y), \frac{\partial z}{\partial y} = f_y(x,y),$$

那么在 D 内 $f_x(x,y)$, $f_y(x,y)$ 都是 x, y 的函数. 如果这两个函数的偏导数也存在, 则称它们是函数 $z = f(x,y)$ 的二阶偏导数. 按照对变量求导次序的不同, 二元函数有下列四个二阶偏导数:

$$\frac{\partial}{\partial x}\left(\frac{\partial z}{\partial x}\right) = \frac{\partial^2 z}{\partial x^2} = f_{xx}(x,y), \qquad \frac{\partial}{\partial y}\left(\frac{\partial z}{\partial x}\right) = \frac{\partial^2 z}{\partial x \partial y} = f_{xy}(x,y),$$

$$\frac{\partial}{\partial y}\left(\frac{\partial z}{\partial y}\right) = \frac{\partial^2 z}{\partial y^2} = f_{yy}(x,y), \qquad \frac{\partial}{\partial x}\left(\frac{\partial z}{\partial y}\right) = \frac{\partial^2 z}{\partial y \partial x} = f_{yx}(x,y),$$

其中 $\dfrac{\partial^2 z}{\partial x \partial y}$ 和 $\dfrac{\partial^2 z}{\partial y \partial x}$ 称为二阶混合偏导数. 类似地, 可得三阶, 四阶, $\cdots$, n 阶偏导数.

例如, 二元函数 $z = f(x,y)$ 关于 x 的三阶偏导数为 $\dfrac{\partial}{\partial x}\left(\dfrac{\partial^2 z}{\partial x^2}\right) = \dfrac{\partial^3 z}{\partial x^3}$, 该函数关于 x 的 $n-1$ 阶偏导数, 再关于 y 的一阶偏导数为 $\dfrac{\partial}{\partial y}\left(\dfrac{\partial^{n-1} z}{\partial x^{n-1}}\right) = \dfrac{\partial^n z}{\partial x^{n-1} \partial y}$. 将函数二阶及二阶以上的偏导数统称为高阶偏导数.

例 8.2.5 已知函数 $z = x^3 - 3xy^3 - xy^2 + 1$, 求该函数的所有二阶偏导数.

解 $\dfrac{\partial z}{\partial x} = 3x^2 - 3y^3 - y^2, \qquad \dfrac{\partial z}{\partial y} = -9xy^2 - 2xy;$

$\dfrac{\partial^2 z}{\partial x^2} = 6x, \qquad\qquad \dfrac{\partial^2 z}{\partial y^2} = -18xy - 2x;$

$$\frac{\partial^2 z}{\partial x \partial y} = -9y^2 - 2y, \qquad \frac{\partial^2 z}{\partial y \partial x} = -9y^2 - 2y.$$

例 8.2.6 已知函数 $u = e^{ax}\cos by$，求该函数所有的二阶偏导数.

解 $\dfrac{\partial u}{\partial x} = a e^{ax}\cos by, \qquad \dfrac{\partial u}{\partial y} = -b e^{ax}\sin by;$

$\dfrac{\partial^2 u}{\partial x^2} = a^2 e^{ax}\cos by, \qquad \dfrac{\partial^2 u}{\partial y^2} = -b^2 e^{ax}\cos by,$

$\dfrac{\partial^2 u}{\partial x \partial y} = -ab e^{ax}\sin by, \qquad \dfrac{\partial^2 u}{\partial y \partial x} = -ab e^{ax}\sin by.$

我们看到例 8.2.5 和例 8.2.6 中两个二阶混合偏导数均相等，即 $\dfrac{\partial^2 z}{\partial y \partial x} = \dfrac{\partial^2 z}{\partial x \partial y}$. 这不是偶然的，事实上，有下述定理：

定理 8.2.1 如果函数 $z = f(x,y)$ 的两个二阶混合偏导数 $\dfrac{\partial^2 z}{\partial y \partial x}$ 及 $\dfrac{\partial^2 z}{\partial x \partial y}$ 在区域 D 内连续，那么在该区域内这两个二阶混合偏导数必相等.

换句话说，二阶混合偏导数在连续的条件下与求导的次序无关.

对于二元以上的函数，我们也可以类似地定义高阶偏导数. 而且高阶混合偏导数在偏导数连续的条件下也与求导的次序无关.

8.2.3 同步习题

1. 填空题

(1) 已知 $z = x^3 + y^3 - 3xy^2$，则 $\dfrac{\partial z}{\partial x} = $ _____，$\dfrac{\partial z}{\partial y} = $ _____.

(2) 已知 $z = x^2 y e^y$，则 $\dfrac{\partial z}{\partial x} = $ _____，$\dfrac{\partial z}{\partial y} = $ _____.

(3) 已知 $z = x^2 + y^2 + 6x$，则 $\dfrac{\partial z}{\partial x}\Big|_{(1,2)} = $ _____，$\dfrac{\partial z}{\partial y}\Big|_{(1,2)} = $ _____.

(4) 已知 $f(x,y,z) = xyz\sin x$，则 $\dfrac{\partial f}{\partial x}\Big|_{(\frac{\pi}{2},1,1)} = $ _____，$\dfrac{\partial f}{\partial y}\Big|_{(\frac{\pi}{2},1,1)} = $ _____，$\dfrac{\partial f}{\partial z}\Big|_{(\frac{\pi}{2},1,1)} = $ _____.

2. 选择题

(1) 已知 $z = \ln(x + \ln y)$，则 $z_x(1,e), z_y(1,e)$ 的值为（ ）.

A. $\dfrac{1}{2}, \dfrac{1}{2e}$ B. $\dfrac{1}{2e}, \dfrac{1}{2}$ C. $2, e$ D. $1, \dfrac{1}{2e}$

(2) 已知 $z = \sqrt{x}\sin y + e^{xy}$，则 $z_x(1,0), z_y(1,\pi)$ 的值为（ ）.

A. $0, 1$ B. $0, e^\pi - 1$
C. $1, e^\pi - 1$ D. $e^\pi - 1, 1$

(3) 函数 $z = yx^y$ 的两个一阶偏导数分别是（ ）.

A. $\dfrac{\partial z}{\partial x} = yx^{y-1}, \dfrac{\partial z}{\partial y} = x^y(1 + y\ln x)$

B. $\dfrac{\partial z}{\partial x} = y^2 x^{y-1}, \dfrac{\partial z}{\partial y} = x(1 + y\ln x)$

C. $\dfrac{\partial z}{\partial x} = y^2 x^{y+1}, \dfrac{\partial z}{\partial y} = x^y(1 + y\ln x)$

D. $\dfrac{\partial z}{\partial x} = y^2 x^{y-1}, \dfrac{\partial z}{\partial y} = x^y(1 + y\ln x)$

(4) 函数 $z = \arcsin(xy)$ 的两个一阶偏导数分别是（ ）.

A. $\dfrac{\partial z}{\partial x} = \dfrac{y}{\sqrt{1 + x^2 y^2}}, \dfrac{\partial z}{\partial y} = \dfrac{x}{\sqrt{1 + x^2 y^2}}$

B. $\dfrac{\partial z}{\partial x} = \dfrac{x}{\sqrt{1 - x^2 y^2}}, \dfrac{\partial z}{\partial y} = \dfrac{y}{\sqrt{1 - x^2 y^2}}$

C. $\dfrac{\partial z}{\partial x} = \dfrac{y}{\sqrt{1 - x^2 y^2}}, \dfrac{\partial z}{\partial y} = \dfrac{x}{\sqrt{1 - x^2 y^2}}$

D. $\dfrac{\partial z}{\partial x}=\dfrac{x}{\sqrt{1+x^2y^2}}$, $\dfrac{\partial z}{\partial y}=\dfrac{y}{\sqrt{1+x^2y^2}}$

(5) 函数 $z=\cos xy$，则 $\dfrac{\partial^2 z}{\partial x^2}$, $\dfrac{\partial^2 z}{\partial x \partial y}$ 分别是（　　）.

A. $-y^2\cos xy$，$-xy\cos xy+\sin xy$
B. $-y\cos xy$，$-xy\cos xy-\sin xy$
C. $-y^2\cos xy$，$xy\cos xy-\sin xy$
D. $-y^2\cos xy$，$-xy\cos xy-\sin xy$

3. 判断题，正确的在括号里画"√"，错误的在括号里画"×".

(1) 函数 $z=x^2y^2+2xy+y^3$，则 $\dfrac{\partial^2 z}{\partial x^2}=x^2y$. （　　）

(2) 函数 $z=e^x+xy+e^y$，则 $\dfrac{\partial^2 z}{\partial y^2}=e^y$. （　　）

(3) 函数 $z=x^2+6xy+y^3-2y$，则 $\dfrac{\partial^2 z}{\partial x \partial y}=6$. （　　）

(4) 函数 $z=x\arctan y$，则 $\dfrac{\partial^2 z}{\partial x \partial y}=\dfrac{1}{1-y^2}$. （　　）

8.3 多元复合函数的求导法则

8.3.1 多元复合函数的链式求导法则

定理 8.3.1 设函数 $u=u(x,y)$，$v=v(x,y)$ 在点 (x,y) 处的偏导数存在，且 $z=f(u,v)$ 在对应点 (u,v) 具有连续偏导数，则复合函数 $z=f[u(x,y),v(x,y)]$ 在点 (x,y) 的两个偏导数都存在，且有如下链式法则：

$$\dfrac{\partial z}{\partial x}=\dfrac{\partial z}{\partial u}\dfrac{\partial u}{\partial x}+\dfrac{\partial z}{\partial v}\dfrac{\partial v}{\partial x},$$
$$\dfrac{\partial z}{\partial y}=\dfrac{\partial z}{\partial u}\dfrac{\partial u}{\partial y}+\dfrac{\partial z}{\partial v}\dfrac{\partial v}{\partial y}. \tag{8.3.1}$$

证 只证明式(8.3.1)中的第一个法则，第二个法则的证明类似. 对于任意固定的 y，给 x 以增量 Δx，这时 u 和 v 的增量为 Δu，Δv，

$$\Delta u=u(x+\Delta x,y)-u(x,y),\Delta v=v(x+\Delta x,y)-v(x,y).$$

由此，函数 $z=f(u,v)$ 对应地获得增量 Δz. 由于函数 $z=f(u,v)$ 在点 (u,v) 具有连续偏导数，故 $z=f(u,v)$ 在该点可微，Δz 可表示为

$$\Delta z=\dfrac{\partial z}{\partial u}\Delta u+\dfrac{\partial z}{\partial v}\Delta v+o(\rho), \tag{8.3.2}$$

其中 $\rho=\sqrt{(\Delta u)^2+(\Delta v)^2}$.

函数 $u=u(x,y)$，$v=v(x,y)$ 在点 (x,y) 处的偏导数存在，故当 $\Delta x \to 0$ 时，$\Delta u \to 0$，$\Delta v \to 0$，从而 $\rho \to 0$.

将式(8.3.2)两边同除以 Δx，得

$$\dfrac{\Delta z}{\Delta x}=\dfrac{\partial z}{\partial u}\dfrac{\Delta u}{\Delta x}+\dfrac{\partial z}{\partial v}\dfrac{\Delta v}{\Delta x}+\dfrac{o(\rho)}{\rho}\dfrac{\rho}{\Delta x} \tag{8.3.3}$$

$$\lim_{\Delta x \to 0}\dfrac{\Delta u}{\Delta x}=\dfrac{\partial u}{\partial x},\lim_{\Delta x \to 0}\dfrac{\Delta v}{\Delta x}=\dfrac{\partial v}{\partial x},$$

$$\lim_{\Delta x \to 0}\dfrac{\rho}{|\Delta x|}=\lim_{\Delta x \to 0}\sqrt{\left(\dfrac{\Delta u}{\Delta x}\right)^2+\left(\dfrac{\Delta v}{\Delta x}\right)^2}=\sqrt{\left(\dfrac{\partial u}{\partial x}\right)^2+\left(\dfrac{\partial v}{\partial x}\right)^2}.$$

可见 $\Delta x \to 0$ 时，$\dfrac{\rho}{\Delta x}$ 是有界变量，$\dfrac{o(\rho)}{\rho}$ 是无穷小量. 对式(8.3.3)两边

求 $\Delta x \to 0$ 时的极限, 可得

$$\frac{\partial z}{\partial x} = \frac{\partial z}{\partial u}\frac{\partial u}{\partial x} + \frac{\partial z}{\partial v}\frac{\partial v}{\partial x}.$$

链式法则可推广到中间变量多于两个的情形, 类似地, 设 $u = \varphi(x,y)$, $v = \psi(x,y)$ 及 $w = \omega(x,y)$ 在点 (x,y) 的偏导数都存在, 函数 $z = f(u,v,w)$ 在对应点 (u,v,w) 具有连续偏导数, 则复合函数

$$z = f[\varphi(x,y),\psi(x,y),\omega(x,y)],$$

在点 (x,y) 的两个偏导数都存在, 且可用下列公式计算:

$$\frac{\partial z}{\partial x} = \frac{\partial z}{\partial u}\frac{\partial u}{\partial x} + \frac{\partial z}{\partial v}\frac{\partial v}{\partial x} + \frac{\partial z}{\partial w}\frac{\partial w}{\partial x},$$

$$\frac{\partial z}{\partial y} = \frac{\partial z}{\partial u}\frac{\partial u}{\partial y} + \frac{\partial z}{\partial v}\frac{\partial v}{\partial y} + \frac{\partial z}{\partial w}\frac{\partial w}{\partial y}. \tag{8.3.4}$$

例 8.3.1 设 $z = e^u \sin v$, $u = xy$, $v = x - y$, 求 $\frac{\partial z}{\partial x}$ 和 $\frac{\partial z}{\partial y}$.

解
$$\frac{\partial z}{\partial x} = \frac{\partial z}{\partial u}\frac{\partial u}{\partial x} + \frac{\partial z}{\partial v}\frac{\partial v}{\partial x}$$
$$= e^u \sin v \cdot y + e^u \cos v \cdot 1$$
$$= e^u (y\sin v + \cos v)$$
$$= e^{xy}[y\sin(x-y) + \cos(x-y)];$$

$$\frac{\partial z}{\partial y} = \frac{\partial z}{\partial u}\frac{\partial u}{\partial y} + \frac{\partial z}{\partial v}\frac{\partial v}{\partial y}$$
$$= e^u \sin v \cdot x + e^u \cos v \cdot (-1)$$
$$= e^u (x\sin v - \cos v)$$
$$= e^{xy}[x\sin(x-y) + \cos(x-y)].$$

微课: 例 8.3.1

例 8.3.2 求函数 $z = f(xy, x+y)$ 的偏导数 $\frac{\partial z}{\partial x}, \frac{\partial z}{\partial y}$.

解 设 $u = xy$, $v = x + y$, 则 $z = f(u,v)$, 按照复合函数求导的链式法则可得

$$\frac{\partial z}{\partial x} = f_u \frac{\partial u}{\partial x} + f_v \frac{\partial v}{\partial x}$$
$$= yf_u + f_v,$$
$$\frac{\partial z}{\partial y} = f_u \frac{\partial u}{\partial y} + f_v \frac{\partial v}{\partial y}$$
$$= xf_u + f_v.$$

式 (8.3.1) 还适用于下面三种特殊情形:

情形 1 $z = f(u,v)$, $u = u(t)$, $v = v(t)$, 则对于复合函数 $z = f[u(t), v(t)]$

$$\frac{dz}{dt} = \frac{\partial z}{\partial u}\frac{du}{dt} + \frac{\partial z}{\partial v}\frac{dv}{dt}. \tag{8.3.5}$$

式 (8.3.5) 中的导数 $\frac{dz}{dt}$ 称为**全导数**.

情形 2 $z=f(u)$,$u=u(x,y)$,则对于复合函数 $z=f[u(x,y)]$ 有链式法则

$$\frac{\partial z}{\partial x}=f'(u)\frac{\partial u}{\partial x},$$
$$\frac{\partial z}{\partial y}=f'(u)\frac{\partial u}{\partial y}. \tag{8.3.6}$$

情形 3 $z=f(u,v)$,$u=u(x,y)$,$v=v(x)$,则对于复合函数 $z=f[u(x,y),v(x)]$ 有链式法则

$$\frac{\partial z}{\partial x}=\frac{\partial z}{\partial u}\frac{\partial u}{\partial x}+\frac{\partial z}{\partial v}\frac{\mathrm{d}v}{\mathrm{d}x},$$
$$\frac{\partial z}{\partial y}=\frac{\partial z}{\partial u}\frac{\partial u}{\partial y}. \tag{8.3.7}$$

式(8.3.7)中的 $\frac{\partial z}{\partial u}$, $\frac{\partial z}{\partial v}$ 也可记作 $\frac{\partial f}{\partial u}$, $\frac{\partial f}{\partial v}$.

例 8.3.3 设 $z=uv$, $u=\mathrm{e}^t$, $v=\sin t$, 求全导数 $\frac{\mathrm{d}z}{\mathrm{d}t}$.

解
$$\begin{aligned}\frac{\mathrm{d}z}{\mathrm{d}t}&=\frac{\partial z}{\partial u}\frac{\mathrm{d}u}{\mathrm{d}t}+\frac{\partial z}{\partial v}\frac{\mathrm{d}v}{\mathrm{d}t}\\&=v\mathrm{e}^t+u\cos t\\&=\mathrm{e}^t(\sin t+\cos t).\end{aligned}$$

例 8.3.4 设 $z=f(x^2+2xy)$,且 $f(u)$ 可微,求 $\frac{\partial z}{\partial x}$ 和 $\frac{\partial z}{\partial y}$.

解 在函数 $z=f(x^2+2xy)$ 中,令 $u=x^2+2xy$,由复合函数求导的链式法则,可得

$$\frac{\partial z}{\partial x}=f'(u)\frac{\partial u}{\partial x}=2(x+y)f'(x^2+2xy),$$
$$\frac{\partial z}{\partial y}=f'(u)\frac{\partial u}{\partial y}=2xf'(x^2+2xy).$$

例 8.3.5 已知 $z=f(u,\mathrm{e}^{2x})$, $u=x^2\sin y$, 求 $\frac{\partial z}{\partial x}$ 及 $\frac{\partial z}{\partial y}$.

解 令 $v=\mathrm{e}^{2x}$, 则

$$\frac{\partial z}{\partial x}=\frac{\partial f}{\partial u}\frac{\partial u}{\partial x}+\frac{\partial f}{\partial v}\frac{\mathrm{d}v}{\mathrm{d}x}=2x\sin y\frac{\partial f}{\partial u}+2\mathrm{e}^{2x}\frac{\partial f}{\partial v},$$
$$\frac{\partial z}{\partial y}=\frac{\partial f}{\partial u}\frac{\partial u}{\partial y}=x^2\cos y\frac{\partial f}{\partial u}.$$

例 8.3.6 若函数 $u=u(x,y)$ 的偏导数存在,且函数 $z=f(u,x,y)$ 在 (u,x,y) 处具有连续偏导数,求 $\frac{\partial z}{\partial x}$, $\frac{\partial z}{\partial y}$.

解 此题可理解为 $z=f(u,v,w)$, $u=u(x,y)$, $v=x$, $w=y$ 的复合函数情形,利用链式法则可得

$$\frac{\partial z}{\partial x}=\frac{\partial f}{\partial u}\frac{\partial u}{\partial x}+\frac{\partial f}{\partial x},$$

$$\frac{\partial z}{\partial y} = \frac{\partial f}{\partial u}\frac{\partial u}{\partial y} + \frac{\partial f}{\partial y}.$$

注 这里 $\frac{\partial z}{\partial x}$ 与 $\frac{\partial f}{\partial x}$ 是不同的,$\frac{\partial z}{\partial x}$ 是把复合函数 $z = f[\varphi(x,y), x, y]$ 中的 y 看作不变而对 x 的偏导数,$\frac{\partial f}{\partial x}$ 是把 $f(u, x, y)$ 中的 u 及 y 看作不变而对 x 的偏导数. $\frac{\partial z}{\partial y}$ 与 $\frac{\partial f}{\partial y}$ 也有类似的区别.

对于函数 $z = f(u, v)$,通常记

$$f_1' = \frac{\partial f(u,v)}{\partial u}, \quad f_2' = \frac{\partial f(u,v)}{\partial v},$$

$$f_{11}'' = \frac{\partial^2 f(u,v)}{\partial u^2}, \quad f_{12}'' = \frac{\partial^2 f(u,v)}{\partial u \partial v}, \quad f_{21}'' = \frac{\partial^2 f(u,v)}{\partial v \partial u}, \quad f_{22}'' = \frac{\partial^2 f(u,v)}{\partial v^2}.$$

例 8.3.7 已知 $z = f(u, x, y)$,$u = x\mathrm{e}^y$,求 $\frac{\partial z}{\partial x}$ 及 $\frac{\partial z}{\partial y}$.

解
$$\frac{\partial z}{\partial x} = \frac{\partial f}{\partial u}\frac{\partial u}{\partial x} + \frac{\partial f}{\partial x} = \frac{\partial f}{\partial u} \cdot \mathrm{e}^y + \frac{\partial f}{\partial x};$$

$$\frac{\partial z}{\partial y} = \frac{\partial f}{\partial u}\frac{\partial u}{\partial y} + \frac{\partial f}{\partial y} = \frac{\partial f}{\partial u} \cdot x\mathrm{e}^y + \frac{\partial f}{\partial y}.$$

上面的计算结果也可记为

$$\frac{\partial z}{\partial x} = f_1' \cdot \mathrm{e}^y + f_2';$$

$$\frac{\partial z}{\partial y} = f_1' \cdot x\mathrm{e}^y + f_3'.$$

例 8.3.8 设 $w = f(x+y+z, xyz)$,f 具有二阶连续偏导数,求 $\frac{\partial w}{\partial x}$ 及 $\frac{\partial^2 w}{\partial x \partial z}$.

解 令 $u = x + y + z$,$v = xyz$,其中

$$\frac{\partial w}{\partial x} = \frac{\partial f}{\partial u}\frac{\partial u}{\partial x} + \frac{\partial f}{\partial v}\frac{\partial v}{\partial x} = f_1' + yz f_2';$$

$$\frac{\partial^2 w}{\partial x \partial z} = \frac{\partial}{\partial z}(f_1' + yz f_2') = \frac{\partial f_1'}{\partial z} + y f_2' + yz \frac{\partial f_2'}{\partial z}.$$

$$\frac{\partial f_1'}{\partial z} = \frac{\partial f_1'}{\partial u}\frac{\partial u}{\partial z} + \frac{\partial f_1'}{\partial v}\frac{\partial v}{\partial z} = f_{11}'' + xy f_{12}''.$$

$$\frac{\partial f_2'}{\partial z} = \frac{\partial f_2'}{\partial u}\frac{\partial u}{\partial z} + \frac{\partial f_2'}{\partial v}\frac{\partial v}{\partial z} = f_{21}'' + xy f_{22}''.$$

于是

$$\frac{\partial^2 w}{\partial x \partial z} = f_{11}'' + xy f_{12}'' + y f_2' + yz(f_{21}'' + xy f_{22}'')$$

$$= f_{11}'' + y(x+z) f_{12}'' + xy^2 z f_{22}'' + y f_2'.$$

例 8.3.9 已知函数 $z = f(xy^2, x^2 y)$,且 f 具有二阶连续偏导数,求 $\frac{\partial^2 z}{\partial x^2}$.

解
$$\frac{\partial z}{\partial x} = f_u \frac{\partial u}{\partial x} + f_v \frac{\partial v}{\partial x} = y^2 f_u + 2xy f_v,$$

$$\frac{\partial^2 z}{\partial x^2} = \frac{\partial}{\partial x}\left(\frac{\partial z}{\partial x}\right) = \frac{\partial (y^2 f_u + 2xy f_v)}{\partial x}$$

$$= y^2 \frac{\partial f_u}{\partial x} + 2y f_v + 2xy \frac{\partial f_v}{\partial x}.$$

因为
$$\frac{\partial f_u}{\partial x} = \frac{\partial f_u}{\partial u}\frac{\partial u}{\partial x} + \frac{\partial f_u}{\partial v}\frac{\partial v}{\partial x} = f_{uu}\frac{\partial u}{\partial x} + f_{uv}\frac{\partial v}{\partial x},$$

$$\frac{\partial f_v}{\partial x} = \frac{\partial f_v}{\partial u}\frac{\partial u}{\partial x} + \frac{\partial f_v}{\partial v}\frac{\partial v}{\partial x} = f_{vu}\frac{\partial u}{\partial x} + f_{vv}\frac{\partial v}{\partial x}.$$

即
$$\frac{\partial^2 z}{\partial x^2} = y^2 (f_{uu} y^2 + f_{uv} \cdot 2xy) + (f_{vu} \cdot y^2 + f_{vv} \cdot 2xy)2xy + f_v \cdot 2y.$$

又 f 具有二阶连续偏导数，从而 $f_{uv} = f_{vu}$，所以
$$\frac{\partial^2 z}{\partial x^2} = 2y f_v + y^4 f_{uu} + 4xy^3 f_{uv} + 4x^2 y^2 f_{vv}.$$

上式的结果还可以写作
$$\frac{\partial^2 z}{\partial x^2} = 2y f_2' + y^4 f_{11}'' + 4xy^3 f_{12}'' + 4x^2 y^2 f_{22}''.$$

8.3.2 同步习题

1. 填空题

（1）已知二元函数 $z = \dfrac{x+y}{x-y}$，则 $z_x'(1,2) = $ _____，$z_y'(1,2) = $ _____.

（2）已知二元函数 $z = \arctan \dfrac{y}{x}$，则 $z_x'(1,1) = $ _____，$z_y'(-1,-1) = $ _____.

（3）已知 $z = \ln(x^2 + y)$ 则 $z_x'(1,0) = $ _____，$z_y'(1,0) = $ _____.

（4）已知 $w = e^{xyz}$，则 $w_x'(1,1,0) = $ _____，$w_z'(1,1,0) = $ _____.

（5）已知 $z = e^{(x-y^2)}$ 则 $z_x'(0,1) = $ _____，$z_y'(0,1) = $ _____.

2. 选择题

（1）函数 $z = uv$，其中 $u = x+y$，$v = \arctan(xy)$，则 $\dfrac{\partial z}{\partial x} = ($ _____ $)$.

A. $\arctan(xy) + \dfrac{y(x+y)}{1+x^2 y^2}$

B. $\arctan(xy) + \dfrac{(x+y)}{1+x^2 y^2}$

C. $\arctan(xy) + \dfrac{x(x+y)}{1+x^2 y^2}$

D. $\arctan(xy) + \dfrac{y(x+y)}{1+xy}$

（2）函数 $z = \dfrac{u}{v}$，且 $u = x+y$，$v = x-2y$，则 $\dfrac{\partial z}{\partial y} = ($ _____ $)$.

A. $-\dfrac{3y}{(x-2y)^2}$ B. $\dfrac{3x}{(x-2y)^2}$

C. $\dfrac{3x}{(x-2y)}$ D. $\dfrac{y}{(x-2y)^2}$

（3）函数 $z = f(xy)$ 的两个一阶偏导数是（ _____ ）.

A. $\dfrac{\partial z}{\partial x} = yf'(xy)$，$\dfrac{\partial z}{\partial y} = xf'(xy)$

B. $\dfrac{\partial z}{\partial x} = y$，$\dfrac{\partial z}{\partial y} = xf'(xy)$

C. $\dfrac{\partial z}{\partial x} = yf'(xy)$，$\dfrac{\partial z}{\partial y} = xf(xy)$

D. $\dfrac{\partial z}{\partial x} = xf'(xy)$，$\dfrac{\partial z}{\partial y} = yf'(xy)$

（4）函数 $z = f(x, e^{xy})$ 的两个一阶偏导数是（ _____ ）.

A. $\dfrac{\partial z}{\partial x} = f_1' + f_2' \cdot e^{xy}$，$\dfrac{\partial z}{\partial y} = f_2' \cdot x e^{xy}$

B. $\dfrac{\partial z}{\partial x}=f'_1+f'_2\cdot y\mathrm{e}^{xy}$, $\dfrac{\partial z}{\partial y}=f'_2\cdot x\mathrm{e}^{xy}$

C. $\dfrac{\partial z}{\partial x}=f'_1+f'_2\cdot y\mathrm{e}^{xy}$, $\dfrac{\partial z}{\partial y}=f'_2\cdot y\mathrm{e}^{xy}$

D. $\dfrac{\partial z}{\partial x}=f'_1+f'_2\cdot x\mathrm{e}^{xy}$, $\dfrac{\partial z}{\partial y}=f'_2\cdot x\mathrm{e}^{xy}$

(5) 已知函数 $z=f\left(xy,\dfrac{x}{y}\right)$ 的二阶偏导数存在，且二阶混合偏导数连续，则 $\dfrac{\partial^2 z}{\partial x^2}=($　　$)$.

A. $y^2 f''_{11}+\dfrac{1}{y^2}f''_{22}+f''_{12}$　　B. $y^2 f''_{11}-\dfrac{1}{y^2}f''_{22}+2f''_{12}$

C. $y^2 f''_{11}+\dfrac{1}{y^2}f''_{22}+2f''_{12}$　　D. $y^2 f''_{11}-\dfrac{1}{y^2}f''_{22}-2f''_{12}$

3. 判断题，正确的在括号里画"√"，错误的在括号里画"×".

(1) 设 $z=\dfrac{y^2}{2x}+\varphi(xy)$，$\varphi$ 为可微的函数，则 $x^2\dfrac{\partial z}{\partial x}-xy\dfrac{\partial z}{\partial y}+\dfrac{3}{2}y^2=0$.　　　　　　　　　　(　　)

(2) 已知 $z=u^2\ln v$，$u=\dfrac{x}{y}$，$v=3x-2y$，且该函数的偏导数存在，则 $\dfrac{\partial z}{\partial x}=\dfrac{2x}{y^2}\ln(3x-2y)+\dfrac{3x^2}{y^2(3x-2y)}$.　　(　　)

(3) 设 $z=f(u,v)$，$u=x+y$，$v=xy$，且该函数的二阶偏导数都存在，则 $\dfrac{\partial^2 z}{\partial x\partial y}=f_{uu}+f_{vu}+x(f_{uv}+f_{vv})$.　　(　　)

(4) 函数 $z=\ln(x+y)$，且该函数的二阶偏导数都存在，则 $\dfrac{\partial^2 z}{\partial y^2}=\dfrac{1}{(x+y)^2}$.　　(　　)

(5) 函数 $z=u^v+\sin w$，$u=2t$，$v=\sin t$，$w=t^2$，则 z 对 t 的全导数是 $2\sin t(2t)^{\sin t-1}+(2t)^{\sin t}\cos t\ln 2t+2t\cos t^2$.　　(　　)

4. 计算下列函数的一阶偏导数：

(1) $z=(x+y)^{xy}$；

(2) $z=v\ln u+w$，$u=2x+y$，$v=x-y$，$w=x^2$；

(3) $z=f(x^2-y^2,x,y)$；

(4) $z=f(u,x,y)$，$u=x\mathrm{e}^y$.

5. 设 $\varphi(t)$ 具有连续的二阶导数，$z=xy+u$，$u=\varphi(xy)$，求 $\dfrac{\partial z}{\partial x}$，$\dfrac{\partial^2 z}{\partial x^2}$，$\dfrac{\partial^2 z}{\partial x\partial y}$.

6. 设 $z=\ln\sqrt{(x-a)^2+(y-b)^2}$（$a$，$b$ 均为常数），求证：$\dfrac{\partial^2 z}{\partial x^2}+\dfrac{\partial^2 z}{\partial y^2}=0$.

8.4　隐函数的导数

8.4.1　一元隐函数求导公式

我们已经学习了由二元方程确定的一元隐函数求导数的方法．本节根据多元复合函数的求导法则导出一元及一元以上隐函数的求导公式．学习范围仅限于由一个方程确定的隐函数．

定理 8.4.1　设函数 $F(x,y)$ 在点 $P(x_0,y_0)$ 的某一邻域内具有连续的偏导数，且 $F(x_0,y_0)=0$，$F_y(x_0,y_0)\ne 0$，则方程 $F(x,y)=0$ 在点 (x_0,y_0) 的某一邻域内恒能唯一确定一个单值连续且具有连续导数的函数 $y=f(x)$，它满足条件 $y_0=f(x_0)$，并有

$$\dfrac{\mathrm{d}y}{\mathrm{d}x}=-\dfrac{F_x}{F_y}.\qquad(8.4.1)$$

式(8.4.1)为一元隐函数的求导公式．

这个定理我们不加证明．现仅就公式(8.4.1)做如下推导．

将方程 $F(x,y)=0$ 所确定的函数 $y=f(x)$ 代入方程，得恒等式

$$F(x, f(x)) \equiv 0,$$

其左端可以看作 x 的一个复合函数，求这个函数的全导数，由于恒等式两端求导后仍然恒等，即得

$$F_x + F_y \frac{dy}{dx} \equiv 0,$$

由于 F_y 连续，且 $F_y(x_0, y_0) \neq 0$，所以存在 (x_0, y_0) 的一个邻域，在这个邻域内 $F_y \neq 0$，于是得

$$\frac{dy}{dx} = -\frac{F_x}{F_y}.$$

例 8.4.1 已知 x，y 满足 $x^2 - y^2 - 1 = 0$，求 $\dfrac{dy}{dx}$。

解法 1 经验证该方程满足隐函数存在的条件，方程两边对 x 求导，得

$$2x - 2y \frac{dy}{dx} = 0,$$

整理得

$$\frac{dy}{dx} = \frac{x}{y}.$$

微课：例 8.4.1

解法 2 采用公式法

令
$$F(x, y) = x^2 - y^2 - 1,$$
则
$$F_x = 2x, \quad F_y = -2y,$$
由定理 8.4.1 得

$$\frac{dy}{dx} = -\frac{F_x}{F_y} = \frac{x}{y}.$$

例 8.4.2 已知 x，y 满足 $x^2 - 2xy + e^y = 2x$，求 $\dfrac{dy}{dx}\bigg|_{(1,0)}$。

解 令 $F(x, y) = x^2 - 2xy + e^y - 2x$，则
$$F_x = 2x - 2y - 2, \quad F_y = -2x + e^y,$$
由定理 8.4.1 得

$$\frac{dy}{dx} = -\frac{F_x}{F_y} = \frac{2x - 2y - 2}{2x - e^y}.$$

所以
$$\frac{dy}{dx}\bigg|_{(1,0)} = 0.$$

隐函数存在定理还可以推广到多元函数中去，一个三元方程 $F(x, y, z) = 0$ 有可能确定一个二元隐函数。

8.4.2 二元隐函数求导公式

定理 8.4.2 设函数 $F(x, y, z)$ 在点 $P(x_0, y_0, z_0)$ 的某一邻域内具有连续的偏导数，且 $F(x_0, y_0, z_0) = 0$，$F_z(x_0, y_0, z_0) \neq 0$，则方程 $F(x, y, z) = 0$

在点(x_0,y_0,z_0)的某一邻域内恒能唯一确定一个连续且具有连续偏导数的函数$z=f(x,y)$，它满足条件$z_0=f(x_0,y_0)$，并有

$$\frac{\partial z}{\partial x}=-\frac{F_x}{F_z}$$

$$\frac{\partial z}{\partial y}=-\frac{F_y}{F_z}$$

(8.4.2)

式(8.4.2)为二元隐函数求导公式.

下面就该定理做一个简单的推导.

函数$z=f(x,y)$是方程$F(x,y,z)=0$确定的隐函数，代入方程使得方程成为一个恒等式，即

$$F(x,y,f(x,y))\equiv 0,$$

方程两边对x求偏导数，得

$$F_x+F_z\frac{\partial z}{\partial x}\equiv 0,$$

若在(x_0,y_0,z_0)的某邻域内$F_z\neq 0$则$\frac{\partial z}{\partial x}=-\frac{F_x}{F_z}$，同理可得$\frac{\partial z}{\partial y}=-\frac{F_y}{F_z}$.

例8.4.3 已知函数$z=z(x,y)$由$x^2+y^2+z^2-4z=0$所确定，求$\frac{\partial z}{\partial x}$，$\frac{\partial z}{\partial y}$，$\frac{\partial^2 z}{\partial x^2}$.

解 设$F(x,y,z)=x^2+y^2+z^2-4z$，则

$$F_x=2x,\ F_y=2y,\ F_z=2z-4.$$

当$z\neq 2$时，应用定理8.4.2得，

$$\frac{\partial z}{\partial x}=-\frac{F_x}{F_z}=\frac{x}{2-z},$$

$$\frac{\partial z}{\partial y}=-\frac{F_y}{F_z}=\frac{y}{2-z},$$

将$\frac{\partial z}{\partial x}$对$x$求偏导数，得

$$\frac{\partial^2 z}{\partial x^2}=\frac{\partial\left(\frac{x}{2-z}\right)}{\partial x}=\frac{(2-z)+x\frac{\partial z}{\partial x}}{(2-z)^2}=\frac{(2-z)+x\left(\frac{x}{2-z}\right)}{(2-z)^2}=\frac{(2-z)^2+x^2}{(2-z)^3}.$$

8.4.3 同步习题

1. 填空题

(1) 函数$y=f(x)$由方程$\ln\sqrt{x^2+y^2}=\arctan\frac{y}{x}$所确定的，则$\frac{dy}{dx}\Big|_{(1,0)}=$ _____.

(2) 设函数$z=f(x,y)$由方程$x^3+y^3+z^3+xyz=6$所确定，$\frac{\partial z}{\partial x}=$ _____，$\frac{\partial z}{\partial y}=$ _____.

(3) 设$x^2+y^2+2x-2yz=e^z$. $\frac{\partial z}{\partial x}=$ _____，$\frac{\partial z}{\partial y}=$ _____.

(4) 设 $\dfrac{x}{z} = \ln \dfrac{z}{y}$, 则 $\dfrac{\partial z}{\partial x}\Big|_{(0,1,1)} =$ _____, $\dfrac{\partial z}{\partial y}\Big|_{(0,1,1)} =$ _____.

2. 选择题

(1) 设函数 $z = f(x, y)$ 由方程 $e^z - xyz = 0$ 确定, $\dfrac{\partial z}{\partial x} = ($).

A. $\dfrac{yz}{e^z + xy}$ B. $\dfrac{yz}{e^z - xy}$

C. $\dfrac{yz}{xy - e^z}$ D. $\dfrac{yz}{e^z - xz}$

(2) 方程 $\sin y + e^x - xy - 1 = 0$ 在点 $(0,0)$ 某邻域可确定一个可导隐函数 $y = f(x)$, 则 $\dfrac{dy}{dx}$ 与 $\dfrac{d^2 y}{dx^2}$ 在 $x = 0$ 处的值分别为( ).

A. 1, -3   B. -1, -3
C. 1, 3   D. -1, 3

(3) 由方程 $\dfrac{x^2}{a^2} + \dfrac{y^2}{b^2} + \dfrac{z^2}{c^2} = 1$ 所确定的函数 $z = f(x, y)$ 的偏导数( ).

A. $\dfrac{\partial z}{\partial x} = -\dfrac{c^2 x}{a^2 z}, \dfrac{\partial z}{\partial y} = -\dfrac{c^2 y}{b^2 z}$

B. $\dfrac{\partial z}{\partial x} = \dfrac{c^2 x}{a^2 z}, \dfrac{\partial z}{\partial y} = \dfrac{c^2 y}{b^2 z}$

C. $\dfrac{\partial z}{\partial x} = \dfrac{c^2 x}{a^2 z}, \dfrac{\partial z}{\partial y} = -\dfrac{c^2 y}{b^2 z}$

D. $\dfrac{\partial z}{\partial x} = -\dfrac{c^2 x}{a^2 z}, \dfrac{\partial z}{\partial y} = \dfrac{c^2 y}{b^2 z}$

(4) 设函数 $z = f(x, y)$ 由方程 $e^x - xy - z^2 = 0$ 确定, 则 $\dfrac{\partial^2 z}{\partial x^2} = ($).

A. $\dfrac{2z^2 e^x + (e^x - y)^2}{4z^3}$

B. $\dfrac{2z^2 e^x - (e^x - y)^2}{4z^2}$

C. $\dfrac{2z^2 e^x - (e^x - y)^2}{4z^3}$

D. $\dfrac{2z^2 e^x + (e^x - y)^2}{4z^2}$

3. 求下列方程所确定的隐函数的导数或偏导数.

(1) 设 $\ln \sqrt{x^2 + y^2} = \arctan \dfrac{y}{x}$, 求 $\dfrac{dy}{dx}$;

(2) 设 $\dfrac{x}{z} = \ln \dfrac{z}{y}$, 求 $\dfrac{\partial z}{\partial x}$ 及 $\dfrac{\partial z}{\partial y}$;

(3) 设 $e^z - xyz = 0$, 求 $\dfrac{\partial z}{\partial x}$ 及 $\dfrac{\partial z}{\partial y}$.

4. 设 $u = f(x, y, z)$ 具有连续偏导数, $y = y(x)$ 和 $z = z(x)$ 分别由方程 $e^{xy} - y = 0$ 和 $e^z - xz = 0$ 所确定, 求 $\dfrac{du}{dx}$.

8.5 全微分

与一元函数可微的概念类似, 对于多元函数有时需要研究各个自变量都取得增量时, 因变量所获得的增量, 即全增量的问题, 下面以二元函数 $z = f(x, y)$ 为例进行讨论.

引例 如图 8.7 所示一块长为 x, 宽为 y 的长方形金属薄片受温度变化的影响, 其长由 x 变到 $x + \Delta x$, 宽由 y 变到 $y + \Delta y$, 问此薄片面积改变了多少?

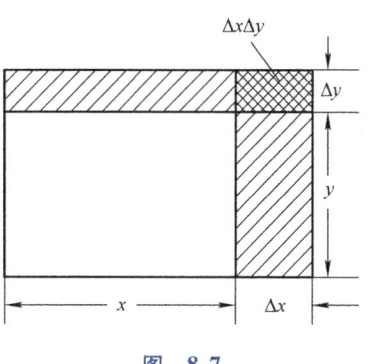

图 8.7

解 记面积的增量为 ΔA,
$$\Delta A = (x + \Delta x)(y + \Delta y) - xy$$
$$= y\Delta x + x\Delta y + \Delta x \Delta y.$$

当 $\Delta x \to 0$, $\Delta y \to 0$ 时, $\Delta x \Delta y$ 是比 $\rho = \sqrt{(\Delta x)^2 + (\Delta y)^2}$ 高阶的无穷小, 计算面积增量时可以忽略不计, 则面积增量可以近似表示为

$$\Delta A \approx y\Delta x + x\Delta y.$$

8.5.1 全微分的定义

定义 8.5.1 对于自变量 x，y 在点 $P(x,y)$ 处的增量 Δx，Δy，如果函数 $z=f(x,y)$ 相应的增量
$$\Delta z = f(x+\Delta x, y+\Delta y) - f(x,y),$$
可以表示为
$$\Delta z = A\Delta x + B\Delta y + o(\rho), \tag{8.5.1}$$
其中 A，B 不依赖于 Δx，Δy 而仅与 x，y 有关，$\rho = \sqrt{(\Delta x)^2 + (\Delta y)^2}$，$o(\rho)$ 表示 $(\Delta x, \Delta y) \to (0,0)$ 时 ρ 的高阶无穷小，则称函数 $z=f(x,y)$ 在点 $P(x,y)$ 可微，称 $A\Delta x + B\Delta y$ 为函数 $z=f(x,y)$ 在点 $P(x,y)$ 的**全微分**，记作 $\mathrm{d}z$，即
$$\mathrm{d}z = A\Delta x + B\Delta y.$$
如果函数在区域 D 内各点处都可微分，那么称该函数在 D 内可微分.

在上一节中曾指出，多元函数在某点的各个偏导数即使都存在，也不能保证函数在该点连续. 但是，如果函数 $z=f(x,y)$ 在点 $P(x,y)$ 可微分，那么函数在该点处必定连续. 由式 (8.5.1) 可得
$$\lim_{\rho \to 0} \Delta z = 0,$$
从而
$$\lim_{\substack{\Delta x \to 0 \\ \Delta y \to 0}} f(x+\Delta x, y+\Delta y) = \lim_{\Delta \rho \to 0}[f(x,y) + \Delta z] = f(x,y).$$
因此函数 $z=f(x,y)$ 在点 $P(x,y)$ 处连续.

下面讨论函数 $z=f(x,y)$ 在点 $P(x,y)$ 可微分的条件.

定理 8.5.1（必要条件） 如果函数 $z=f(x,y)$ 在点 $P(x,y)$ 可微分，则该函数在点 $P(x,y)$ 的偏导数 $\dfrac{\partial z}{\partial x}$，$\dfrac{\partial z}{\partial y}$ 必定存在，且函数 $z=f(x,y)$ 在点 $P(x,y)$ 的全微分为
$$\mathrm{d}z = \frac{\partial z}{\partial x}\Delta x + \frac{\partial z}{\partial y}\Delta y.$$

证 设函数 $z=f(x,y)$ 在点 $P(x,y)$ 可微分. 于是，对于点 P 的某个邻域的任意一点 $P'(x+\Delta x, y+\Delta y)$ 式 (8.5.1) 总成立. 特别地，当 $\Delta y = 0$ 时，式 (8.5.1) 也应成立，这时 $\rho = |\Delta x|$，所以式 (8.5.1) 成为
$$f(x+\Delta x, y) - f(x,y) = A \cdot \Delta x + o(|\Delta x|).$$
上式两边各除以 Δx，再令 $\Delta x \to 0$ 取极限，就得
$$\lim_{\Delta x \to 0} \frac{f(x+\Delta x, y) - f(x,y)}{\Delta x} = A,$$
从而偏导数 $\dfrac{\partial z}{\partial x}$ 存在，且等于 A. 同样可证 $\dfrac{\partial z}{\partial y} = B$. 证毕.

一元函数在某点的导数存在是微分存在的充分必要条件. 但对于多元函数来说, 情形不同. 当函数的各偏导数都存在时, 虽然在形式上能写出 $\frac{\partial z}{\partial x}\Delta x + \frac{\partial z}{\partial y}\Delta y$, 但它与 Δz 之差并不一定是较 ρ 高阶的无穷小, 因此它不一定是函数的全微分. 换句话说, 各偏导数存在只是全微分存在的必要条件而非充分条件.

例如, 函数

$$z = f(x,y) = \begin{cases} \dfrac{xy}{\sqrt{x^2+y^2}}, & x^2+y^2 \neq 0, \\ 0, & x^2+y^2 = 0 \end{cases}$$

在点 $(0,0)$ 处有 $f_x(0,0) = 0$ 及 $f_y(0,0) = 0$, 所以

$$\Delta z - [f_x(0,0) \cdot \Delta x + f_y(0,0) \cdot \Delta y] = \frac{\Delta x \cdot \Delta y}{\sqrt{(\Delta x)^2 + (\Delta y)^2}}.$$

如果考虑点 $P(x+\Delta x, y+\Delta y)$ 沿着直线 $y=x$ 趋于 $(0,0)$, 则

$$\lim_{\substack{\Delta x \to 0 \\ \Delta y \to 0}} \frac{\dfrac{\Delta x \cdot \Delta y}{\sqrt{(\Delta x)^2 + (\Delta y)^2}}}{\rho} = \lim_{\substack{\Delta x \to 0 \\ \Delta y \to 0}} \frac{\Delta x \cdot \Delta y}{(\Delta x)^2 + (\Delta y)^2} = \lim_{\substack{\Delta x \to 0 \\ \Delta y = \Delta x}} \frac{\Delta x \cdot \Delta x}{(\Delta x)^2 + (\Delta x)^2} = \frac{1}{2},$$

这表示 $\rho \to 0$ 时,

$$\Delta z - [f_x(0,0) \cdot \Delta x + f_y(0,0) \cdot \Delta y]$$

并不是比 ρ 高阶的无穷小, 因此函数在点 $(0,0)$ 处的全微分并不存在, 即函数在点 $P(0,0)$ 处是不可微的.

由定理 8.5.1 及这个例子可知, 偏导数存在是可微分的必要条件而不是充分条件. 但是, 如果再假定函数的各个偏导数连续, 则可以证明函数是可微分的, 即有下面定理.

定理 8.5.2 (充分条件) 如果函数 $z = f(x,y)$ 的偏导数 $\frac{\partial z}{\partial x}, \frac{\partial z}{\partial y}$ 在点 $P(x,y)$ 处连续, 则函数在该点可微.

以上关于二元函数全微分的定义及微分的必要条件和充分条件, 可以完全类似地推广到三元及三元以上的多元函数.

习惯上, 我们将自变量的增量 Δx, Δy 分别记作 $\mathrm{d}x$, $\mathrm{d}y$, 并分别称为自变量 x, y 的微分. 这样, 函数 $z = f(x,y)$ 的全微分就可以写为

$$\mathrm{d}z = \frac{\partial z}{\partial x}\mathrm{d}x + \frac{\partial z}{\partial y}\mathrm{d}y.$$

通常我们把二元函数的全微分等于它的两个偏微分之和称为二元函数的微分符合**叠加原理**.

叠加原理也适用于二元以上的函数的情形. 例如, 若三元函数 $u = f(x,y,z)$ 可微分, 那么它的全微分就等于它的三个偏微分之和, 即

$$\mathrm{d}u = \frac{\partial u}{\partial x}\mathrm{d}x + \frac{\partial u}{\partial y}\mathrm{d}y + \frac{\partial u}{\partial z}\mathrm{d}z.$$

例 8.5.1 计算函数 $z = x^2 + e^x + y^2 - 2y + 1$ 的全微分.

解 由于

$$\frac{\partial z}{\partial x} = 2x + e^x, \frac{\partial z}{\partial y} = 2y - 2 = 2(y - 1),$$

故

$$dz = \frac{\partial z}{\partial x}dx + \frac{\partial z}{\partial y}dy = (2x + e^x)dx + 2(y - 1)dy.$$

微课：例 8.5.1

例 8.5.2 计算函数 $u = xy + \sin\dfrac{y}{2} + e^{yz}$ 的全微分.

解 由于

$$\frac{\partial u}{\partial x} = y, \frac{\partial u}{\partial y} = x + \frac{1}{2}\cos\frac{y}{2} + ze^{yz}, \frac{\partial u}{\partial z} = ye^{yz},$$

故

$$\begin{aligned} du &= \frac{\partial u}{\partial x}dx + \frac{\partial u}{\partial y}dy + \frac{\partial u}{\partial z}dz \\ &= ydx + \left(x + \frac{1}{2}\cos\frac{y}{2} + ze^{yz}\right)dy + ye^{yz}dz. \end{aligned}$$

例 8.5.3 计算函数 $z = xy + e^{xy}$ 在点 $(2,1)$ 处的全微分.

解 由于

$$\frac{\partial z}{\partial x} = y(1 + e^{xy}), \frac{\partial z}{\partial y} = x(1 + e^{xy}),$$

$$\left.\frac{\partial z}{\partial x}\right|_{(2,1)} = 1 + e^2, \left.\frac{\partial z}{\partial y}\right|_{(2,1)} = 2(1 + e^2),$$

故

$$dz\big|_{(2,1)} = (1 + e^2)dx + 2(1 + e^2)dy.$$

*8.5.2 全微分在近似计算中的应用

二元函数 $z = f(x,y)$ 在点 (x,y) 处可微，由全微分的定义

$$\Delta z = \frac{\partial u}{\partial x}\Delta x + \frac{\partial u}{\partial y}\Delta y + o(\rho),$$

可知当 $|\Delta x|$ 及 $|\Delta y|$ 都较小时，有近似等式

$$\Delta z \approx dz = \frac{\partial z}{\partial x}\Delta x + \frac{\partial z}{\partial y}\Delta y.$$

因为 $\Delta z = f(x + \Delta x, y + \Delta y) - f(x,y)$，故有

$$f(x + \Delta x, y + \Delta y) \approx f(x,y) + \frac{\partial z}{\partial x}\Delta x + \frac{\partial z}{\partial y}\Delta y.$$

例 8.5.4 计算 $1.04^{2.02}$ 的近似值.

解 设 $f(x,y) = x^y$，则有
$$\frac{\partial z}{\partial x} = yx^{y-1}, \frac{\partial z}{\partial y} = x^y \ln x.$$

取
$$x = 1, y = 2, \Delta x = 0.04, \Delta y = 0.02,$$

则
$$\begin{aligned}
1.04^{2.02} &= f(1.04, 2.02) \\
&\approx f(1,2) + \frac{\partial z}{\partial x}\bigg|_{(1,2)} \cdot \Delta x + \frac{\partial z}{\partial y}\bigg|_{(1,2)} \cdot \Delta y \\
&= 1 + 2 \times 0.04 + 0 \times 0.02 = 1.08.
\end{aligned}$$

8.5.3 全微分形式的不变性

与一元函数相同，多元函数的一阶全微分形式也具有不变性，下面以二元函数为例来说明.

设二元函数 $z = f(u,v)$ 可微，若 u，v 为自变量，则其全微分为
$$dz = \frac{\partial z}{\partial u} du + \frac{\partial z}{\partial v} dv.$$

当 u，v 是中间变量时，设 $u = u(x,y)$，$v = v(x,y)$，则复合函数 $z = f[u(x,y), v(x,y)]$ 的全微分可以表示为
$$\begin{aligned}
dz &= \frac{\partial z}{\partial x} dx + \frac{\partial z}{\partial y} dy \\
&= \left(\frac{\partial z}{\partial u}\frac{\partial u}{\partial x} + \frac{\partial z}{\partial v}\frac{\partial v}{\partial x}\right) dx + \left(\frac{\partial z}{\partial u}\frac{\partial u}{\partial y} + \frac{\partial z}{\partial v}\frac{\partial v}{\partial y}\right) dy \\
&= \frac{\partial z}{\partial u}\left(\frac{\partial u}{\partial x} dx + \frac{\partial u}{\partial y} dy\right) + \frac{\partial z}{\partial v}\left(\frac{\partial v}{\partial x} dx + \frac{\partial v}{\partial y} dy\right) \\
&= \frac{\partial z}{\partial u} du + \frac{\partial z}{\partial v} dv.
\end{aligned}$$

可见，无论 u，v 是自变量还是中间变量，它的全微分形式是一样的，这种性质叫作**微分形式的不变性**. 掌握这一规律对求初等函数的偏导数和全微分会带来很大的方便.

例 8.5.5 求二元函数 $z = (x-y)e^{xy}$ 的全微分与偏导数.

解 由微分运算法则可得
$$\begin{aligned}
dz &= (x-y) de^{xy} + e^{xy} d(x-y) \\
&= (x-y) e^{xy} (x dy + y dx) + e^{xy} (dx - dy) \\
&= e^{xy}(1 + xy - y^2) dx + e^{xy}(x^2 - xy - 1) dy.
\end{aligned}$$

由此可得
$$\frac{\partial z}{\partial x} = e^{xy}(1 + xy - y^2), \frac{\partial z}{\partial y} = e^{xy}(x^2 - xy - 1).$$

例 8.5.6 求二元函数 $z = x^2\ln(x-2y)$ 的全微分与偏导数.

解 由微分运算法则可得

$$\begin{aligned}
\mathrm{d}z &= x^2\mathrm{d}\ln(x-2y) + \ln(x-2y)\mathrm{d}(x^2) \\
&= x^2\frac{\mathrm{d}(x-2y)}{x-2y} + 2x\ln(x-2y)\mathrm{d}x \\
&= x^2\frac{\mathrm{d}x-2\mathrm{d}y}{x-2y} + 2x\ln(x-2y)\mathrm{d}x \\
&= \left[\frac{x^2}{x-2y} + 2x\ln(x-2y)\right]\mathrm{d}x - \frac{2x^2}{x-2y}\mathrm{d}y,
\end{aligned}$$

由此可得

$$\frac{\partial z}{\partial x} = \frac{x^2}{x-2y} + 2x\ln(x-2y), \frac{\partial z}{\partial y} = -\frac{2x^2}{x-2y}.$$

8.5.4 同步习题

1. 填空题

(1) 函数 $z = \mathrm{e}^{xy}$ 的全微分是_____.

(2) 函数 $u = xy + yz + zx$ 的全微分是_____.

(3) 函数 $z = \ln(x^2 + y^2)$ 的全微分是_____.

(4) 函数 $u = \sqrt{x^2 + y^2 + z^2}$ 在点 $(1,1,0)$ 处的全微分是_____.

(5) 函数 $u = \mathrm{e}^{xy+z}$ 的全微分是_____.

(6) 函数 $z = \arctan(xy)$ 的全微分是_____.

2. 选择题

(1) 函数 $z = z(x,y)$ 由方程 $yz = \arctan(xz)$ 确定的, 则 $\mathrm{d}z = (\quad)$.

A. $\mathrm{d}z = \dfrac{z}{y(1+x^2z^2)-x}\mathrm{d}x + \dfrac{z(1+x^2z^2)}{y(1+x^2z^2)-x}\mathrm{d}y$

B. $\mathrm{d}z = \dfrac{z}{y(1+x^2z^2)-x}\mathrm{d}x - \dfrac{z(1+x^2z^2)}{y(1+x^2z^2)-x}\mathrm{d}y$

C. $\mathrm{d}z = \dfrac{z}{y(1+x^2z^2)-x}\mathrm{d}x - \dfrac{z(1-x^2z^2)}{y(1+x^2z^2)-x}\mathrm{d}y$

D. $\mathrm{d}z = \dfrac{z}{y(1-x^2z^2)-x}\mathrm{d}x - \dfrac{z(1+x^2z^2)}{y(1-x^2z^2)-x}\mathrm{d}y$

(2) 函数 $z = z(x,y)$ 由方程 $xyz = \mathrm{e}^z$ 所确定的, 则 $\mathrm{d}z = (\quad)$.

A. $\mathrm{d}z = \dfrac{yz}{\mathrm{e}^z - xy}\mathrm{d}x + \dfrac{xz}{\mathrm{e}^z - xy}\mathrm{d}y$

B. $\mathrm{d}z = \dfrac{yz}{\mathrm{e}^z - xy}\mathrm{d}x - \dfrac{xz}{\mathrm{e}^z - xy}\mathrm{d}y$

C. $\mathrm{d}z = \dfrac{yz}{\mathrm{e}^z + xy}\mathrm{d}x + \dfrac{xz}{\mathrm{e}^z + xy}\mathrm{d}y$

D. $\mathrm{d}z = \dfrac{yz}{\mathrm{e}^z + xy}\mathrm{d}x - \dfrac{xz}{\mathrm{e}^z + xy}\mathrm{d}y$

(3) 函数 $z = z(x,y)$ 由方程 $\cos^2 x + \cos^2 y + \cos^2 z = 1$ 所确定的, 则 $\mathrm{d}z = (\quad)$.

A. $\mathrm{d}x - \mathrm{d}y$

B. $\dfrac{\sin 2x}{\sin 2z}\mathrm{d}x + \dfrac{\sin 2y}{\sin 2z}\mathrm{d}y$

C. $\mathrm{d}x + \mathrm{d}y$

D. $-\dfrac{\sin 2x}{\sin 2z}\mathrm{d}x - \dfrac{\sin 2y}{\sin 2z}\mathrm{d}y$

(4) 函数 $z = z(x,y)$ 由方程 $x + y + z = \mathrm{e}^{-(x+y+z)}$ 所确定的, 则 $\mathrm{d}z = (\quad)$.

A. $\mathrm{d}x - \mathrm{d}y$ B. $-\mathrm{d}x - \mathrm{d}y$

C. $\mathrm{d}x + \mathrm{d}y$ D. $-\mathrm{d}x + \mathrm{d}y$

3. 计算题

(1) 设二元函数 $z = (x^2 + y^2)\mathrm{e}^{-\arctan\frac{y}{x}}$, 求 $\mathrm{d}z$.

(2) 若函数 $z = z(x,y)$ 由方程 $\mathrm{e}^{x+2y+3z} + xyz = 1$ 所确定的, 求 $\mathrm{d}z|_{(0,0)}$.

(3) 设函数 $f(u,v)$ 可微, $z = z(x,y)$ 由方程 $(x+1)z - y^2 = x^2 f(x-z, y)$ 确定, 求 $\mathrm{d}z|_{(0,1)}$.

4. 判断 $f(x,y) = \begin{cases} \dfrac{2xy^3}{x^2+y^4}, & x^2+y^2 \neq 0, \\ 0, & x^2+y^2 = 0 \end{cases}$ 在 $(0,0)$ 点处的可微性.

8.6 二元函数的极值与最值

8.6.1 二元函数的极值和最值

在实际问题中，往往会遇到多元函数的最大值和最小值问题．与一元函数类似，多元函数的最大值、最小值与极大值、极小值有着密切的联系，我们以二元函数为例，先来讨论多元函数的极值问题．

定义 8.6.1 设函数 $z=f(x,y)$ 在点 (x_0,y_0) 的某个邻域内有定义，对于该邻域内异于 (x_0,y_0) 的点，如果都有
$$f(x,y)<f(x_0,y_0),$$
则称函数 $f(x,y)$ 在点 (x_0,y_0) 处取得**极大值** $f(x_0,y_0)$．如果都有
$$f(x,y)>f(x_0,y_0),$$
则称函数 $f(x,y)$ 在点 (x_0,y_0) 处取得**极小值** $f(x_0,y_0)$．极大值、极小值统称为**极值**．使函数取得极值的点称为**极值点**．

例 8.6.1 函数 $z=x^2+y^2$ 在点 $(0,0)$ 处取得极小值．因为函数在点 $(0,0)$ 的函数值为 0，对于点 $(0,0)$ 的任一邻域内异于 $(0,0)$ 的点，其函数值都大于 0，故点 $(0,0)$ 是函数的极小值点．点 $(0,0,0)$ 是开口朝上的旋转抛物面 $z=x^2+y^2$ 的顶点．

例 8.6.2 函数 $z=-\sqrt{x^2+y^2}$ 在点 $(0,0)$ 处有极大值．因为在点 $(0,0)$ 处函数值为 0，而对于点 $(0,0)$ 的任一邻域内异于 $(0,0)$ 的点，其函数值都小于 0，点 $(0,0,0)$ 是位于 xOy 平面下方的锥面 $z=-\sqrt{x^2+y^2}$ 的顶点．

例 8.6.3 函数 $z=xy$ 在点 $(0,0)$ 处既取不到极大值也取不到极小值．因为在点 $(0,0)$ 处的函数值为零，而在点 $(0,0)$ 的任一邻域内，总有使函数值大于 0 的点，也有使函数值小于 0 的点．

以上关于二元函数的极值概念，可推广到 n 元函数．设 n 元函数 $u=f(P)$ 在点 P_0 的某一邻域内有定义，如果对于该邻域内所有异于 P_0 的点都有
$$f(P)<f(P_0)(f(P)>f(P_0)),$$
则称函数 $f(P)$ 在点 P_0 处取得**极大值**（或**极小值**）$f(P_0)$．

二元函数的极值问题，一般可以利用偏导数来解决．下面两个定理提供这个问题的解决办法．

定理 8.6.1（必要条件） 设函数 $z=f(x,y)$ 在点 (x_0,y_0) 具有偏导数，且在点 (x_0,y_0) 处取得极值，则它在该点的偏导数必然为零，即有
$$f_x(x_0,y_0)=0, f_y(x_0,y_0)=0.$$

证 不妨设 $z=f(x,y)$ 在点 (x_0,y_0) 处取得极大值. 按照极大值的定义, 在点 (x_0,y_0) 的某邻域内异于 (x_0,y_0) 的点都有
$$f(x,y)<f(x_0,y_0).$$
特殊地, 在该邻域内取 $y=y_0$, 而 $x\neq x_0$ 的点, 也应有
$$f(x,y_0)<f(x_0,y_0).$$
这表明一元函数 $f(x,y_0)$ 在 $x=x_0$ 处取得极大值, 若在该点导数存在, 则必有
$$f_x(x_0,y_0)=0.$$
类似地, 可证
$$f_y(x_0,y_0)=0.$$
如果三元函数 $u=f(x,y,z)$ 在点 (x_0,y_0,z_0) 具有偏导数, 则它在点 (x_0,y_0,z_0) 具有极值的必要条件为
$$f_x(x_0,y_0,z_0)=0, f_y(x_0,y_0,z_0)=0, f_z(x_0,y_0,z_0)=0.$$
与一元函数类似, 凡是能使 $f_x(x,y)=0, f_y(x,y)=0$ 同时成立的点 (x_0,y_0) 称为函数 $z=f(x,y)$ 的驻点, 由定理 8.6.1 可知, 具有偏导数的函数的极值点必定是驻点. 但是函数的驻点不一定是极值点, 例如, 点 $(0,0)$ 是函数 $z=xy$ 的驻点, 但该点并不是函数的极值点.

怎样判定一个驻点是否是极值点呢?

定理 8.6.2(充分条件) 设函数 $z=f(x,y)$ 在点 (x_0,y_0) 的某邻域内连续且具有一阶及二阶连续偏导数, 又
$$f_x(x_0,y_0)=0, f_y(x_0,y_0)=0,$$
令
$$f_{xx}(x_0,y_0)=A, f_{xy}(x_0,y_0)=B, f_{yy}(x_0,y_0)=C,$$
则 $f(x,y)$ 在 (x_0,y_0) 处是否取得极值的条件如下:

(1) $AC-B^2>0$ 时, 具有极值, 且当 $A<0$ 时, 函数在点 (x_0,y_0) 取得极大值, 当 $A>0$ 时, 取得极小值;

(2) $AC-B^2<0$ 时, 取不到极值;

(3) $AC-B^2=0$ 时, 可能取到极值, 也可能取不到极值, 还需另做讨论.

利用定理 8.6.1 和定理 8.6.2, 具有二阶连续偏导数的函数 $z=f(x,y)$ 的极值的求解步骤如下:

第一步 解方程组
$$\begin{cases} f_x(x,y)=0, \\ f_y(x,y)=0. \end{cases}$$
求得一切实数解, 即得到全部驻点.

第二步 对于每一个驻点 (x_0,y_0), 求出二阶偏导数的值 A, B 和 C.

第三步 确定 $AC-B^2$ 的符号, 按定理 8.6.2 的结论判定 (x_0,y_0) 是否是极值点, 是极大值点还是极小值点, 若是极值点, 将点的坐标代入函数

中，求出函数的极值.

例 8.6.4 求函数 $f(x,y) = -x^4 - y^4 + 4xy - 1$ 的极值.

解 先解方程组
$$\begin{cases} f_x(x,y) = -4x^3 + 4y = 0, \\ f_y(x,y) = -4y^3 + 4x = 0. \end{cases}$$

求得驻点为 $(0,0), (1,1), (-1,-1)$.

再求出函数的二阶偏导数
$$f_{xx}(x,y) = -12x^2, f_{xy}(x,y) = 4, f_{yy}(x,y) = -12y^2.$$

在点 $(0,0)$ 处，$AC - B^2 = -16 < 0$，所以函数在 $(0,0)$ 处取不到极值；

在点 $(1,1)$ 处，$AC - B^2 = 128 > 0$，$A = -12 < 0$，所以函数在点 $(1,1)$ 处取得极大值，$f(1,1) = 1$；

在点 $(-1,-1)$ 处，$AC - B^2 = 128 > 0$，$A = -12 < 0$，所以函数在点 $(-1,-1)$ 处也取得极大值 $f(-1,-1) = 1$.

例 8.6.5 求函数 $f(x,y) = 2y^2 - x(x-1)^2$ 的极值.

解 先解方程组
$$\begin{cases} f_x(x,y) = -(x-1)(3x-1) = 0, \\ f_y(x,y) = 4y = 0. \end{cases}$$

求得驻点为 $(1,0), \left(\dfrac{1}{3}, 0\right)$.

再求出函数的二阶偏导数
$$f_{xx}(x,y) = -6x + 4, f_{xy}(x,y) = 0, f_{yy}(x,y) = 4.$$

在点 $(1,0)$ 处，$AC - B^2 = -8 < 0$，所以 $(0,0)$ 不是函数的极值点；

在点 $\left(\dfrac{1}{3}, 0\right)$ 处，$AC - B^2 = 8 > 0$，$A = 2 > 0$，所以 $\left(\dfrac{1}{3}, 0\right)$ 是函数的极小值点，函数的极小值为 $f\left(\dfrac{1}{3}, 0\right) = -\dfrac{4}{27}$.

微课：例 8.6.5

例 8.6.6 求由方程 $x^2 + y^2 + z^2 - 2x = 0$ 所确定的函数 $z = f(x,y)$ 的极值.

解 将方程两边分别对 x, y 求偏导，得
$$\begin{cases} 2x + 2z \cdot z_x - 2 = 0, \\ 2y + 2z \cdot z_y = 0. \end{cases}$$

令
$$\begin{cases} z_x = 0, \\ z_y = 0, \end{cases}$$

解得唯一驻点 $(1,0)$.

将上面的方程组再分别对 x, y 求偏导数，得
$$\begin{cases} 2 + 2(z_x)^2 + 2z \cdot z_{xx} = 0, \\ 2 + 2(z_y)^2 + 2z \cdot z_{yy} = 0, \\ 2z_x \cdot z_y + 2z \cdot z_{xy} = 0, \end{cases}$$

由于 $z_x = 0$, $z_y = 0$, 当 $x = 1$, $y = 0$ 时 $z = \pm 1$, 由上面方程组解得,
$$A = z_{xx} = -\frac{1}{z}, B = z_{xy} = 0, C = z_{yy} = -\frac{1}{z},$$
故 $AC - B^2 = \frac{1}{z^2} > 0$, 因此函数在 $(1, 0)$ 点取得极值,

当 $z = 1$ 时, $A = -1 < 0$, $z = f(1, 0) = 1$ 为极大值;
当 $z = -1$ 时, $A = 1 > 0$, $z = f(1, 0) = -1$ 为极小值.
此题也可用配方法求解, 请同学们自行练习.

讨论函数的极值问题时, 如果函数在所讨论的区域内的任意点处都具有偏导数, 则由定理 8.6.1 可知, 极值只可能在驻点处取得. 然而, 如果函数在个别点处的偏导数不存在, 这些点也可能是极值点. 例如函数 $z = -\sqrt{x^2 + y^2}$ 在点 $(0, 0)$ 处的偏导数不存在, 但该函数在点 $(0, 0)$ 处却具有极大值. 因此, 在考虑函数的极值问题时, 除了函数的驻点外, 偏导数不存在的点也要考虑.

我们可以利用函数的极值来求函数的最大值和最小值. 在 8.1 节中已经指出, 如果 $f(x, y)$ 在有界闭区域 D 上连续, 则 $f(x, y)$ 在 D 上必定能取得最大值和最小值. 这种使函数取得最大值或最小值的点既可能在 D 的内部, 也可能在 D 的边界上. 我们假定, 函数在 D 上连续, 在 D 内可微分且只有有限个驻点, 这时如果函数在 D 的内部取得最大值(最小值), 那么这个最大值(最小值)也是函数的极大值(极小值). 因此, 在上述假定下, 求函数的最大值和最小值的一般方法是: 将函数 $f(x, y)$ 在 D 内的所有驻点处的函数值及在 D 的边界上的最大值和最小值相互比较, 其中最大的就是最大值, 最小的就是最小值.

例 8.6.7 某公司在生产中使用甲、乙两种原料, 已知甲和乙两种原料分别使用 x 单位和 y 单位可生产 Q 单位的产品, 且
$$Q = Q(x, y) = 10xy + 20.2x + 30.3y - 10x^2 - 5y^2,$$
已知甲原料单价为 20 元每单位, 乙原料单价为 30 元每单位, 产品每单位售价为 100 元, 产品固定成本为 1000 元, 求该公司的最大利润.

解 用 L 表示该公司的利润, 则
$$\begin{aligned} L &= L(x, y) = 100Q(x, y) - (20x + 30y + 1000) \\ &= 1000xy + 2000x + 3000y - 1000x^2 - 500y^2 - 1000, x > 0, y > 0 \end{aligned}$$

令
$$\begin{cases} L_x = 1000y + 2000 - 2000x = 0, \\ L_y = 1000x + 3000 - 1000y = 0, \end{cases}$$

解此方程组, 得唯一驻点 $(5, 8)$. 由于
$$A = L_{xx}(5, 8) = -2000, B = L_{xy}(5, 8) = 1000, C = L_{yy}(5, 8) = -1000,$$
$$AC - B^2 = 1000000 > 0, A = -2000 < 0.$$

因此 $L(x, y)$ 在 $(5, 8)$ 点处取得极大值 $L(5, 8) = 16000$, 从而是最大值, 即该公司的最大利润为 16000 元.

8.6.2 条件极值

上面所讨论的极值问题,对于函数的自变量,除了限制在函数的定义域内以外,并无其他条件,所以有时称为**无条件极值**. 但在实际问题中,有时会遇到对函数的自变量有附加条件的极值问题. 例如,表面积为 a^2 而体积为最大的长方体的体积问题. 设长方体的三条棱长为 x, y, z, 则体积 $V = xyz$. 又因假定表面积为 a^2, 所以自变量 x, y, z 还必须满足附加条件 $2(xy + yz + xz) = a^2$. 像这种对自变量有附加条件的极值称为**条件极值**. 对于有些实际问题,可以把条件极值化为无条件极值来解决问题. 例如上述问题可由条件 $2(xy + yz + xz) = a^2$, 将 z 表示成 x, y 的函数

$$z = \frac{a^2 - 2xy}{2(x+y)}.$$

再把它代入 $V = xyz$ 中,于是问题就化为求

$$V = \frac{xy(a^2 - 2xy)}{2(x+y)}$$

的无条件极值.

但在很多情形下,将条件极值化为无条件极值并非这么简单. 我们另有一种直接寻求条件极值的方法,不必先把问题化为无条件极值问题,即**拉格朗日乘数法**. 现在我们来寻求函数 $z = f(x,y)$ 在条件 $\varphi(x,y) = 0$ 下取得极值的必要条件.

如果函数 $z = f(x,y)$ 在点 (x_0, y_0) 取得所求的极值,那么首先有 $\varphi(x_0, y_0) = 0$. 我们假定在 (x_0, y_0) 的某一邻域内 $f(x,y)$ 与 $\varphi(x,y)$ 均有连续的一阶偏导数,而 $\varphi_y(x_0, y_0) \neq 0$. 由隐函数存在定理可知,方程 $\varphi(x,y) = 0$ 确定一个连续且具有连续导数的函数 $y = \psi(x)$, 将其代入 $z = f(x,y)$ 中,结果得到一个变量为 x 的函数

$$z = f[x, \psi(x)],$$

于是函数 $z = f(x,y)$ 在 (x_0, y_0) 取得所求的极值,也就是相当于函数 $z = f[x, \psi(x)]$ 在 $x = x_0$ 取得极值. 由一元可导函数取得极值的必要条件知道,

$$\frac{\mathrm{d}z}{\mathrm{d}x}\bigg|_{x=x_0} = f_x(x_0, y_0) + f_y(x_0, y_0) \frac{\mathrm{d}y}{\mathrm{d}x}\bigg|_{x=x_0} = 0. \qquad (8.6.1)$$

而由 $\varphi(x,y) = 0$, 用隐函数求导公式,有

$$\frac{\mathrm{d}y}{\mathrm{d}x}\bigg|_{x=x_0} = -\frac{\varphi_x(x_0, y_0)}{\varphi_y(x_0, y_0)}. \qquad (8.6.2)$$

把式(8.6.2)代入式(8.6.1), 得

$$f_x(x_0, y_0) - f_y(x_0, y_0) \frac{\varphi_x(x_0, y_0)}{\varphi_y(x_0, y_0)} = 0. \qquad (8.6.3)$$

设 $\dfrac{f_y(x_0, y_0)}{\varphi_y(x_0, y_0)} = -\lambda$, 式(8.6.3)结合约束条件就变为方程组

$$\begin{cases} f_x(x_0, y_0) + \lambda \varphi_x(x_0, y_0) = 0, \\ f_y(x_0, y_0) + \lambda \varphi_y(x_0, y_0) = 0, \\ \varphi(x_0, y_0) = 0. \end{cases} \qquad (8.6.4)$$

容易看出，式(8.6.4)中的前两式的左端正是函数
$$L(x,y) = f(x,y) + \lambda\varphi(x,y) \tag{8.6.5}$$
的两个一阶偏导数在(x_0, y_0)的值，其中λ是一个待定常数. 我们称该函数为**拉格朗日函数**，参数λ称为**拉格朗日乘子**.

由以上讨论，我们得到以下的方法.

拉格朗日乘数法 求函数$z = f(x,y)$在附加条件$\varphi(x,y) = 0$下的可能极值点，可以先构造拉格朗日函数
$$L(x,y) = f(x,y) + \lambda\varphi(x,y),$$
其中λ为某一常数，求函数对x与y的一阶偏导数，并使之为零，然后与方程$\varphi(x,y) = 0$联立有
$$\begin{cases} f_x(x,y) + \lambda\varphi_x(x,y) = 0, \\ f_y(x,y) + \lambda\varphi_y(x,y) = 0, \\ \varphi(x,y) = 0. \end{cases} \tag{8.6.6}$$

由方程组(8.6.6)解出x, y及λ，则其中x, y就是函数$f(x,y)$在附加条件$\varphi(x,y) = 0$下的可能极值点.

此方法还可以推广到自变量多于两个，约束条件多于一个的情形. 例如，要求函数
$$u = f(x,y,z,t)$$
在附加条件
$$\varphi(x,y,z,t) = 0, \psi(x,y,z,t) = 0 \tag{8.6.7}$$
下的极值，可以先构造辅助函数
$$L(x,y,z,t) = f(x,y,z,t) + \lambda_1\varphi(x,y,z,t) + \lambda_2\psi(x,y,z,t),$$
其中λ_1, λ_2均为常数，求其对各个自变量的一阶偏导数，并令之为零，然后与附加条件(8.6.7)中的两个方程联立起来求解，这样得出的(x,y,z,t)就是函数$f(x,y,z,t)$在附加条件(8.6.7)下的可能极值点的坐标.

至于如何确定所求得的点是否为极值点，在实际问题中往往可根据问题本身的性质来判定.

例 8.6.8 求表面积为a^2且体积最大的长方体的体积.

解 设长方体的三条棱长为x, y, z，则问题转化为在约束条件
$$2xy + 2yz + 2xz = a^2$$
下，求函数
$$V(x,y,z) = xyz, x > 0, y > 0, z > 0$$
的最大值.

记$\varphi(x,y,z) = 2xy + 2yz + 2xz - a^2$，构造辅助函数
$$F(x,y,z) = V(x,y,z) + \lambda\varphi(x,y,z)$$
$$= xyz + \lambda(2xy + 2yz + 2xz - a^2),$$

求其对x, y, z, λ的偏导数，并使之为零，得到方程组

$$\begin{cases} yz + 2\lambda(y+z) = 0, \\ xz + 2\lambda(x+z) = 0, \\ xy + 2\lambda(y+x) = 0, \\ 2xy + 2yz + 2xz - a^2 = 0, \end{cases}$$

因 x, y, z 都不等于零, 所以解方程组可得

$$x = y = z = \frac{\sqrt{6}}{6}a.$$

这是唯一可能的极值点. 由问题本身可知最大值一定存在, 所以最大值就在这个可能的极值点处取得. 也就是说, 表面积为 a^2 的长方体中, 以棱长为 $\frac{\sqrt{6}}{6}a$ 的正方体的体积最大, 最大体积 $V = \frac{\sqrt{6}}{36}a^3$.

例 8.6.9 设某工厂生产某产品的数量 S 与所用的两种原料 A, B 的数量 x, y 间有关系式 $S(x,y) = 0.005x^2y$. 现用 150 万元购置原料, 已知 A, B 原料每吨单价分别为 1 万元和 2 万元, 问怎样购进两种原料, 才能使生产的数量最多?

解 依题意, 可归结为求函数 $S(x,y) = 0.005x^2y$ 在约束条件 $x + 2y = 150$ 下的最大值, 故可用拉格朗日乘数法求解.

构造拉格朗日函数

$$L(x,y,\lambda) = 0.005x^2y + \lambda(x+2y-150), x>0, y>0,$$

求该函数对各个变量的一阶偏导数, 并令其等于零, 得方程组:

$$\begin{cases} L_x = 0.01xy + \lambda = 0, \\ L_y = 0.005x^2 + 2\lambda = 0, \\ L_\lambda = x + 2y - 150 = 0. \end{cases}$$

解此方程组得 $\lambda = -25$, $x = 100$, $y = 25$.

即 $(100,25)$ 是目标函数 $S(x,y) = 0.005x^2y$ 在定义域 $D = \{(x,y) | x>0, y>0\}$ 内的唯一可能极值点, 而由该问题本身可知产量的最大值是存在的, 因此驻点 $(100,25)$ 是函数 $S(x,y)$ 的最大值点, 最大值为 $S(100,25) = 0.005 \times 100^2 \times 25 = 1250$ 吨, 即购进 A 原料 100 吨, B 原料 25 吨时, 可使生产量达到最大值 1250 吨.

8.6.3 同步习题

1. 填空题

(1) 二元函数 $z = 6 - x^2 - y^2$ 的极大值是 _____.

(2) 二元函数 $z = x^2 + y^2 - 2x + 1$ 在点 _____ 取得极小值.

(3) 二元函数 $z = xy(3-x-y)$ 的极值点是 _____.

(4) 若函数 $z = 2x^2 + 2y^2 + 3xy + ax + by + c$ 在 $(-2,3)$ 处取得极小值 -3, 则常数 a, b, c 的乘积 $abc = $ _____.

2. 选择题

(1) 设可微函数 $f(x,y)$ 在 (x_0, y_0) 取得极小值,

则下列结论正确的是( ).

A. $f(x_0,y)$ 在 $y=y_0$ 处的导数等于零
B. $f(x_0,y)$ 在 $y=y_0$ 处的导数大于零
C. $f(x_0,y)$ 在 $y=y_0$ 处的导数小于零
D. $f(x_0,y)$ 在 $y=y_0$ 处的导数不存在

(2) 二元函数 $z=x^3+y^3-3x^2-3y^2$ 的极小值点是( ).

A. $(0,0)$ B. $(2,2)$
C. $(0,2)$ D. $(2,0)$

(3) 设函数 $z=1-\sqrt{x^2+y^2}$，则点 $(0,0)$ 是函数 z 的( ).

A. 极小值点且是最小值点
B. 极大值点且是最大值点
C. 极小值点但非最小值点
D. 极大值点且非最大值点

3. 判断题，正确的在括号里画"√"，错误的在括号里画"×".

(1) 二元函数 $z=xy$ 在 $(0,0)$ 点处取得极小值. ( )

(2) 二元函数 $z=\dfrac{xy}{x^2+y^2+1}$ 在 $(0,0)$ 点取得极大值. ( )

(3) 若二元函数 $z=f(x,y)$ 在 (x_0,y_0) 处取得极值，则函数在该点处的两个偏导数等于零. ( )

4. 求下列函数的极值.

(1) $f(x,y)=y^3-x^2+6x-12y+5$；
(2) $f(x,y)=(a-x-y)xy, a\neq 0$；
(3) $f(x,y)=(6x-x^2)(4y-y^2)$；
(4) $f(x,y)=e^{2x}(x+y^2+2y)$.

5. 求表面积为 $12m^2$ 的无盖长方形水箱的最大容积.

6. 某工厂生产两种产品 I 与 II，出售单价分别为 10 元与 9 元，生产 x 单位的产品 I 和生产 y 单位的产品 II 的总费用是

$$f(x,y)=400+2x+3y+0.01(3x^2+xy+3y^2),$$

求取得最大利润时，两种产品的产量各为多少？

8.7 二重积分的概念与性质

与定积分类似，二重积分的概念也是从实践中抽象出来的，它是定积分的推广，其中的数学思想是一样的，也是一种"和的极限". 二者的不同之处是二重积分的被积函数是二元函数而不是一元函数，二重积分的积分区域是平面区域而不是闭区间. 但它们又存在着联系，即二重积分可以通过定积分来计算. 本章将讨论二重积分的定义、性质、计算及应用.

8.7.1 二重积分的概念

1. 引例

引例 1 曲顶柱体的体积

设有一个柱体，它的底是 xOy 平面上的闭区域 D，它的侧面是以 D 的边界曲线为准线，且母线平行于 z 轴的柱面，它的顶是曲面 $z=f(x,y)$，设 $f(x,y)\geqslant 0$ 为 D 上的连续函数. 我们称这个柱体为曲顶柱体(见图 8.8). 现在来求这个曲顶柱体的体积 V.

(1) 分割

用两组曲线把区域 D 任意分割成 n 个小块，$\Delta\sigma_1,\Delta\sigma_2,\cdots,\Delta\sigma_n$，其中 $\Delta\sigma_i$ 既表示第 i 个小块，也表示第 i 个小块的面积(见图 8.8).

(2) 近似替代

记 d_i 为 $\Delta\sigma_i$ 的直径(即 d_i 表示 $\Delta\sigma_i$ 中任意两点间距离的最大值)，在 $\Delta\sigma_i$ 中任取一点 (ξ_i,η_i)，以 $f(\xi_i,\eta_i)$ 为高，以 $\Delta\sigma_i$ 为底的平顶柱体的体积为 $f(\xi_i,\eta_i)\cdot\Delta\sigma_i$，此为小曲顶柱体体积的近似值.

(3) 求和

把所有小平顶柱体的体积加起来,得到曲顶柱体体积的近似值为

$$\sum_{i=1}^{n} f(\xi_i, \eta_i) \Delta \sigma_i.$$

(4) 取极限

记 $d = \max\{d_1, d_2, \cdots, d_n\}$,则极限

$$\lim_{d \to 0} \sum_{i=1}^{n} f(\xi_i, \eta_i) \Delta \sigma_i.$$

为所求曲顶柱体的体积,即

$$V = \lim_{d \to 0} \sum_{i=1}^{n} f(\xi_i, \eta_i) \Delta \sigma_i.$$

引例 2 平面薄片的质量

设有一平面薄片(不计厚度),如图 8.9 所示,占有 xOy 面上的闭区域 D,已知薄片上点的面密度为非负连续函数 $\mu = \mu(x, y)$,求平面薄片的质量 M.

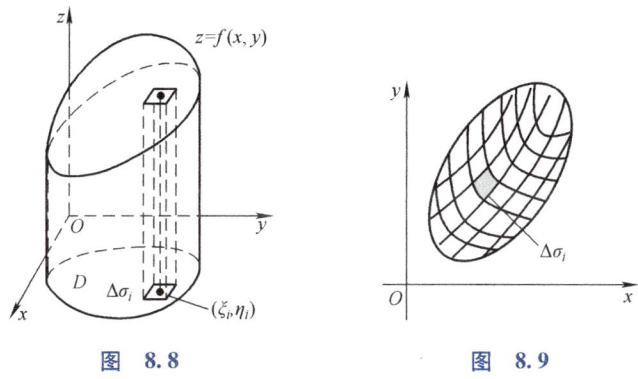

图 8.8   图 8.9

如果平面薄片的密度是常数,则薄片的质量可以用公式

质量 = 面密度 × 面积

来计算,但是由于面密度并不是常数,因此上述公式并不适用.

由于质量具有可加性,所以仍可以把上述处理曲顶柱体体积的方法用于本问题:将平面薄片分割成许多小薄片,当每个薄片足够小,以致可以看作质量均匀分布的,它们的质量之和就是薄片质量的近似值,再运用求极限的方法求出薄片的质量,具体步骤如下:

首先把薄片 D 分成 n 个小块 $\Delta \sigma_i$,$i = 1, 2, \cdots, n$. 其面积记为 $\Delta \sigma_i$,当 $\Delta \sigma_i$ 的直径比较小时,$\Delta \sigma_i$ 中各点的密度变化不大,可以看作常数,在 $\Delta \sigma_i$ 中任取一点 (ξ_i, η_i),将该点的面密度作为整个小块的密度,于是 $\Delta \sigma_i$ 的质量

$$\Delta M_i \approx \mu(\xi_i, \eta_i) \Delta \sigma_i, i = 1, 2, \cdots, n,$$

平面薄片的质量为

$$M = \sum_{i=1}^{n} \Delta M_i \approx \sum_{i=1}^{n} \mu(\xi_i, \eta_i) \Delta \sigma_i.$$

当所有小闭区域 $\Delta\sigma_i$ 的最大直径 d 趋于零时，上式右端近似值将无限接近总质量 M，即

$$M = \lim_{d \to 0} \sum_{i=1}^{n} \mu(\xi_i, \eta_i) \Delta\sigma_i.$$

上述两个问题虽然具有不同的背景，一个是几何问题，一个是物理问题，但是在数学上都可以归结为二元函数在平面闭区域 D 上一个和式的极限，在实际问题中，很多问题都可以归结为上述特定和的极限，因此我们抽象出二重积分的定义.

2. 二重积分的定义

> **定义 8.7.1** 设二元函数 $z = f(x,y)$ 在有界闭区域 D 上有定义，将区域 D 任意分割成 n 个小区域 $\Delta\sigma_1, \Delta\sigma_2, \cdots, \Delta\sigma_n$，且以 $\Delta\sigma_i$ 表示第 i 块小区域的面积，用 d_i 表示其直径，任取一点 $(x_i, y_i) \in \Delta\sigma_i$，做和 $\sum_{i=1}^{n} f(x_i, y_i) \Delta\sigma_i$，令 $d = \max\{d_1, d_2, \cdots, d_n\}$，若极限 $\lim\limits_{d \to 0} \sum_{i=1}^{n} f(x_i, y_i) \Delta\sigma_i$ 存在，且与区域 D 的划分及点 (x_i, y_i) 的取法无关，则称此极限值为函数 $f(x,y)$ 在区域 D 上的**二重积分**. 记作 $\iint\limits_D f(x,y) \mathrm{d}\sigma$，即
>
> $$\iint\limits_D f(x,y) \mathrm{d}\sigma = \lim_{d \to 0} \sum_{i=1}^{n} f(x_i, y_i) \Delta\sigma_i,$$
>
> 其中 $f(x,y)$ 称为**被积函数**，$f(x,y)\mathrm{d}\sigma$ 称为**被积表达式**，$\mathrm{d}\sigma$ 称为**面积元素**，x，y 称为**积分变量**，D 称为**积分区域**.

引例 1 中，曲顶柱体的体积可以表示为

$$V = \iint\limits_D f(x,y) \mathrm{d}\sigma.$$

引例 2 中，平面薄片的质量可以表示为

$$M = \iint\limits_D \mu(x,y) \mathrm{d}\sigma.$$

关于定义 8.7.1 的几点说明：

(1) 积分和 $\sum_{i=1}^{n} f(\xi_i, \eta_i) \Delta\sigma_i$ 的极限存在，是指对积分区域 D 的任意划分和点 (x_i, y_i) 的任意取法，其极限值 $\lim\limits_{d \to 0} \sum_{i=1}^{n} f(x_i, y_i) \Delta\sigma_i$ 都是存在的，即 $\iint\limits_D f(x,y) \mathrm{d}\sigma$ 与区域 D 的划分及点 (x_i, y_i) 的取法无关.

(2) 二重积分 $\iint\limits_D f(x,y) \mathrm{d}\sigma$ 是一个数值，此数值只与积分区域 D 和被积函数 $f(x,y)$ 有关，而与积分变量的符号无关，即

$$\iint_D f(x,y)\,d\sigma = \iint_D f(u,v)\,d\sigma.$$

(3) 当 $f(x,y)$ 连续，且 $f(x,y) \geq 0$，则 $\iint_D f(x,y)\,d\sigma$ 表示以积分区域 D 为底面，曲面 $z = f(x,y)$ 为顶的曲顶柱体的体积.

8.7.2 二重积分的性质

类似于定积分，二重积分具有下面的一些基本性质，其证明与定积分类似，请读者自行完成。

性质 8.7.1 常数因子可提到积分符号的外面，即
$$\iint_D kf(x,y)\,d\sigma = k\iint_D f(x,y)\,d\sigma.$$

性质 8.7.2 函数代数和的积分等于各个函数积分的代数和，即
$$\iint_D [f(x,y) \pm g(x,y)]\,d\sigma = \iint_D f(x,y)\,d\sigma \pm \iint_D g(x,y)\,d\sigma.$$

通常将性质 8.7.1 和性质 8.7.2 称为二重积分的线性运算性质，即线性性质
$$\iint_D [kf(x,y) \pm mg(x,y)]\,d\sigma = k\iint_D f(x,y)\,d\sigma \pm m\iint_D g(x,y)\,d\sigma.$$
线性性质可以推广至有限个函数的情形.

性质 8.7.3（积分区域的可加性） 若 $D = D_1 + D_2$，则
$$\iint_D f(x,y)\,d\sigma = \iint_{D_1} f(x,y)\,d\sigma + \iint_{D_2} f(x,y)\,d\sigma.$$

性质 8.7.4（保序性） 若在区域 D 上，恒有 $f(x,y) \leq g(x,y)$，则
$$\iint_D f(x,y)\,d\sigma \leq \iint_D g(x,y)\,d\sigma.$$

特殊地，由于 $-|f(x,y)| \leq f(x,y) \leq |f(x,y)|$，又有
$$\left|\iint_D f(x,y)\,d\sigma\right| \leq \iint_D |f(x,y)|\,d\sigma.$$

例 8.7.1 设积分区域 D 是由 x 轴、y 轴与直线 $x+y=1$ 所围成，若
$$I_1 = \iint_D (x+y)^2\,dxdy,\ I_2 = \iint_D (x+y)^4\,dxdy,\ I_3 = \iint_D (x+y)^6\,dxdy,$$
比较 I_1，I_2，I_3 的大小.

解 易知在积分区域 D 上，$(x+y)^2 > (x+y)^4 > (x+y)^6$，因此由性质 8.7.4，有 $I_3 < I_2 < I_1$.

性质 8.7.5 若在区域 D 上，$f(x,y) \equiv 1$，则 $\iint\limits_D f(x,y) \mathrm{d}\sigma$ 为积分区域 D 的面积 A，即

$$\iint\limits_D \mathrm{d}\sigma = \iint\limits_D 1 \cdot \mathrm{d}\sigma = A.$$

性质 8.7.6(估值定理) 设 M 和 m 分别是函数 $f(x,y)$ 在闭区域 D 上的最大值和最小值，A 为区域 D 的面积，则

$$mA \leqslant \iint\limits_D f(x,y)\mathrm{d}\sigma \leqslant MA.$$

例 8.7.2 估计二重积分 $\iint\limits_D xy(x+y)\mathrm{d}\sigma$ 的值，其中

$$D = \{(x,y) \mid 0 \leqslant x \leqslant 1, 0 \leqslant y \leqslant 1\}.$$

解 因为在积分区域 D 上 $0 \leqslant x \leqslant 1$，$0 \leqslant y \leqslant 1$，所以

$$0 \leqslant xy \leqslant 1, 0 \leqslant x+y \leqslant 2,$$

可得

$$0 \leqslant xy(x+y) \leqslant 2.$$

于是

$$\iint\limits_D 0\mathrm{d}\sigma \leqslant \iint\limits_D xy(x+y)\mathrm{d}\sigma \leqslant \iint\limits_D 2\mathrm{d}\sigma,$$

即

$$0 \leqslant \iint\limits_D xy(x+y)\mathrm{d}\sigma \leqslant 2.$$

微课：例 8.7.2

性质 8.7.7(二重积分中值定理) 设函数 $f(x,y)$ 在有界闭区域 D 上连续，A 为区域 D 的面积，则至少存在一点 $(\xi,\eta) \in D$，使得

$$\iint\limits_D f(x,y)\mathrm{d}\sigma = f(\xi,\eta)A.$$

性质 8.7.8(二重积分的对称性)

(1) 如果积分域 D 关于 y 轴对称，$f(x,y)$ 为关于 x 的奇(偶)函数，则有

$$\iint\limits_D f(x,y)\mathrm{d}\sigma = \begin{cases} 0, & f(-x,y) = -f(x,y), \\ 2\iint\limits_{D_1} f(x,y)\mathrm{d}\sigma, & f(-x,y) = f(x,y), \end{cases}$$

其中 D_1 为 D 位于 y 轴右侧的部分；

(2) 积分域 D 关于 x 轴对称，$f(x,y)$ 为 y 的奇(偶)函数，则有

$$\iint\limits_D f(x,y)\,d\sigma = \begin{cases} 0, & f(x,-y) = -f(x,y), \\ 2\iint\limits_{D_1} f(x,y)\,d\sigma, & f(x,-y) = f(x,y), \end{cases}$$

其中 D_1 为 D 位于 x 轴上侧的部分.

例如,计算二重积分 $\iint\limits_D y\,d\sigma$,其中 D 是由圆 $x^2+y^2=4$ 和 $(x+1)^2+y^2=1$ 所围成的平面区域(见图 8.10).

因为积分区域 D 关于 x 轴对称,被积函数 $f(x,y)$ 关于变量 y 是奇函数,故

$$\iint\limits_D y\,d\sigma = 0.$$

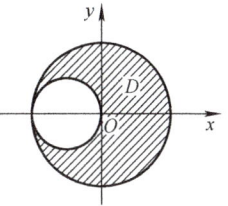

图 8.10

8.7.3 同步习题

1. 填空题

(1) 平面区域 $D = \{(x,y) \mid 0 \leqslant x \leqslant 3, 3 \leqslant y \leqslant 5\}$,则

$\iint\limits_D \ln(x+y)\,d\sigma$ _____ $\iint\limits_D \ln^2(x+y)\,d\sigma$ (填">"或"<").

(2) 利用二重积分的几何意义计算

$\iint\limits_{x^2+y^2 \leqslant 4} \sqrt{4-x^2-y^2}\,d\sigma =$ _____.

(3) 二重积分 $\iint\limits_{|x|+|y| \leqslant 1} \ln(x^2+y^2)\,dxdy$ 的符号为 _____.

(4) 设 $f(u)$ 为连续函数,D 是由 $y=1$,$x^2-y^2=1$ 及 $y=0$ 所围成的平面闭区域,则 $\iint\limits_D xf(y^2)\,d\sigma =$ _____.

2. 选择题

(1) 已知 $I_1 = \iint\limits_D \ln^3(x+y)\,d\sigma$,$I_2 = \iint\limits_D (x+y)^3\,d\sigma$,其中 D 是由 $x=0$,$y=0$,$x+y=\frac{1}{2}$,$x+y=1$ 所围成的闭区域,则下列选项中正确的是( ).

A. $I_1 = I_2$ B. $I_1 > I_2$

C. $I_1 < I_2$ D. 不能判定

(2) 已知 $I_1 = \iint\limits_D (x+y)^3\,d\sigma$,$I_2 = \iint\limits_D [\sin(x+y)]^3\,d\sigma$,其中 D 是由 $x=0$,$y=0$,$x+y=\frac{1}{2}$,$x+y=1$ 所围成的闭区域.则下列选项中正确的是( ).

A. $I_1 = I_2$ B. $I_1 > I_2$

C. $I_1 < I_2$ D. 不能判定

(3) 设 $T_i = \iint\limits_{D_i} \sqrt[3]{x-y}\,dxdy$,$i=1,2,3$,其中 $D_1 = \{(x,y) \mid 0 \leqslant x \leqslant 1, 0 \leqslant y \leqslant 1\}$,$D_2 = \{(x,y) \mid 0 \leqslant x \leqslant 1, 0 \leqslant y \leqslant \sqrt{x}\}$,$D_3 = \{(x,y) \mid 0 \leqslant x \leqslant 1, x^2 \leqslant y \leqslant 1\}$,则( ).

A. $T_1 < T_2 < T_3$ B. $T_3 < T_1 < T_2$

C. $T_2 < T_3 < T_1$ D. $T_2 < T_1 < T_3$

(4) 设平面区域 D 由曲线 $y = \sin x$,$-\frac{\pi}{2} \leqslant x \leqslant \frac{\pi}{2}$,直线 $x = -\frac{\pi}{2}$ 及 $y=1$ 围成,则 $\iint\limits_D (xy^3-1)\,d\sigma = ($).

A. 2   B. -2

C. π D. $-\pi$

8.8 二重积分的计算

直接使用二重积分的定义来计算二重积分是不切实际的,只有对于被积函数比较简单,积分区域形状比较特殊的才可以使用定义来计算,对于一般的函数与积分区域,计算二重积分时常转换为二次积分(也叫作累次积分)来计算.

8.8.1 在直角坐标系下计算二重积分

先从几何上讨论二重积分的计算问题.

设 $f(x,y)$ 在有界闭区域界 D 上可积,由于积分值与积分区域 D 的分割方式及点 (x_i,y_i) 的取法无关,因此在计算二重积分时常采用对平面区域 D 的特殊分割方式和选取特殊的点.

在直角坐标系下,常用平行于 x 轴与 y 轴的两组直线来分割积分区域 D,这时,小区域 $\Delta\sigma_i$,$i=1,2,\cdots,n$ 除了边界外都是一些小矩形,而随着分割的加细,边界区域不规则图形的面积可以忽略不计,因而分割小区域全都是小矩形(见图 8.11).

由图 8.11 可知小区域的面积 $\Delta\sigma_i = \Delta x_i \Delta y_i$,因此 $\iint\limits_D f(x,y)\,\mathrm{d}\sigma$ 中的面积元素 $\mathrm{d}\sigma = \mathrm{d}x\mathrm{d}y$,即在直角坐标系下

$$\iint\limits_D f(x,y)\,\mathrm{d}\sigma = \iint\limits_D f(x,y)\,\mathrm{d}x\mathrm{d}y.$$

当被积函数 $f(x,y) \geq 0$,且在 D 上连续时,平面区域 D(见图 8.12),可以表示为如下的不等式组

$$D = \{(x,y) \mid \varphi_1(x) \leq y \leq \varphi_2(x), a \leq x \leq b\}$$

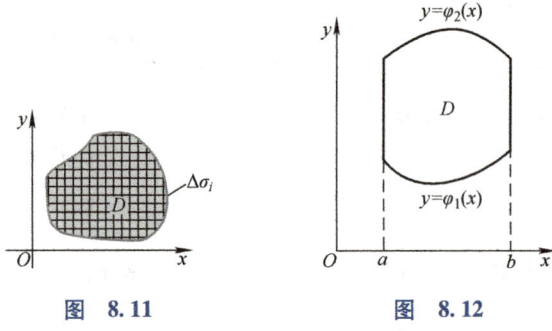

图 8.11 图 8.12

由于被积函数 $f(x,y)$ 在区域 D 上非负连续,由二重积分的几何意义可知 $\iint\limits_D f(x,y)\,\mathrm{d}\sigma$ 等于以区域 D 为底,以曲面 $f(x,y)$ 为顶的曲顶柱体的体积,而由截面面积已知的立体的体积的求法可知(见图 8.13),

$$V = \iint\limits_D f(x,y)\,\mathrm{d}\sigma = \int_a^b A(x)\,\mathrm{d}x,$$

截面 $A(x)$ 为曲边梯形,可知 $A(x) = \int_{\varphi_1(x)}^{\varphi_2(x)} f(x,y) \mathrm{d}y$.

因此有,
$$\iint\limits_{D} f(x,y) \mathrm{d}x\mathrm{d}y = \int_a^b \left[\int_{\varphi_1(x)}^{\varphi_2(x)} f(x,y) \mathrm{d}y \right] \mathrm{d}x = \int_a^b \mathrm{d}x \int_{\varphi_1(x)}^{\varphi_2(x)} f(x,y) \mathrm{d}y.$$

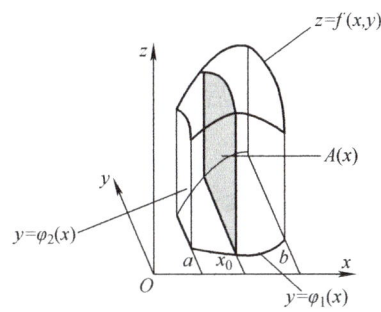

图 8.13

上式将二重积分化为先对 y 后对 x 的累次积分,这就是二重积分的计算公式. 当 $f(x,y) \le 0$ 时,上述公式仍然成立.

若区域 D 可用如下的不等式组表示
$$D = \{(x,y) \mid \psi_1(y) \le x \le \psi_2(y), c \le y \le d\}.$$

类似地,二重积分化为先 x 后 y 的二次积分:
$$\iint\limits_{D} f(x,y) \mathrm{d}x\mathrm{d}y = \int_c^d \left[\int_{\psi_1(y)}^{\psi_2(y)} f(x,y) \mathrm{d}x \right] \mathrm{d}y = \int_c^d \mathrm{d}y \int_{\psi_1(y)}^{\psi_2(y)} f(x,y) \mathrm{d}x.$$

我们称如图 8.12 所示的区域为 **X-型区域**,X-型区域的特点是:穿过区域内部且平行于 y 轴的直线与 D 的边界相交不多于两个交点;类似地,还有 Y-型区域.

注 (1) 如果平行于坐标轴的直线与积分区域 D 的边界交点多于两点,则做辅助线把 D 分为若干 X-型区域或 Y-型区域,利用二重积分对区域的可加性进行计算(见图 8.14).

(2) 一些区域既可以看作 X-型区域也可以看作 Y-型区域(见图 8.15),要选择积分计算方便的区域类型进行计算.

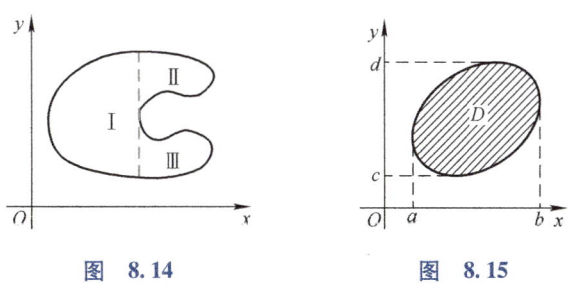

图 8.14　　　　图 8.15

二重积分化为二次积分的步骤:
(1) 画出积分区域 D 的图形,确定区域所属类型;
(2) 写出区域 D 上的点的坐标满足的不等式,从而定出积分的上下限;

(3) 将二重积分化为累次积分；

(4) 计算两次定积分算出二重积分的值。

例 8.8.1 二元函数 $f(x,y)$ 可积，改变二重积分

$$I = \int_0^{\frac{\sqrt{2}}{2}} dy \int_0^y f(x,y) dx + \int_{\frac{\sqrt{2}}{2}}^1 dy \int_0^{\sqrt{1-y^2}} f(x,y) dx$$

的积分次序.

解 题目中的积分次序是先 x 后 y，积分区域如图 8.16 所示，其中

$$D_1 = \left\{ (x,y) \,\middle|\, 0 \leq x \leq y, 0 \leq y \leq \frac{\sqrt{2}}{2} \right\},$$

$$D_2 = \left\{ (x,y) \,\middle|\, 0 \leq x \leq \sqrt{1-y^2}, \frac{\sqrt{2}}{2} \leq y \leq 1 \right\}$$

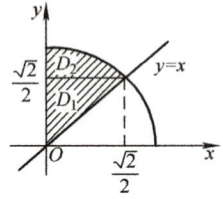

图 8.16

$D = D_1 \cup D_2$，将积分次序改变为先 y 后 x，即将区域 D 视为 X-型区域，

$$D = \left\{ (x,y) \,\middle|\, 0 \leq x \leq \frac{\sqrt{2}}{2}, x \leq y \leq \sqrt{1-x^2} \right\}$$

则

$$\int_0^{\frac{\sqrt{2}}{2}} dy \int_0^y f(x,y) dx + \int_{\frac{\sqrt{2}}{2}}^1 dy \int_0^{\sqrt{1-y^2}} f(x,y) dx$$

$$= \int_0^{\frac{\sqrt{2}}{2}} dx \int_x^{\sqrt{1-x^2}} f(x,y) dy.$$

例 8.8.2 计算 $\iint\limits_D xy \,dx\,dy$，其中 D 是由直线 $y=1$, $x=2$, $y=x$ 所围成的平面区域.

解法 1 如图 8.17 所示，将 D 看作 X-型区域，则

$$D = \{(x,y) \mid 1 \leq x \leq 2, 1 \leq y \leq x\},$$

$$I = \int_1^2 dx \int_1^x xy \,dy = \int_1^2 \left[\frac{1}{2}xy^2\right]_1^x dx$$

$$= \int_1^2 \left(\frac{1}{2}x^3 - \frac{1}{2}x\right) dx = \frac{9}{8}.$$

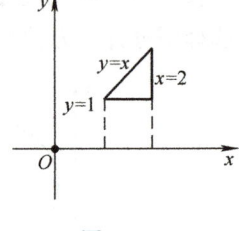

图 8.17

解法 2 将 D 看作 Y-型区域，则 $D = \{(x,y) \mid y \leq x \leq 2, 1 \leq y \leq 2\}$

$$I = \int_1^2 dy \int_y^2 xy \,dx = \int_1^2 \left[\frac{1}{2}x^2 y\right]_y^2 dy$$

$$= \int_1^2 \left(2y - \frac{1}{2}y^3\right) dy = \frac{9}{8}.$$

例8.8.3 计算 $\iint\limits_{D} xy\,\mathrm{d}\sigma$，其中 D 是抛物线 $y^2 = x$ 及直线 $y = x - 2$ 所围成的闭区域.

解 积分区域为图8.18阴影部分，为计算简便，先对 x 后对 y 积，则

$$D = \{(x,y) \mid y^2 \leqslant x \leqslant y + 2, -1 \leqslant y \leqslant 2\},$$

$$\iint\limits_{D} xy\,\mathrm{d}\sigma = \int_{-1}^{2}\mathrm{d}y\int_{y^2}^{y+2} xy\,\mathrm{d}x$$

$$= \int_{-1}^{2}\left[\frac{1}{2}x^2 y\right]_{y^2}^{y+2}\mathrm{d}y$$

$$= \frac{1}{2}\int_{-1}^{2}\left[y(y+2)^2 - y^5\right]\mathrm{d}y$$

$$= \frac{1}{2}\left[\frac{y^4}{4} + \frac{4}{3}y^3 + 2y^2 - \frac{1}{6}y^6\right]_{-1}^{2} = \frac{45}{8}.$$

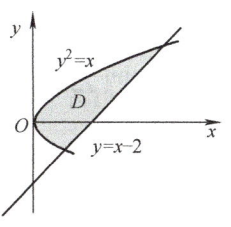

图 8.18

微课：例8.8.3

例8.8.4 计算 $\iint\limits_{D} \dfrac{\sin x}{x}\mathrm{d}x\mathrm{d}y$，其中 D 是由直线 $x = \pi$，$y = x$ 与 $y = 0$ 所围成.

解 若化为先 x 后 y 的二次积分，$\dfrac{\sin x}{x}$ 的原函数不能求出，将使计算无法进行. 此例应化为先 y 后 x 的二次积分方能计算，因此取 D 为 X-型域（见图8.19），

$$D = \{(x,y) \mid 0 \leqslant x \leqslant \pi, 0 \leqslant y \leqslant x\},$$

$$\iint\limits_{D} \frac{\sin x}{x}\mathrm{d}x\mathrm{d}y = \int_{0}^{\pi}\frac{\sin x}{x}\mathrm{d}x\int_{0}^{x}\mathrm{d}y$$

$$= \int_{0}^{\pi}\sin x\,\mathrm{d}x = [-\cos x]_{0}^{\pi} = 2.$$

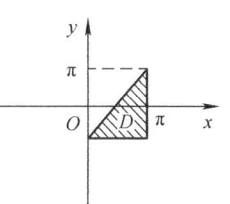

图 8.19

注 在化二重积分为二次积分时，有时由于积分次序不当，造成计算过程烦琐，甚至使计算无法进行，所以应选择恰当的积分次序.

8.8.2 在极坐标系下计算二重积分

在极坐标系下，用同心圆 $r =$ 常数及射线 $\theta =$ 常数，划分区域 D（见图8.20），

$$\Delta\sigma_k, k = 1, 2, \cdots, n,$$

则除包含边界点的小区域外，小区域的面积

$$\Delta\sigma_k = \frac{1}{2}(r_k + \Delta r_k)^2 \cdot \Delta\theta_k - \frac{1}{2}r_k^2 \cdot \Delta\theta_k$$

$$= \frac{1}{2}[r_k + (r_k + \Delta r_k)]\Delta r_k \cdot \Delta\theta_k$$

$$= \overline{r}_k \Delta r_k \cdot \Delta\theta_k.$$

在 $\Delta\sigma_k$ 内取点 $(\overline{r}_k, \overline{\theta}_k)$，对应有
$$\xi_k = \overline{r}_k\cos\overline{\theta}_k, \eta_k = \overline{r}_k\sin\overline{\theta}_k.$$

$$\lim_{\lambda\to 0}\sum_{k=1}^n f(\xi_k,\eta_k)\Delta\sigma_k$$
$$= \lim_{\lambda\to 0}\sum_{k=1}^n f(\overline{r}_k\cos\overline{\theta}_k, \overline{r}_k\sin\overline{\theta}_k)\,\overline{r}_k\Delta r_k\Delta\theta_k.$$

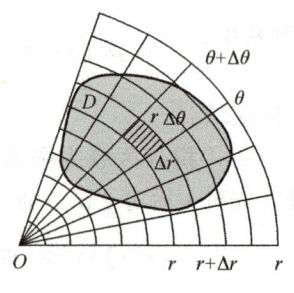

图 8.20

即
$$\iint_D f(x,y)\mathrm{d}x\mathrm{d}y = \iint_D f(r\cos\theta,r\sin\theta)r\mathrm{d}r\mathrm{d}\theta.$$

特别地，

（1）极点 O 在区域 D 之外（见图 8.21a），则
$$D = \{(r,\theta)\mid \alpha\leqslant\theta\leqslant\beta, r_1(\theta)\leqslant r\leqslant r_2(\theta)\},$$
于是
$$\iint_D f(r\cos\theta,r\sin\theta)r\mathrm{d}r\mathrm{d}\theta = \int_\alpha^\beta\mathrm{d}\theta\int_{r_1(\theta)}^{r_2(\theta)} f(r\cos\theta,r\sin\theta)r\mathrm{d}r.$$

（2）极点 O 在区域 D 的边界上（见图 8.21b），则
$$D = \{(r,\theta)\mid \alpha\leqslant\theta\leqslant\beta, 0\leqslant r\leqslant r(\theta)\},$$
于是
$$\iint_D f(r\cos\theta,r\sin\theta)r\mathrm{d}r\mathrm{d}\theta = \int_\alpha^\beta\mathrm{d}\theta\int_0^{r(\theta)} f(r\cos\theta,r\sin\theta)r\mathrm{d}r.$$

（3）极点 O 在区域 D 之内（见图 8.21c），则
$$D = \{(r,\theta)\mid 0\leqslant\theta\leqslant 2\pi, 0\leqslant r\leqslant r(\theta)\},$$
于是
$$\iint_D f(r\cos\theta,r\sin\theta)r\mathrm{d}r\mathrm{d}\theta = \int_0^{2\pi}\mathrm{d}\theta\int_0^{r(\theta)} f(r\cos\theta,r\sin\theta)r\mathrm{d}r.$$

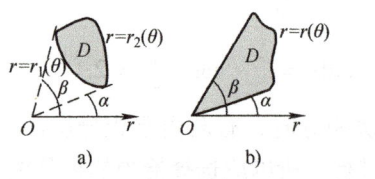
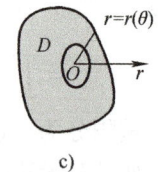

图 8.21

注 一般地，当积分区域为圆形、扇形或环形时，或者被积函数为 $f(x^2+y^2), f\left(\dfrac{y}{x}\right), f\left(\dfrac{x}{y}\right)$ 时，利用极坐标计算比较简单.

例 8.8.5 计算 $\iint_D \mathrm{e}^{-x^2-y^2}\mathrm{d}x\mathrm{d}y$，其中 D 是由曲线 $x^2+y^2=1$ 所围成的平面区域.

解 在极坐标系下，积分区域 D 可表示为
$$D = \{(r,\theta)\mid 0\leqslant\theta\leqslant 2\pi, 0\leqslant r\leqslant 1\}$$

原式 $= \iint\limits_{D} e^{-r^2} r dr d\theta = \int_0^{2\pi} d\theta \int_0^1 r e^{-r^2} dr$

$= 2\pi \left[-\frac{1}{2} e^{-r^2} \right]_0^1 = \pi(1 - e^{-1}).$

例 8.8.6 计算二重积分 $\iint\limits_{D} \sqrt{x^2 + y^2} d\sigma$，其中 D 是由曲线 $x^2 + y^2 - 2x = 0$ 所围成的平面区域.

解 积分区域 D（见图 8.22），用极坐标表示为

$D = \left\{ (r, \theta) \,\middle|\, -\frac{\pi}{2} \leq \theta \leq \frac{\pi}{2}, 0 \leq r \leq 2\cos\theta \right\},$

$\iint\limits_{D} \sqrt{x^2 + y^2} d\sigma = \iint\limits_{D} r^2 dr d\theta$

$= \int_{-\frac{\pi}{2}}^{\frac{\pi}{2}} d\theta \int_0^{2\cos\theta} r^2 dr$

$= \frac{8}{3} \int_{-\frac{\pi}{2}}^{\frac{\pi}{2}} \cos^3\theta d\theta = \frac{32}{9}.$

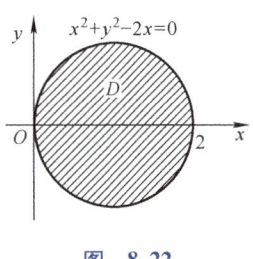

图 8.22

8.8.3 无界区域上的反常二重积分

设函数 $f(x,y)$ 在无界区域 D 上有定义，用任意光滑或分段光滑曲线 C 在 D 中划出有界区域 D_C（见图 8.23）.

若二重积分 $\iint\limits_{D_C} f(x,y) d\sigma$ 存在且当 C 连续变动使区域 D_C 无限扩展而趋于区域 D 时，不论 C

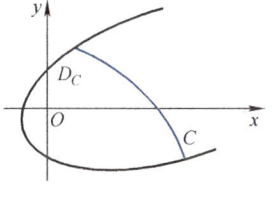

图 8.23

的形状如何，也不论 C 的扩展过程怎样，极限 $\lim\limits_{D_C \to D} \iint\limits_{D_C} f(x,y) d\sigma$ 总存在，称

反常**二重积分** $\iint\limits_{D} f(x,y) d\sigma$ **收敛**，即

$$\iint\limits_{D} f(x,y) d\sigma = \lim\limits_{D_C \to D} \iint\limits_{D_C} f(x,y) d\sigma = I,$$

否则，称 $\iint\limits_{D} f(x,y) d\sigma$ **发散**.

例 8.8.7 设 D 是由全平面构成的，求 $\iint\limits_{D} e^{-x^2-y^2} dx dy$，$\int_{-\infty}^{+\infty} e^{-x^2} dx$ 及 $\int_0^{+\infty} e^{-x^2} dx$.

解 设 $D_R = \{(x,y) \,|\, x^2 + y^2 \leq R^2\}$，由极坐标可得

$$\iint_{D_R} e^{-x^2-y^2} dxdy = \int_0^{2\pi} d\theta \int_0^R e^{-r^2} rdr = \pi(1-e^{-R^2}),$$

$$\iint_D e^{-x^2-y^2} dxdy = \lim_{R\to+\infty} \iint_{D_R} e^{-x^2-y^2} dxdy = \pi,$$

再设

$$D_M = \{(x,y) \mid -M \leq x \leq M, -M \leq y \leq M\},$$

$$\iint_{D_M} e^{-x^2-y^2} dxdy = \int_{-M}^M dx \int_{-M}^M e^{-x^2-y^2} dy = \left(\int_{-M}^M e^{-x^2} dx\right)^2.$$

因此

$$\iint_D e^{-x^2-y^2} dxdy = \lim_{M\to+\infty} \iint_{D_R} e^{-x^2-y^2} dxdy = \left(\int_{-\infty}^{+\infty} e^{-x^2} dx\right)^2,$$

所以

$$\int_{-\infty}^{+\infty} e^{-x^2} dx = \sqrt{\pi}.$$

又因为 e^{-x^2} 为偶函数，所以

$$\int_0^{+\infty} e^{-x^2} dx = \frac{\sqrt{\pi}}{2}.$$

8.8.4 同步习题

1. 填空题

(1) 交换积分次序 $\int_0^1 dx \int_0^{1-x} f(x,y) dy = $ _____.

(2) 交换积分次序 $\int_0^1 dy \int_0^y f(x,y) dx + \int_1^2 dy \int_0^{2-y} f(x,y) dx = $ _____.

(3) 由 $y = x^2$，$y = \sqrt{x}$ 所围成的区域的面积为_____.

(4) 平面区域 D 是由 $x^2 + y^2 \leq 4$ 所确定的圆域，则 $\iint_D \frac{1}{1+x^2+y^2} dxdy = $ _____.

2. 选择题

(1) 设 D 是由 $|x|+|y| \leq 1$，则 $\iint_D (|x|+y) dxdy = $ ( ).

A. 0   B. $\frac{1}{3}$ C. $\frac{2}{3}$ D. 1

(2) 设 $D = \{(x,y) \mid 0 \leq x \leq 1, 0 \leq y \leq 1\}$，则 $\iint_D (x^3 + 3x^2y + y^3) d\sigma = $ ( ).

A. 0   B. 3   C. 2   D. 1

(3) $\iint_D e^{-x^2-y^2} dxdy = $ ( )，其中 D 为 $x^2 + y^2 \leq R^2$ 围成的区域.

A. 3   B. $\pi(1-e^{-R^2})$
C. 2π D. $2\pi R^2$

3. 计算下列二重积分.

(1) $I = \iint_D (3x+2y) d\sigma$，其中 D 由坐标轴与 $x+y=2$ 所围成.

(2) $I = \iint_D xe^{xy} dxdy$，其中 $D = \{(x,y) \mid 0 \leq x \leq 1, 0 \leq y \leq 1\}$.

(3) $I = \iint_D (x+6y) dxdy$，其中 D 是由 $y=x$，$y=5x$，$x=1$ 所围成的区域.

(4) $I = \iint_D y\sqrt{1+x^2-y^2} dxdy$，其中 $D = \{(x,y) \mid -1 \leq x \leq y, -1 \leq y \leq 1\}$.

(5) $I = \iint_D x^2 y dxdy$，其中 D 是由 $y = x^3$ 和 $y = x$ 所围成的区域.

4. 选择适当的坐标计算下列二重积分:

(1) $\iint_D \sqrt{x^2+y^2} dxdy$，其中 D 是由 $y=0$，$y=x$，$x^2+y^2=2x$ 围成的区域.

(2) $\iint_D \sin\sqrt{x^2+y^2} dxdy$，其中 D 是圆环形闭区

域 $\pi^2 \leqslant x^2 + y^2 \leqslant 4\pi^2$.

(3) $\iint_D \dfrac{x^2}{y^2}dxdy$，其中 D 是由直线 $x = 2$，$y = x$ 及曲线 $xy = 1$ 所围成的闭区域.

(4) $\iint_D (3x^2 + y^2)dxdy$，其中 D 是由直线 $y = x$，$y = x + 1$，$y = 1$，$y = 3$ 所围成的闭区域.

(5) $\iint_D \sqrt{R^2 - x^2 - y^2}dxdy$，其中 D 是由圆周 $x^2 + y^2 = Rx$ 所围成的闭区域.

(6) $\iint_D (x^2 + y^2 + 2x)dxdy$，其中 $D = \{(x,y) \mid x^2 + y^2 \leqslant 2y\}$.

5. 计算二重积分 $\iint_D xe^{-y^2}dxdy$，其中 D 是由曲线 $y = 4x^2$，$y = 9x^2$ 在第一象限所围成的区域.

8.9 MATLAB 数学实验

8.9.1 求二元函数的偏导数

在 MATLAB 中，可以使用 diff 函数来求偏导数，其调用格式为：

```
syms x y                        % 定义二元变量 x y
z = f(x,y);                     % 定义二元变量函数
f1 = simplify(diff(z,x));       % 求 z 对 x 的一阶偏导
f2 = simplify(diff(z,y));       % 求 z 对 y 的一阶偏导
```

例 8.9.1 求二元函数 $f(x,y) = (6x - x^2)(4y - y^2)$ 的两个偏导数.

程序如下：

```
syms x y                        % 定义二元变量 x y
z = (6* x-x^2)* (4* y-y^2);     % 定义二元变量函数
f1 = simplify(diff(z,x));       % 求 z 对 x 的一阶偏导
f2 = simplify(diff(z,y));       % 求 z 对 y 的一阶偏导
```

8.9.2 求二元函数的驻点

MATLAB 可以求二元函数的驻点，其调用格式为：

```
syms x y                        % 定义二元变量 x y
z = f(x,y);                     % 定义二元变量函数
f1 = simplify(diff(z,x));       % 求 z 对 x 的一阶偏导
f2 = simplify(diff(z,y));       % 求 z 对 y 的一阶偏导
[x1,y1] = solve(f1 = =0,f2 = =0,x,y);   % 求二元函数的驻点(x1,y1)
```

例 8.9.2 求二元函数 $f(x,y) = (6x - x^2)(4y - y^2)$ 的驻点.

程序如下：

```
syms x y                                % 定义二元变量 x y
z = (6*x-x^2)*(4*y-y^2);                % 定义二元变量函数
f1 = simplify(diff(z,x));               % 求 z 对 x 的一阶偏导
f2 = simplify(diff(z,y));               % 求 z 对 y 的一阶偏导
% 求 f1 = 0 f2 = 0
% [x1,y1] = solve(y*(2*x-6)*(y-4) = = 0,x*(2*y-4)*(x-6) = = 0,x,y);
                                        % 求二元函数的驻点(x1,y1)
[x1,y1] = solve(f1 = = 0,f2 = = 0,x,y); % 求二元函数的驻点(x1,y1)
x1 = double(x1);                        % 将 sym 个数转化为 double 数值格式
y1 = double(y1);                        % 将 sym 个数转化为 double 数值格式
n = length(x1);                         % 求长度
% 输出驻点个数
fprintf('二元函数 z = f(x,y)的驻点个数为 n = % d \r \n',n);
% 输出驻点坐标
for i = 1:n
    fprintf('二元函数 z = f(x,y)的第% d 个驻点为(x,y) = (% f,% f) \r \n', i, x1(i), y1(i));
end
```

8.9.3 求二次积分

在 MATLAB 中，可以使用 int 函数来求解二次积分，其调用格式为：

```
syms x y                                % 定义二元变量 x y
f = (x,y);                              % 定义要积分的二元函数
result = int(int(f,x,a,b),y,c,d);       % 计算二次积分
disp(result);                           % 显示结果
```

例 8.9.3 求二次积分 $\int_0^1 dy \int_0^1 (x^2 + y^2) dx$.

程序如下：

```
syms x y;                               % 声明符号变量
f = x^2 + y^2;                          % 定义要积分的函数
result = int(int(f,x,0,1),y,0,1);       % 计算二次积分
disp(result);                           % 显示结果
```

8.10 阅读材料

8.10.1 多元微积分学的发展[①]

多元微积分学(Differential and Integral Calculus for Functions of Several Variables)是微积分学的一个组成部分.

多元微积分是在一元微积分的基本思想的发展和应用中形成的. 其基本概念都是在描述和分析物理现象和规律中,与一元微积分的基本概念合为一体而产生的. 早在微积分建立的初期,**牛顿**就从 x 和 y 的多项式 $f(x,y)=0$ 中导出 f 关于 x 或 y 的偏微商的表达式. **雅各布·伯努利**在他关于等周问题的著作中使用了偏导数,**尼古拉·伯努利**在 1720 年关于正交轨线的工作中也用到了偏导数. 而偏导数理论是由**方丹**、**欧拉**、**克莱罗**和**达朗贝尔**建立的.

牛顿在他的**《自然哲学的数学原理》**中讨论与球壳作用于质点上的万有引力时就已涉及重积分的概念,但他是用几何形式论述的. 在 18 世纪上半叶,牛顿的工作被以分析的形式加以推广. 例如,二重积分被用来表示偏微分方程的解. 欧拉在 1738 年用累次积分算出积分

$$\iint_{\delta_c} \frac{cdxdy}{(c^2+x^2+y^2)^{\frac{3}{2}}},$$

其中积分区域是由 $\dfrac{x^2}{a^2}+\dfrac{y^2}{b^2}=1$ 围成的椭圆. 这个积分表示厚度为 δ_c 的椭圆薄片作用在椭圆中心正上方 c 个单位处一个质点上的引力. 1769 年,欧拉建立了平面有界区域上二重积分理论,他给出了用累次积分计算二重积分的方法. 1773 年,**拉格朗日**在研究旋转椭球的引力时,用到了三重积分. 为了克服计算中的困难,他转用球坐标,建立了有关的积分变换公式. 与此同时,**拉普拉斯**也使用了球坐标变换.

在多元微积分中,相当于微积分学基本定理的公式是在 19 世纪建立的. 俄国数学家**奥斯特罗格拉茨基**在 1828 年研究热传导理论的过程中,证明了关于三重积分与曲面积分之间关系的公式,现被称为**奥斯特罗格拉茨基-高斯公式**(高斯也曾独立地证明过这个公式). 英国数学家**格林**在 1828 年研究位势方程时得到了著名的**格林公式**. 上述两个公式在向量分析中被称为**散度定理**.

1833 年以后,德国数学家**雅可比**建立了多重积分变量替换的**雅可比行列式**. 与此同时,奥斯特罗格拉茨基不仅得到了二重积分和三重积分的变换公式,还把上述著名的奥斯特罗格拉茨基—高斯公式推广到 n 维的情形. 变量替换中涉及的曲线积分与曲面积分也是在这一时期得到了明确的概念和系统地研究.

1854 年,英国数学物理学家**斯托克斯**把格林公式推广到三维空间,建立了著名的**斯托克斯定理**. 从此以后,多元微积分与一元微积分同时随着

[①] 杜瑞芝. 数学史辞典新编[M]. 济南:山东教育出版社,2017.

其理论分析的发展在数学物理的许多领域获得广泛的应用.

8.10.2 偏导数的发现

偏导数(Partial Derivative)是一个多元函数对于它的某个变元作为唯一自变量而言的变化率. 例如二元函数 $z=f(x,y)$ 对 x 的偏导数是

$$\frac{\partial z}{\partial x}=z'_x=\lim_{\Delta x\to 0}\frac{f(x+\Delta x,y)-f(x,y)}{\Delta x}.$$

偏导数的朴素思想在微积分学创立的初期就多次出现在力学研究的著作中. 普通的导数与偏导数在这一时期并没有明显地被区别开,甚至于两者都用同样的符号来表示. 人们只是注意到其物理意义不同,偏导数是在多个自变量的函数中,考虑其中某一个自变量变化的导数.

偏导数的理论是由欧拉和法国数学家方丹、克莱罗和达朗贝尔在早期对偏微分方程的研究中建立起来的. 欧拉在关于流体力学的一系列文章中给出了偏导数运算法则、复合函数偏导数、偏导数反演和函数行列式等有关运算. 克莱罗证明了恰当微分的充要条件. 达朗贝尔则在他的动力学著作中推广了偏导数的演算.

8.10.3 全微分的发现

全微分(Total Differential),一个多元函数 $u=f(x_1,x_2,\cdots,x_n)$ 相应于全部变元同时变化时的变化量

$$\Delta u=f(x_1+\Delta x_1,x_2+\Delta x_2,\cdots,x_n+\Delta x_n)-f(x_1,x_2,\cdots,x_n)$$

的线性主要部分,即

$$du=\frac{\partial u}{\partial x_1}\Delta x_1+\frac{\partial u}{\partial x_2}\Delta x_2+\cdots+\frac{\partial u}{\partial x_n}\Delta x_n.$$

全微分的概念由法国数学家克莱罗在 1739 年关于地球形状的研究论文中首次提出. 在这篇论文中,他建立了现在被称为全微分方程的一个方程

$$Pdx+Qdy+Rdz=0,$$

并讨论了该方程可积分的条件.

总复习题

第一部分:基础题

1. 设函数 $z=\left(1+\dfrac{x}{y}\right)^{\frac{x}{y}}$,求 $dz\big|_{(1,1)}$.

2. 已知函数 $f(u,v)$ 具有连续的二阶偏导数,$f(1,1)=2$ 是 $f(u,v)$ 的极值,$z=f[x+y,f(x,y)]$,求 $\dfrac{\partial^2 z}{\partial x\partial y}\big|_{(1,1)}$.

3. 求函数 $f(x,y)=\left(y+\dfrac{x^3}{3}\right)e^{x+y}$ 的极值.

4. 已知平面区域 $D=\{(r,\theta)\,|\,2\leq r\leq 2(1+\cos\theta),\ -\dfrac{\pi}{2}\leq\theta\leq\dfrac{\pi}{2}\}$,计算二重积分 $\iint_D x\,dx\,dy$.

5. 设平面区域 $D=\{(x,y)\,|\,1\leq x^2+y^2\leq 4,\ x\geq 0,\ y\geq 0\}$,计算

$$\iint_D \frac{x\sin(\pi\sqrt{x^2+y^2})}{x+y}dx\,dy.$$

6. 设函数 $f(u)$ 具有二阶连续导数,$z=f(e^x\cos y)$ 满足

$\dfrac{\partial^2 z}{\partial x^2}+\dfrac{\partial^2 z}{\partial y^2}=4(z+e^x\cos y)e^{2x}$,若 $f(0)=0$,$f'(0)=0$,求 $f(u)$ 的表达式.

7. 求函数 $f(x,y)=x^2y(4-x-y)$ 在由直线 $x+y=6$,x 轴和 y 轴所围成的闭区域 D 上的最大值和最小值.

第二部分：拓展题

一、计算题

1. $z=e^{-x}\sin\dfrac{x}{y}$,求 $\dfrac{\partial^2 z}{\partial x\partial y}\bigg|_{(2,\frac{1}{\pi})}$.

2. 设 $z=f\left(x,\dfrac{y}{x}\right)$,求 $\dfrac{\partial z}{\partial x}$,$\dfrac{\partial^2 z}{\partial y^2}$.

3. 设 $z=u^2v-uv^2$,$u=x\sin y$,$v=x\cos y$,求 $\dfrac{\partial z}{\partial x}$,$\dfrac{\partial z}{\partial y}$.

4. 求 $\int_0^{\frac{R}{\sqrt{2}}}e^{-y^2}dy\int_0^y e^{-x^2}dx+\int_{\frac{R}{\sqrt{2}}}^R e^{-y^2}dy\int_0^{\sqrt{R^2-y^2}}e^{-x^2}dx$.

5. 计算二重积分 $\iint\limits_D |x^2+y^2-2|dxdy$,其中 $D=\{(x,y)|x^2+y^2\leq 3.\}$

6. 计算积分 $\iint\limits_D e^{x^2}dxdy$,其中 $D=\{(x,y)|0\leq x\leq 1,x^3\leq y\leq x\}$.

二、应用题

设生产函数和成本函数分别为 $Q=4K^{\frac{1}{2}}L^{\frac{1}{2}}$,$C=2K+8L$,其中 K,L 为投入的两种生产要素,当产量 $Q_0=64$ 时,求最低成本的投入组合及最低成本.

三、证明题

设 $z=xy+xF(u)$,其中 $u=\dfrac{y}{x}$,且 F 是可微函数,证明：

$x\dfrac{\partial z}{\partial x}+y\dfrac{\partial z}{\partial y}=xy+z.$

第三部分：考研真题

一、选择题

1. (2017 年,数三)二元函数 $z=xy(3-x-y)$ 的极值点是(   ).

A. $(0,0)$ B. $(0,3)$
C. $(3,0)$ D. $(1,1)$

2. (2021 年,数三)设 $f(x,y)$ 可微,$f(x+1,e^x)=x(x+1)^2$,$f(x,x^2)=2x^2\ln x$,则 $df(1,1)=$ (   ).

A. $dx+dy$ B. $dx-dy$
C. dy D. $-dy$

3. (2022 年,数三)设函数 $f(t)$ 连续,令 $F(x,y)=\int_0^{x-y}(x-y-t)f(t)dt$,则(   ).

A. $\dfrac{\partial F}{\partial x}=\dfrac{\partial F}{\partial y}$,$\dfrac{\partial^2 F}{\partial x^2}=\dfrac{\partial^2 F}{\partial y^2}$

B. $\dfrac{\partial F}{\partial x}=\dfrac{\partial F}{\partial y}$,$\dfrac{\partial^2 F}{\partial x^2}=-\dfrac{\partial^2 F}{\partial y^2}$

C. $\dfrac{\partial F}{\partial x}=-\dfrac{\partial F}{\partial y}$,$\dfrac{\partial^2 F}{\partial x^2}=\dfrac{\partial^2 F}{\partial y^2}$

D. $\dfrac{\partial F}{\partial x}=-\dfrac{\partial F}{\partial y}$,$\dfrac{\partial^2 F}{\partial x^2}=-\dfrac{\partial^2 F}{\partial y^2}$

4. (2023 年,数三)已知函数 $f(x,y)=\ln(y+|x\sin y|)$,则(   ).

A. $\dfrac{\partial f}{\partial x}\bigg|_{(0,1)}$ 不存在,$\dfrac{\partial f}{\partial y}\bigg|_{(0,1)}$ 存在

B. $\dfrac{\partial f}{\partial x}\bigg|_{(0,1)}$ 存在,$\dfrac{\partial f}{\partial y}\bigg|_{(0,1)}$ 不存在

C. $\dfrac{\partial f}{\partial x}\bigg|_{(0,1)}$ 存在,$\dfrac{\partial f}{\partial y}\bigg|_{(0,1)}$ 存在

D. $\dfrac{\partial f}{\partial x}\bigg|_{(0,1)}$ 不存在,$\dfrac{\partial f}{\partial y}\bigg|_{(0,1)}$ 不存在

5. (2024 年,数三)设 $f(x,y)$ 是连续函数,$\int_{\frac{\pi}{6}}^{\frac{\pi}{2}}dx\int_{\sin x}^1 f(x,y)dy=$ (   ).

A. $\int_{\frac{1}{2}}^1 dy\int_{\frac{\pi}{6}}^{\arcsin y}f(x,y)dx$

B. $\int_{\frac{1}{2}}^1 dy\int_{\arcsin y}^{\frac{\pi}{2}}f(x,y)dx$

C. $\int_0^{\frac{1}{2}}dy\int_{\frac{\pi}{6}}^{\arcsin y}f(x,y)dx$

D. $\int_0^{\frac{1}{2}}dy\int_{\arcsin y}^{\frac{\pi}{2}}f(x,y)dx$

二、填空题

1. (2019 年,数二)已知 $f(u,v)$ 具有二阶连续的偏导数,且 $g(x,y)=xy-f(x+y,x-y)$,$\dfrac{\partial^2 g}{\partial x^2}+\dfrac{\partial^2 g}{\partial x\partial y}+\dfrac{\partial^2 g}{\partial y^2}=$ _____.

2. (2020 年,数三)设 $z=\arctan[xy+\sin(x+y)]$,则 $dz|_{(0,0)}$ _____.

3. (2022 年,数三)已知函数 $f(x)=\begin{cases}e^x, & 0\leq x\leq 1\\ 0, & \text{其他}\end{cases}$,则 $\int_{-\infty}^{+\infty}dx\int_{-\infty}^{+\infty}f(x)f(y-x)dy=$ _____.

4. (2023 年,数三)已知函数 $f(x,y)$ 满足 $df(x,y)=\dfrac{xdy-ydx}{x^2+y^2}$,且 $f(1,1)=\dfrac{\pi}{4}$,则 $f(\sqrt{3},3)=$ _____.

5. (2024 年,数三)函数 $f(x,y)=2x^3-9x^2-6y^4+$

$12x+24y$ 的极值点是_____.

三、解答题

1. (2017 年，数三)计算积分 $\iint\limits_{D}\dfrac{y^3}{(1+x^2+y^4)^2}dxdy$，其中 D 是第一象限中以曲线 $y=\sqrt{x}$ 与 x 轴为边界的无界区域.

2. (2018 年，数三)设平面区域 D 由曲线 $y=\sqrt{3(1-x^2)}$ 与直线 $y=\sqrt{3}x$ 及 y 轴所围成，计算二重积分 $\iint\limits_{D}x^2 dxdy$.

3. (2020 年，数三)求函数 $f(x,y)=x^3+8y^2-xy$ 的极值.

4. (2021 年，数三)求函数 $f(x,y)=2\ln|x|+\dfrac{(x-1)^2+y^2}{2x^2}$ 的极值.

5. (2021 年，数三)设有界区域 D 是 $x^2+y^2=1$ 和直线 $y=x$ 及 x 轴在第一象限围成的部分，计算二重积分 $\iint\limits_{D}e^{(x+y)^2}(x^2-y^2)dxdy$.

6. (2022 年，数三)设某产品的产量 Q 由资本投入量 x 和劳动投入量 y 决定，生产函数为 $Q=12x^{\frac{1}{2}}y^{\frac{1}{6}}$，该产品的销售单价 P 与 Q 的关系为 $P=1160-1.5Q$，若单位资本投入和单位劳动投入的价格分别为 6 和 8，求利润最大时的产量.

7. (2022 年，数三)已知平面区域 $D=\{(x,y)\mid y-2\leqslant x\leqslant\sqrt{4-y^2},0\leqslant y\leqslant 2\}$，计算 $I=\iint\limits_{D}\dfrac{(x-y)^2}{x^2+y^2}dxdy$.

8. (2023 年，数三)已知 $D=\{(x,y)\mid(x-1)^2+y^2\leqslant 1\}$，求 $\iint\limits_{D}\left|\sqrt{x^2+y^2}-1\right|dxdy$.

9. (2024 年，数三)设平面有界区域 D 位于第一象限，由曲线 $xy=\dfrac{1}{3}$，$xy=3$ 与直线 $y=\dfrac{1}{3}x$，$y=3x$ 围成，计算 $\iint\limits_{D}(1+x-y)dxdy$.

10. (2024 年，数三)设函数 $z=z(x,y)$ 由方程 $z+e^x-y\ln(1+z^2)=0$ 确定，求 $\left(\dfrac{\partial^2 z}{\partial x^2}+\dfrac{\partial^2 z}{\partial y^2}\right)\bigg|_{(0,0)}$.

自测题

(满分 100 分，测试时间 45min)

一、单项选择题(本题共 10 个小题，每小题 5 分，共 50 分)

1. 设 $f(x,y)=\dfrac{x^2+y^2}{xy}$，则下式中正确的是( ).

A. $f(x,-y)=f(x,y)$
B. $f(x+y,x-y)=f(x,y)$
C. $f(y,x)=f(x,y)$
D. $f\left(x,\dfrac{y}{x}\right)=f(x,y)$

2. 二重极限 $\lim\limits_{\substack{x\to 0\\y\to 0}}\dfrac{xy}{\sqrt{xy+1}-1}=$ ( ).

A. 2   B. -2   C. 0   D. 不存在

3. 点 $(0,0)$ 是函数 $z=xy$ 的( ).

A. 极大值点   B. 极小值点
C. 非驻点   D. 驻点

4. 函数 $z=2x^2-y^2$ 的极值点为( ).

A. $(0,0)$ B. $(0,1)$ C. $(1,0)$ D. 不存在

5. $f(x,y)=\begin{cases}\dfrac{xy}{x^2+y^2}, & x^2+y^2\neq 0,\\ 0, & x^2+y^2=0,\end{cases}$ 在 $(0,0)$ 处( ).

A. 连续，偏导数存在
B. 连续，偏导数不存在
C. 不连续，偏导数存在
D. 不连续，偏导数不存在

6. 函数 $z=x^2-2xy+3y^3$ 在点 $(1,2)$ 处的偏导数 $\dfrac{\partial z}{\partial x}\bigg|_{(1,2)}$ 是( ).

A. 2   B. -2   C. 34   D. 10

7. 函数 $z=e^{xy}$ 则 $dz\big|_{(2,1)}=$ ( ).

A. $dz=e^2 dx+2e^2 dy$ B. $dz=e^2 dx+e^2 dy$
C. $dz=2e^2 dx+e^2 dy$ D. $dz=dx+2dy$

8. 已知 $z=f(u,v)$，$u=x+y$，$v=x-y$，且 f'_u，f'_v 存在，则 $\dfrac{\partial f}{\partial x}+\dfrac{\partial f}{\partial y}=$ ( ).

A. $2f'_u$ B. $2f'_v$
C. $f'_u-f'_v$ D. $f'_u+f'_v$

9. 函数 $z = xy + \dfrac{e^y}{y^2+1}$,则 $\dfrac{\partial^2 z}{\partial y \partial x} = (\quad)$.

A. 0   B. 1   C. y D. 不存在

10. 二次积分 $\int_0^1 dx \int_x^1 e^{y^2} dy = (\quad)$.

A. $\dfrac{1}{2}(e-1)$ B. $\dfrac{1}{2}(e+1)$

C. $(e-1)$ D. $(e+1)$

二、**判断题**(用√、×表示. 本题共 10 个小题,每小题 5 分,共 50 分)

1. 二元函数 $z = \arcsin(1-y) + \ln(x-y)$ 的定义域为 $\{(x,y) \mid x>y, 0\leq y\leq 2\}$.   (   )

2. 已知 $z = \ln\sin(2x-y)$,则 $\dfrac{\partial z}{\partial x} = \cot(2x-y)$.   (   )

3. 设 $z = \ln(x^2+y^2)$,则 $dz\big|_{(1,1)} = dx + dy$.   (   )

4. 设 $z = e^{x-2y}$,又 $x = \sin t$,$y = t^3$,则 $\dfrac{dz}{dt} = e^{\sin t - 2t^3}(\cos t - 6t^2)$.   (   )

5. 设 $\ln\dfrac{z}{x} = \dfrac{y}{z}$,则 $\dfrac{\partial z}{\partial y} = \dfrac{z}{y+z}$.   (   )

6. 二重极限 $\lim\limits_{\substack{x\to 1 \\ y\to 1}} \dfrac{xy-1}{\sqrt{xy}+1} = 2$.   (   )

7. 二元函数 $z = 5 - x^2 - y^2$ 的极小值点是 $(0,0)$.   (   )

8. 区域 D 是由直线 $x=2$,$y=x$ 及曲线 $xy=1$ 所围成的闭区域,则 $\iint\limits_D \dfrac{x^2}{y^2} dxdy = \dfrac{9}{4}$.   (   )

9. 二元函数 $f(x,y) = xy + (x-1)\sin\sqrt[3]{\dfrac{y}{x}}$,则 $f'_x(1,0) = 1$.   (   )

10. 若 D 是圆环形闭区域:$\pi^2 \leq x^2+y^2 \leq 4\pi^2$,则 $\iint\limits_D \sin\sqrt{x^2+y^2}\, dxdy = 6\pi^2$.   (   )

第 9 章

微分方程及其应用

【学习目标】

1. 了解微分方程及其阶、解、通解、初始条件和特解等概念.
2. 掌握变量可分离的微分方程、齐次微分方程和一阶线性微分方程的求解方法.
3. 会解二阶常系数齐次线性微分方程.
4. 了解线性微分方程解的性质及解的结构定理,会解自由项为多项式、指数函数、正弦函数和余弦函数的二阶常系数非齐次线性微分方程.
5. 会用微分方程求解简单的经济应用问题.

微积分的研究对象是函数关系,但在一些问题中无法直接找到所要研究的函数关系,只能根据所给的条件建立一个含有未知函数的导数或微分的关系式,我们把这个关系式称为微分方程,通过解微分方程可以得到我们所要研究的函数关系,即这些问题可以通过微分方程来解决.

本章为微分方程及其应用,先介绍微分方程的一些基本概念和常见的方程类型,再介绍常见的微分方程的求解解法,最后介绍微分方程在经济中的一些应用.

本章知识结构图

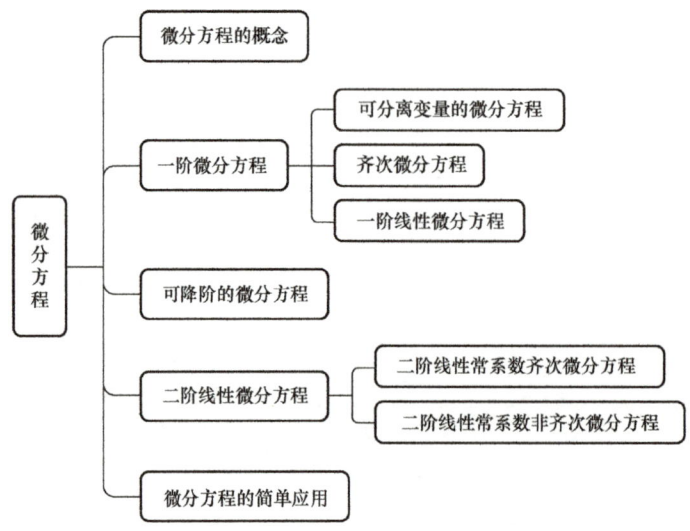

9.1 微分方程的基本概念

9.1.1 实例

我们将通过例子来说明微分方程的基本概念.

例 9.1.1 一条过点 $(1,1)$ 的曲线，该曲线上各点处的切线斜率等于该点横坐标平方的 3 倍，求此曲线方程.

解 设所求的曲线方程为 $y = y(x)$，根据导数的几何意义，可知未知函数 $y = y(x)$ 应满足关系式

$$y' = 3x^2,$$

两边积分，得

$$y = x^3 + C,$$

因为曲线过点 $(1,1)$，即有 $y|_{x=1} = 1$，将此条件代入上式中，求得 $C = 0$. 故所求的曲线方程为

$$y = x^3.$$

9.1.2 微分方程的基本概念

我们把形如实例中 $y' = 3x^2$ 的关系式叫作一阶微分方程，而如 $y'' = 3x^2$、$y''' = x^2 + 6$ 分别叫作二、三阶微分方程. 而 $y = x^3 + C$，$y = x^3$ 都叫作微分方程 $y' = 3x^2$ 的解. 因 $y = x^3 + C$ 中含一个独立的任意常数，我们又称它为微分方程 $y' = 3x^2$ 的通解，$y = x^3$ 称作满足条件 $y|_{x=1} = 1$ 的特解，条件 $y|_{x=1} = 1$ 叫作初始条件.

定义 9.1.1 凡含有未知函数、未知函数的导数（或微分）及自变量之间关系的方程称为**微分方程**.

微分方程中所出现的未知函数导数的最高阶数，称为微分方程的**阶**.

未知函数是一元的叫作**常微分方程**，未知函数是多元的叫作**偏微分方程**. 本章只讨论常微分方程，简称为微分方程.

定义 9.1.2 能使微分方程成为恒等式的函数叫作微分方程的**解**. 如果微分方程的解中含有独立的任意常数，且独立的任意常数的个数与微分方程的阶数相同，我们把这样的解叫作微分方程的**通解**.

由于通解中含有独立的任意常数，所以它不能完全确定地反映某一客观事物的规律性，要完全确定地反映某一客观事物的规律性必须确定这些常数的值，为此要根据具体情况给出确定这些常数的条件. 一般地，一阶微分方程常给条件 $y|_{x=x_0} = y_0$，二阶微分方程的通解中由于有两个独立常数，故需要两个条件，一般为 $y|_{x=x_0} = y_0$，$y'|_{x=x_0} = y_1$ 等. 我们把这些条件叫作**初始条件**. 通过初始条件确定了通解中的任意常数后，得到的微分方

程的解叫作微分方程的**特解**.

例 9.1.2 某地考察人口数量 y 的增长情况，已知人口数量 y 是关于时间 t 的函数，根据自然规律，该地区某时刻的人口增长率 $\dfrac{dy}{dt}$ 与当时人口数量 y 成正比，而这个比例系数是当时当地的人口出生率 m 和人口死亡率 n 之差，即 $\dfrac{dy}{dt} = (m-n)y$，试判断人口增长率 $\dfrac{dy}{dt} = (m-n)y$ 是否为微分方程？若是，指出阶数并判断 $y = e^{(m-n)t}$ 是否为此方程的解.

解 由微分方程的定义知，$\dfrac{dy}{dt} = (m-n)y$ 是一阶微分方程，

将 $y = e^{(m-n)t}$ 求导得，

$$\frac{dy}{dt} = e^{(m-n)t}(m-n),$$

将其代入方程 $\dfrac{dy}{dt} = (m-n)y$ 中，得

$$e^{(m-n)t}(m-n) = (m-n)y,$$

故 $y = e^{(m-n)t}$ 是此方程的解.

微课：例 9.1.3

例 9.1.3 验证 $y = C_1\cos 2x + C_2\sin 2x$（$C_1, C_2$ 为任意常数）为 $y'' + 4y = 0$ 的通解，并求出满足 $y|_{x=0} = 3$，$y'|_{x=0} = -2$ 的特解.

解 由已知得

$$y' = -2C_1\sin 2x + 2C_2\cos 2x,$$
$$y'' = -4C_1\cos 2x - 4C_2\sin 2x,$$

将 y, y'' 代入方程 $y'' + 4y = 0$ 的左端，得

$$(-4C_1\cos 2x - 4C_2\sin 2x) + 4(y) = 0,$$

所以

$$y = C_1\cos 2x + C_2\sin 2x$$

为 $y'' + 4y = 0$ 的解. 又因为此解中含两个独立的任意常数，故此解为 $y'' + 4y = 0$ 的通解. 再将 $y|_{x=0} = 3$，$y'|_{x=0} = -2$ 代入 y, y' 中，得 $C_1 = 3$，$C_2 = -1$，故满足初始条件的特解为 $y = 3\cos 2x - \sin 2x$.

注 （1）微分方程的解是函数，通解是函数族；

（2）通解中的常数是独立的. 如 $y = C_1 e^x + C_2 e^{x+3}$ 是某个二阶微分方程的解，但不是通解，因为 $y = C_1 e^x + C_2 e^{x+3} = (C_1 + C_2 e^3)e^x = Ce^x$，其中 $C = C_1 + C_2 e^3$，实际上只含一个独立常数；

（3）通解未必是全部解. 如 $y' = -y^2\sin x$，可验证 $y = -\dfrac{1}{\cos x + C}$ 是它的解且是通解. 这里显然 $y \neq 0$，但实际上 $y = 0$ 满足原方程，即 $y = 0$ 也是它的解；

（4）并不是所有的微分方程都有通解. 如 $(y')^2 + 1 = 0$ 无实数解.

9.1.3 同步习题

1. 指出下列微分方程的阶数：
(1) $x(y')^2 - 2yy' + x = 0$；
(2) $y'' - 2xy' + 3y = 0$；
(3) $x\mathrm{d}x - y\mathrm{d}y = 0$；
(4) $y''' - xy' - y = 0$.

2. 指出下列各题中的函数是否为所给微分方程的通解或特解：
(1) $xy' = 2y$，$y = x^2$；
(2) $y'' - y = 0$，$y = 3\sin x + 4\cos x$；
(3) $y'' = y$，$y = C_1 \mathrm{e}^x + C_2 \mathrm{e}^{-x}$，$C_1$，$C_2$ 是任意常数.

3. 已知微分方程的通解 $y = (C_1 + C_2 x)\mathrm{e}^{2x}$，且 $y|_{x=0} = 0$，$y'|_{x=0} = 1$，求 C_1，C_2.

4. 写出由下列条件确定的曲线所满足的微分方程：
(1) 曲线在点 (x, y) 处的切线斜率等于该点横坐标的 5 倍；
(2) 曲线在点 (x, y) 处的切线斜率等于该点横坐标与纵坐标乘积的倒数.

9.2 一阶微分方程的解法

实际问题中遇到的微分方程是多种多样的，有的微分方程非常简单，直接通过积分就可以求得通解，而有的微分方程则很复杂，它们的解法也各不相同，一阶微分方程是微分方程中最基本的一类方程，它的一般形式为 $F(x, y, y') = 0$，其中 $F(x, y, y')$ 是 x, y, y' 的已知函数. 下面将介绍几种一阶微分方程的解法.

9.2.1 可分离变量方程

形如 $f(x)\mathrm{d}x = g(y)\mathrm{d}y$ 的一阶微分方程称为<u>可分离变量方程</u>. 将两边同时积分得此方程的通解为

$$\int f(x)\mathrm{d}x = \int g(y)\mathrm{d}y + C,$$

其中，$\int f(x)\mathrm{d}x$，$\int g(y)\mathrm{d}y$ 分别表示 $f(x)$，$g(x)$ 的一个具体原函数，C 是任意常数.

凡是形如 $\dfrac{\mathrm{d}y}{\mathrm{d}x} = f(x)g(y)$、$f_1(x)f_2(y)\mathrm{d}y + g_1(x)g_2(y)\mathrm{d}x = 0$ 的一阶微分方程，通过运算能够化为 $f(x)\mathrm{d}x = g(y)\mathrm{d}y$ 的形式，均为可分离变量方程. 下面介绍可分离变量方程通解的具体求法.

例 9.2.1 求微分方程 $\dfrac{\mathrm{d}y}{\mathrm{d}x} + xy^2 = 0$ 的通解.

解 将方程变形为 $\dfrac{\mathrm{d}y}{\mathrm{d}x} = -xy^2$，这是一个可以分离变量的方程，分离变量，得

$$-\frac{\mathrm{d}y}{y^2} = x\mathrm{d}x,$$

两边积分，得

$$y = \frac{1}{\frac{1}{2}x^2 + C}, \quad C \text{ 为任意常数}.$$

例 9.2.2 求微分方程 $x\mathrm{d}x - 3y\mathrm{d}y = 3x^2 y\mathrm{d}y$ 的通解.

解 合并同类项, 得
$$x\mathrm{d}x = 3(x^2 + 1)y\mathrm{d}y,$$
分离变量, 得
$$\frac{x\mathrm{d}x}{(x^2+1)} = 3y\mathrm{d}y,$$
两边积分, 得
$$\frac{1}{2}\ln(x^2+1) = \frac{3}{2}y^2 + C_1, \quad C_1 \text{ 为任意常数},$$
即通解为
$$\ln(x^2+1) = 3y^2 + C, \quad C = 2C_1.$$

例 9.2.3 求微分方程 $x^2 y\mathrm{d}x + (x^2 y^2 + y^2 - x^2 - 1)\mathrm{d}y = 0$ 满足条件 $y\big|_{x=0} = 1$ 的特解.

解 分离变量, 得
$$\frac{x^2}{1+x^2}\mathrm{d}x = \frac{1-y^2}{y}\mathrm{d}y,$$
积分得通解为
$$x - \arctan x - \ln|y| + \frac{1}{2}y^2 = C,$$
由 $y\big|_{x=0} = 1$, 得
$$C = \frac{1}{2},$$
故所求特解为
$$2(x - \arctan x) + y^2 - \ln y^2 = 1.$$

9.2.2 齐次方程

如果一阶微分方程可化为
$$\frac{\mathrm{d}y}{\mathrm{d}x} = \varphi\left(\frac{y}{x}\right) \tag{9.2.1}$$
的形式, 则称此方程为**齐次方程**.

例如, $y' = \dfrac{x+y}{x-y}$ 可化为 $y' = \dfrac{1+\dfrac{y}{x}}{1-\dfrac{y}{x}}$, 而 $\dfrac{\mathrm{d}y}{\mathrm{d}x} = \dfrac{2xy}{x^2+y^2}$ 可化为 $\dfrac{\mathrm{d}y}{\mathrm{d}x} = \dfrac{2\dfrac{y}{x}}{1+\dfrac{y^2}{x^2}}$, 所以它们都是齐次方程.

对于齐次方程, 通过变量替换可化为可分离变量方程来求解, 具体解法为:

设 $u = \dfrac{y}{x}$，则有

$$\frac{dy}{dx} = u + x\frac{du}{dx}, \tag{9.2.2}$$

代入公式 $\dfrac{dy}{dx} = \varphi\left(\dfrac{y}{x}\right)$ 中，得

$$u + x\frac{du}{dx} = \varphi(u),$$

即

$$x\frac{du}{dx} = \varphi(u) - u,$$

分离变量再积分，

$$\int \frac{du}{\varphi(u) - u} = \int \frac{dx}{x},$$

求出积分结果后，将 $\dfrac{y}{x} = u$ 回代即可得出通解.

例 9.2.4 求方程 $\dfrac{dy}{dx} = 2\sqrt{\dfrac{y}{x}} + \dfrac{y}{x}$ 的通解.

解 该方程为齐次方程，设 $\dfrac{y}{x} = u$，则 $\dfrac{dy}{dx} = u + x\dfrac{du}{dx}$，代入原方程有

$$x\frac{du}{dx} = 2\sqrt{u},$$

分离变量，得

$$\frac{du}{2\sqrt{u}} = \frac{dx}{x},$$

两端积分，得

$$\sqrt{u} = \ln|x| + C, \text{ 即 } u = (\ln|x| + C)^2,$$

代回原来的变量，得到通解为

$$y = x(\ln|x| + C)^2, C \text{ 是任意常数}.$$

例 9.2.5 求方程 $y^2 + x^2\dfrac{dy}{dx} = xy\dfrac{dy}{dx}$ 的通解.

解 原方程可写成

$$\frac{dy}{dx} = \frac{y^2}{xy - x^2} = \frac{\left(\dfrac{y}{x}\right)^2}{\dfrac{y}{x} - 1},$$

该方程为齐次方程，设 $u = \dfrac{y}{x}$，有

$$\frac{dy}{dx} = u + x\frac{du}{dx},$$

代入原方程，得

$$u + x\frac{du}{dx} = \frac{u^2}{u-1}, \text{ 即 } x\frac{du}{dx} = \frac{u}{u-1},$$

分离变量，得

$$\left(1 - \frac{1}{u}\right)du = \frac{dx}{x},$$

两端积分，得

$$u - \ln|u| + C = \ln|x|,$$

整理得

$$\ln|xu| = u + C,$$

将 $u = \frac{y}{x}$ 代回，即可求得通解为

$$\ln|y| = \frac{y}{x} + C, \ C \text{ 是任意常数}.$$

例 9.2.6 求微分方程 $\frac{dy}{dx} = \frac{y}{x} + \tan\frac{y}{x}$ 满足初始条件 $y|_{x=1} = \frac{\pi}{6}$ 的特解.

微课：例 9.2.6

解 所求方程为齐次方程，设 $\frac{y}{x} = u$，有

$$\frac{dy}{dx} = u + x\frac{du}{dx},$$

代入原方程，得

$$u + x\frac{du}{dx} = u + \tan u,$$

分离变量，得

$$\cot u\, du = \frac{1}{x}dx,$$

两端积分，得

$$\ln|\sin u| = \ln|x| + \ln|C|, \text{ 即 } \sin u = Cx,$$

将 $u = \frac{y}{x}$ 代入，则方程的通解是

$$\sin\frac{y}{x} = Cx.$$

由 $y|_{x=1} = \frac{\pi}{6}$ 得 $C = \frac{1}{2}$，故满足 $y|_{x=1} = \frac{\pi}{6}$ 的特解为

$$\sin\frac{y}{x} = \frac{1}{2}x.$$

注 齐次方程的解法本质上是换元法，若方程为 $\frac{dy}{dx} = \varphi\left(\frac{x}{y}\right)$，$\frac{dy}{dx} = \varphi(xy)$，$\frac{dy}{dx} = \varphi(x \pm y)$，$\frac{dy}{dx} = \varphi(x^2 \pm y^2)\cdots$，也可以用此方法，分别设 u 为 $\frac{x}{y}$，xy，$x \pm y$，$x^2 \pm y^2 \cdots$

例 9.2.7 求方程 $y\dfrac{dx}{dy} = x\ln\dfrac{x}{y}$ 的通解.

解 原方程可变形为

$$\dfrac{dx}{dy} = \dfrac{x}{y}\ln\dfrac{x}{y},$$

设 $u = \dfrac{x}{y}$，有 $x = yu$，$\dfrac{dx}{dy} = u + y\dfrac{du}{dy}$ 代入方程，得

$$u + y\dfrac{du}{dy} = u\ln u,$$

分离变量并积分得，

$$\ln|\ln u - 1| = \ln|y| + \ln|C|, \quad 即 \ln u - 1 = Cy,$$

故方程的通解为

$$\ln\dfrac{x}{y} = Cy + 1, \quad C \text{ 为任意常数}.$$

从上面计算可知，$C \neq 0$，但 $C = 0$ 时，有 $\ln\dfrac{x}{y} = 1$，即 $x = ey$，它满足原方程，故不必有 C 非零的限制.

9.2.3 一阶线性微分方程

形如

$$\dfrac{dy}{dx} + p(x)y = q(x) \tag{9.2.3}$$

的方程叫作**一阶线性微分方程**，如果 $q(x) = 0$，则称为**一阶齐次线性微分方程**，若 $q(x)$ 不恒为零，则称为**一阶非齐次线性微分方程**.

对于齐次线性微分方程 $\dfrac{dy}{dx} + p(x)y = 0$，因为它是一个可分离变量方程，分离变量得

$$\dfrac{dy}{y} = -p(x)dx,$$

两边积分后即得其通解为

$$y = Ce^{-\int p(x)dx}. \tag{9.2.4}$$

若 $\dfrac{dy}{dx} + p(x)y = q(x)$ 是非齐次线性微分方程，我们来探讨其通解的求法.

由于齐次线性微分方程是非齐次线性微分方程的特殊情形，两者有着密切的联系，我们猜想两个方程的解之间也应该有联系，而非齐次方程的解不可能再具有形式 $y = C_1 e^{-\int p(x)dx}$，C_1 为常数，这是因为将其代入 $\dfrac{dy}{dx} +$

$p(x)y = q(x)$ 后，左端一定是零，不满足非齐次方程. 我们尝试将 $y = Ce^{-\int p(x)dx}$ 中的任意常数 C 换为不恒为零的函数 $C(x)$，得函数

$$y(x) = C(x)e^{-\int p(x)dx}. \tag{9.2.5}$$

下面看 $y(x) = C(x)e^{-\int p(x)dx}$ 能否成为非齐次方程的解.

将 $y(x) = C(x)e^{-\int p(x)dx}$ 代入 $\dfrac{dy}{dx} + p(x)y = q(x)$，得

$$[C(x)e^{-\int p(x)dx}]' + C(x)e^{-\int p(x)dx} \cdot p(x) = q(x),$$

即

$$C'(x)e^{-\int p(x)dx} + C(x)e^{-\int p(x)dx} \cdot [-p(x)] + C(x)e^{-\int p(x)dx} \cdot p(x) = q(x),$$

化简，得

$$C'(x)e^{-\int p(x)dx} = q(x), \text{即 } C'(x) = q(x)e^{\int p(x)dx},$$

积分得

$$C(x) = \int q(x)e^{\int p(x)dx}dx + C,$$

将 $C(x)$ 代入 $y(x) = C(x)e^{-\int p(x)dx}$，得

$$y = e^{-\int p(x)dx}\left[\int q(x)e^{\int p(x)dx}dx + C\right]. \tag{9.2.6}$$

通过代入检验可知，$y = e^{-\int p(x)dx}\left[\int q(x)e^{\int p(x)dx}dx + C\right]$ 是非齐次线性微分方程的解，又因为它含有一个任意常数，所以它也是非齐次线性微分方程的通解，式(9.2.6)可作为非齐次线性微分方程的通解公式.

这种求非齐次线性微分方程通解的方法，称为**常数变易法**.

例 9.2.8 求方程 $\dfrac{dy}{dx} - \dfrac{2y}{x+1} = (x+1)^{\frac{5}{2}}$ 的通解.

解法 1 这是一个非齐次线性微分方程，下面我们用常数变易法求它的通解.

由 $\dfrac{dy}{dx} - \dfrac{2y}{x+1} = 0$ 分离变量并两端积分得通解为

$$y = C(x+1)^2.$$

把 C 换成 $C(x)$，即令 $y = C(x)(x+1)^2$，求导，得

$$\frac{dy}{dx} = C'(x)(x+1)^2 + 2C(x)(x+1),$$

代入所给的非齐次线性微分方程，得

$$C'(x) = (x+1)^{\frac{1}{2}},$$

积分，得

$$C(x) = \frac{2}{3}(x+1)^{\frac{3}{2}} + C,$$

再把上式代入到 $y = C(x)(x+1)^2$ 中, 得到所求方程的通解为

$$y = (x+1)^2 \left[\frac{2}{3}(x+1)^{\frac{3}{2}} + C \right]$$

$$= \frac{2}{3}(x+1)^{\frac{7}{2}} + C(x+1)^2.$$

解法 2 设 $p(x) = -\frac{2}{x+1}$, $q(x) = (x+1)^{\frac{5}{2}}$, 代入公式

$$y = e^{-\int p(x)dx} \left[\int q(x) e^{\int p(x)dx} dx + C \right],$$

得

$$y = e^{\int \frac{2}{x+1}dx} \left[\int (x+1)^{\frac{5}{2}} e^{\int -\frac{2}{x+1}dx} dx + C \right]$$

$$= (x+1)^2 \left[\frac{2}{3}(x+1)^{\frac{3}{2}} + C \right]$$

$$= \frac{2}{3}(x+1)^{\frac{7}{2}} + C(x+1)^2.$$

例 9.2.9 求 $x^2 dy + (2xy - x + 1)dx = 0$ 满足初始条件 $y|_{x=1} = 0$ 的特解.

解 将方程变形为 $\frac{dy}{dx} + \frac{2}{x}y = \frac{x-1}{x^2}$, 则通解为

$$y = e^{-\int \frac{2}{x}dx} \left[\int \frac{x-1}{x^2} e^{\int \frac{2}{x}dx} dx + C \right]$$

$$= \frac{1}{x^2} \left[\frac{1}{2}x^2 - x + C \right]$$

$$= \frac{1}{2} - \frac{1}{x} + \frac{C}{x^2}.$$

将初始条件 $y|_{x=1} = 0$ 代入通解得 $C = \frac{1}{2}$, 故特解为

$$y = \frac{1}{2} - \frac{1}{x} + \frac{1}{2x^2}.$$

例 9.2.10 求微分方程 $ydx + (x - y^3)dy = 0$, $y > 0$ 的通解.

解 如果将上式写为 $y' + \frac{y}{x - y^3} = 0$, 那么它不是一阶线性微分方程. 若将方程改写为 $\frac{dx}{dy} + \frac{x}{y} = y^2$, 将 x 看作 y 的函数, 那它就是形如 $x' + p(y)x = q(y)$ 的一阶线性微分方程. 得出此类线性微分方程的通解公式为

$$x = e^{-\int p(y)dy} \left[\int q(y) e^{\int p(y)dy} dy + C \right],$$

利用此公式方程 $\dfrac{dx}{dy} + \dfrac{x}{y} = y^2$ 的通解为

$$x = e^{-\int p(y)dy}\left[\int q(y)e^{\int p(y)dy}dy + C\right]$$

$$= e^{-\int \frac{1}{y}dy}\left(\int y^2 e^{\int \frac{1}{y}dy}dy + C\right),$$

$$= \dfrac{1}{y}\left(\dfrac{1}{4}y^4 + C\right) = \dfrac{1}{4}y^3 + \dfrac{C}{y}.$$

9.2.4 同步习题

1. 求下列微分方程的通解：

(1) $3x^2 + 5x - 5y' = 0$；

(2) $\sqrt{1-x^2}\, y' = 2^{-y}$；

(3) $\dfrac{dy}{dx} = 1 + x + y^2 + xy^2$；

(4) $(\sin^2 x)y' - y\ln y = 0$；

(5) $\dfrac{dy}{dx} = 3xy + xy^2$；

(6) $x(y^2-1)dx + y(x^2-1)dy = 0$.

2. 求下列微分方程满足所给初始条件的特解：

(1) $y' = e^{2x-y}$, $y\big|_{x=0} = 0$；

(2) $\cos x \sin y\, dy = \cos y \sin x\, dx$, $y\big|_{x=0} = \dfrac{\pi}{4}$.

3. 求下列微分方程的通解：

(1) $(x^3 + y^3)dx - 3xy^2 dy = 0$；

(2) $xy' = xe^{\frac{y}{x}} + y$；

(3) $(x^2 + y^2)dx - xy\, dy = 0$；

(4) $\left(1 + 2e^{\frac{x}{y}}\right)dx + 2e^{\frac{x}{y}}\left(1 - \dfrac{x}{y}\right)dy = 0$.

4. 求下列微分方程满足所给初始条件的特解：

(1) 求 $y' = \dfrac{x}{y} + \dfrac{y}{x}$ 满足初始条件 $y\big|_{x=1} = 2$ 的特解；

(2) 求微分方程 $xy' + y(\ln x - \ln y) = 0$ 满足 $y(1) = e^3$ 的特解.

5. 求下列微分方程的通解：

(1) $\dfrac{dy}{dx} + \dfrac{1}{x}y = x + 3 + \dfrac{2}{x}$；

(2) $x\ln x\, dy + (y - \ln x)dx = 0$；

(3) $(y^2 - 6x)\dfrac{dy}{dx} + 2y = 0$；

(4) $y' + y\tan x = \cos x$.

6. 求下列微分方程满足所给初始条件的特解：

(1) 求微分方程 $xy' + 2y = x\ln x$ 满足 $y(1) = -\dfrac{1}{9}$ 的特解；

(2) 求微分方程 $y\, dx + (x - 3y^2)dy = 0$ 满足初始条件 $y\big|_{x=1} = 1$ 的特解.

7. 选择题

(1) 设非齐次线性微分方程 $y' + P(x)y = Q(x)$ 有两个不同的解 $y_1(x)$, $y_2(x)$, C 为任意常数，则该方程的通解为（　　）.

A. $C[y_1(x) - y_2(x)]$

B. $y_1(x) + C[y_1(x) - y_2(x)]$

C. $C[y_1(x) + y_2(x)]$

D. $y_1(x) + C[y_1(x) + y_2(x)]$

(2) 设 y_1, y_2 为一阶线性非齐次微分方程 $y' + p(x)y = q(x)$ 的两个特解. 若常数 λ, μ 使得 $\lambda y_1 + \mu y_2$ 为该方程的解, $\lambda y_1 - \mu y_2$ 为对应的齐次方程的解，则（　　）.

A. $\lambda = \dfrac{1}{2}$, $\mu = \dfrac{1}{2}$　　B. $\lambda = -\dfrac{1}{2}$, $\mu = -\dfrac{1}{2}$

C. $\lambda = \dfrac{2}{3}$, $\mu = \dfrac{1}{3}$　　D. $\lambda = \dfrac{2}{3}$, $\mu = \dfrac{2}{3}$

8. 已知连续函数 $f(x)$ 满足条件 $f(x) = \int_0^{3x} f\left(\dfrac{t}{3}\right)dt + e^{2x}$，求 $f(x)$.

9. 求以 $y_1 = x^2 - e^x$, $y_2 = x^2$ 为特解的一阶线性非齐次微分方程.

9.3 可降阶的高阶微分方程

二阶及二阶以上的微分方程统称为**高阶微分方程**. 对于变系数高阶微分方程, 我们通常通过变量代换将其化为低阶的微分方程, 然后求解, 称这种求解的方法为**降阶法**.

本节将介绍三种特殊类型的高阶微分方程的解法.

9.3.1 $y^{(n)}=f(x)$ 型的微分方程

这种方程的特点是方程的右端只含有自变量 x, 只要通过 n 次积分就可以得到通解.

例 9.3.1 求方程 $y''' = e^{3x}$ 的通解.

解 对原方程积分三次得

$$y'' = \int e^{3x} dx = \frac{1}{3} e^{3x} + C_1',$$

$$y' = \int \left(\frac{1}{3} e^{3x} + C_1' \right) dx = \frac{1}{9} e^{3x} + C_1' x + C_2,$$

$$y = \int \left(\frac{1}{9} e^{3x} + C_1' x + C_2 \right) dx = \frac{1}{27} e^{3x} + \frac{1}{2} C_1' x^2 + C_2 x + C_3$$

$$= \frac{1}{27} e^{3x} + C_1 x^2 + C_2 x + C_3, C_1 = \frac{1}{2} C_1'.$$

此为原方程的通解.

例 9.3.2 求方程 $y'' = x$ 满足条件 $\begin{cases} y(0) = 1, \\ y'(0) = \dfrac{1}{2} \end{cases}$ 的特解.

解 将 $y'' = x$ 两边积分得

$$y' = \frac{1}{2} x^2 + C_1,$$

代入条件 $y'(0) = \dfrac{1}{2}$, 得 $C_1 = \dfrac{1}{2}$, 从而

$$y' = \frac{1}{2} x^2 + \frac{1}{2},$$

两边再积分得

$$y = \frac{1}{6} x^3 + \frac{1}{2} x + C_2,$$

代入条件 $y(0) = 1$, 得 $C_2 = 1$, 故所求特解为

$$y = \frac{1}{6} x^3 + \frac{1}{2} x + 1.$$

9.3.2 $y''=f(x,y')$ 型的微分方程

这种方程的特点是不显含 y.

求解的方法是:令 $y'=p$ 则 $y''=\dfrac{\mathrm{d}p}{\mathrm{d}x}$,原方程变为

$$\frac{\mathrm{d}p}{\mathrm{d}x}=f(x,p),$$

这里 p 作为未知函数,设这个一阶微分方程的通解为

$$p=g(x,C_1),\text{ 即 } y'=g(x,C_1),$$

再积分便可得到原方程的通解

$$y=\int g(x,C_1)\mathrm{d}x+C_2.$$

例 9.3.3 求微分方程 $xy''+3y'=0$ 的通解.

解 设 $y'=p$,则 $y''=\dfrac{\mathrm{d}p}{\mathrm{d}x}$,将 $y'=p$ 和 $y''=\dfrac{\mathrm{d}p}{\mathrm{d}x}$ 代入原方程得

$$x\frac{\mathrm{d}p}{\mathrm{d}x}+3p=0,$$

分离变量并积分得 $p=\dfrac{C}{x^3}$,即 $y'=\dfrac{C}{x^3}$.

再积分得通解

$$y=\frac{C_1}{x^2}+C_2, C_1=-\frac{C}{2}.$$

9.3.3 $y''=f(y,y')$ 型的微分方程

这种方程的特点是不显含 x.

求解的方法是:把 y 暂时看作中间变量. 设 $y'=p$,则

$$y''=\frac{\mathrm{d}p}{\mathrm{d}x}=\frac{\mathrm{d}p}{\mathrm{d}y}\cdot\frac{\mathrm{d}y}{\mathrm{d}x}=p\frac{\mathrm{d}p}{\mathrm{d}y},$$

原方程变为

$$p\frac{\mathrm{d}p}{\mathrm{d}y}=f(y,p).$$

这是一个关于 y,p 的一阶微分方程,求出此一阶微分方程的通解后,再积分即可得原方程的通解.

微课:例 9.3.4

例 9.3.4 求方程 $yy''+2y'^2=0$ 的通解.

解 设 $y'=p$,则 $y''=p\dfrac{\mathrm{d}p}{\mathrm{d}y}$,

将其代入原方程得

$$yp\frac{\mathrm{d}p}{\mathrm{d}y}+2p^2=0,$$

$p\neq 0$,$y\neq 0$ 时,除以 p 并分离变量,得

两端积分得

$$\frac{1}{p}\mathrm{d}p = -\frac{2}{y}\mathrm{d}y,$$

$$\ln|p| = -2\ln|y| + \ln|C_0|,$$

整理得

$$p = \frac{C_1}{y^2}, C_1 = \pm C_0,$$

即 $\dfrac{\mathrm{d}y}{\mathrm{d}x} = \dfrac{C_1}{y^2}$, 再分离变量并积分得此方程通解为

$$\frac{1}{3}y^3 = C_1 x + C_2.$$

从以上求解过程中看到,有 $C_1 \neq 0$,但由于 y 等于常数也是方程的解,所以不必有 $C_1 \neq 0$ 的限制.

例 9.3.5 求 $y'' = y'^2 + 1$ 的通解.

解 设 $y' = p$, 则 $y'' = \dfrac{\mathrm{d}p}{\mathrm{d}x}$.

代入原方程得

$$\frac{\mathrm{d}p}{\mathrm{d}x} = p^2 + 1,$$

分离变量得

$$\int \frac{1}{1+p^2}\mathrm{d}p = \int \mathrm{d}x,$$

积分得

$$\arctan p = x + C_1, \text{即 } p = \tan(x + C_1) = \frac{\mathrm{d}y}{\mathrm{d}x},$$

再积分得

$$y = -\ln|\cos(x + C_1)| + C_2.$$

注 此题既不显含 x 也不显含 y,是 $y'' = f(x, y')$ 和 $y'' = f(y, y')$ 型的特殊情况,需选择易求解的方法,若按 $y'' = f(y, y')$ 类型求解则很困难.

9.3.4 同步习题

1. 求下列微分方程的通解:
  (1) $y'' = \sin x + x$; (2) $y'' = xe^x$;
  (3) $y''' = e^{2x} - \cos x$.

2. 求下列微分方程的通解:
  (1) $xy'' + y' = 0$;
  (2) $y'' = y'^3 + y'$;
  (3) $yy'' - (y')^2 = 0$;

  (4) $y'' = 1 + (y')^2$.

3. 求下列微分方程的特解:
  (1) 求微分方程 $(1 + x^2)y'' = 2xy'$ 满足初始条件 $y|_{x=0} = 1, y'|_{x=0} = 3$ 的特解;
  (2) 求微分方程 $yy'' + y'^2 = 0$ 满足初始条件 $y|_{x=0} = 1, y'|_{x=0} = \dfrac{1}{2}$ 的特解.

9.4 二阶线性微分方程

9.4.1 线性微分方程解的性质与结构

形如
$$y'' + p(x)y' + q(x)y = f(x) \tag{9.4.1}$$
的方程称为**二阶线性非齐次微分方程**. 其中 $p(x), q(x)$ 和 $f(x)$ 是已知函数, $p(x)$ 和 $q(x)$ 称为**系数函数**, $f(x)$ 称为**自由项**.

当 $f(x) = 0$ 时, 方程
$$y'' + p(x)y' + q(x)y = 0 \tag{9.4.2}$$
称为**二阶线性齐次微分方程**.

关于二阶线性齐次微分方程 $y'' + p(x)y' + q(x)y = 0$ 有如下定理:

> **定理 9.4.1(解的叠加原理)** 如果 $y_1(x), y_2(x)$ 是二阶线性齐次微分方程的两个解, 则它们的线性组合
> $$y^* = C_1 y_1(x) + C_2 y_2(x), \tag{9.4.3}$$
> 仍是 $y'' + p(x)y' + q(x)y = 0$ 的解. 其中 C_1, C_2 是任意常数.

证 由假设得
$$y_1'' + p(x)y_1' + q(x)y_1 = 0, \quad y_2'' + p(x)y_2' + q(x)y_2 = 0,$$
将 $y^* = C_1 y_1(x) + C_2 y_2(x)$ 代入 $y'' + p(x)y' + q(x)y = 0$ 的左边, 得
$$[C_1 y_1'' + C_2 y_2''] + p(x)[C_1 y_1' + C_2 y_2'] + q(x)[C_1 y_1 + C_2 y_2]$$
$$= C_1[y_1'' + p(x)y_1' + q(x)y_1] + C_2[y_2'' + p(x)y_2' + q(x)y_2]$$
$$= 0.$$
所以 $y^* = C_1 y_1(x) + C_2 y_2(x)$ 是 $y'' + p(x)y' + q(x)y = 0$ 的解.

虽然从 $y^* = C_1 y_1(x) + C_2 y_2(x)$ 的形式上看, 含有两个任意常数, 但它不一定是方程 $y'' + p(x)y' + q(x)y = 0$ 的通解.

例如, 设 y_1 是 $y'' + p(x)y' + q(x)y = 0$ 的解, 取 $y_2 = 3y_1$, 则 y_2 也是 $y'' + p(x)y' + q(x)y = 0$ 的解, 但它们的线性组合
$$y = C_1 y_1(x) + C_2 y_2(x) = (C_1 + 3C_2) y_1(x)$$
$$= C y_1(x), C = C_1 + 3C_2,$$
不是 $y'' + p(x)y' + q(x)y = 0$ 的通解. 那么, 在什么条件下, $y^* = C_1 y_1(x) + C_2 y_2(x)$ 才是方程 $y'' + p(x)y' + q(x)y = 0$ 的通解呢?

要解决此问题, 还需引入函数组线性相关与线性无关的概念.

> **定义 9.4.1** 设 $y_1(x), y_2(x), \cdots, y_n(x)$ 为定义在区间 I 上的 n 个函数. 如果存在 n 个不全为零的常数 $k_1, k_2, \cdots, k_n$, 使得当 $x \in I$ 时, 等式
> $$k_1 y_1(x) + k_2 y_2(x) + \cdots + k_n y_n(x) = 0$$
> 恒成立, 那么称这 n 个函数在区间 I 上**线性相关**; 否则称为**线性无关**.

例如，函数组 $1, \cos^2 x, \sin^2 x$ 在任何区间上是线性相关的. 因为取
$$k_1 = 1, \ k_2 = k_3 = -1,$$
等式
$$1 - \cos^2 x - \sin^2 x = 0$$
恒成立.

由定义可知，在某区间内的两个函数 $y_1(x), y_2(x)$，如果存在不为零的常数 k，使得 $\dfrac{y_1(x)}{y_2(x)} \neq k$ 成立，则称 $y_1(x)$ 与 $y_2(x)$ 在该区间内线性无关；否则，称线性相关.

根据线性无关的概念，得到下面的结论：

定理 9.4.2（通解的结构） 如果函数 $y_1(x), y_2(x)$ 是方程 $y'' + p(x)y' + q(x)y = 0$ 的两个线性无关的特解，则
$$y = C_1 y_1(x) + C_2 y_2(x), C_1, C_2 \text{ 是任意常数}$$
是它的通解.

定理 9.4.2 表明，求齐次线性方程的通解，只需求得两个线性无关的特解即可. 例如，方程 $y'' - 3y' + 2y = 0$ 是二阶齐次线性微分方程，容易验证 $y_1 = e^{2x}$, $y_2 = e^x$ 是该方程的两个特解，且 $\dfrac{y_1}{y_2} = \dfrac{e^{2x}}{e^x} = e^x$ 不等于常数，所以 $y = C_1 e^{2x} + C_2 e^x$, C_1, C_2 是任意常数，为此方程的通解.

定理 9.4.1 与定理 9.4.2 的性质可以推广到 n 阶线性微分方程
$$y^{(n)} + a_1(x) y^{(n-1)} + a_2(x) y^{(n-2)} + \cdots + a_{n-1}(x) y' + a_n(x) y = 0.$$

下面我们讨论非齐次线性方程 $y'' + p(x)y' + q(x)y = f(x)$ 解的情况.

在学习一阶线性微分方程时，一阶非齐次线性微分方程的通解等于对应的齐次线性方程通解与非齐次线性方程的一个特解之和. 实际上，二阶及二阶以上的高阶线性非齐次微分方程的通解也具有这样的结构.

定理 9.4.3 如果函数 $y_1(x), y_2(x)$ 是方程 $y'' + p(x)y' + q(x)y = f(x)$ 的解，则
$$y_1(x) - y_2(x)$$
是方程 $y'' + p(x)y' + q(x)y = 0$ 解.

证 因为 $y_1(x), y_2(x)$ 是方程 $y'' + p(x)y' + q(x)y = f(x)$ 的解，所以
$$y_1'' + p(x) y_1' + q(x) y_1 = f(x),$$
$$y_2'' + p(x) y_2' + q(x) y_2 = f(x).$$

将 $y_1(x) - y_2(x)$ 代入 $y'' + p(x)y' + q(x)y = 0$ 的左端，有
$$[y_1''(x) - y_2''(x)] + p(x)[y_1'(x) - y_2'(x)] + Q(x)[y_1(x) - y_2(x)]$$
$$= [y_1'' + P(x) y_1' + Q(x) y_1] - [y_2'' + P(x) y_2' + Q(x) y_2]$$
$$= f(x) - f(x) = 0.$$

故 $y_1(x) - y_2(x)$ 是方程 $y'' + p(x)y' + q(x)y = 0$ 解.

定理 9.4.4(通解的结构)　如果 $y^*(x)$ 是 $y'' + p(x)y' + q(x)y = f(x)$ 的一个特解，$Y(x)$ 是对应齐次方程的通解，则 $y = Y(x) + y^*(x)$ 是 $y'' + p(x)y' + q(x)y = f(x)$ 的通解.

证　将 $y = Y(x) + y^*(x)$ 代入 $y'' + p(x)y' + q(x)y = f(x)$ 的左端，则有
$$(Y'' + y^{*''}) + p(x)(Y' + y^{*'}) + Q(x)(Y + y^*)$$
$$= (y^{*''} + P(x)y^{*'} + Q(x)y^*) + (Y'' + P(x)Y' + Q(x)Y)$$
$$= f(x) + 0 = f(x).$$

故 $y = Y(x) + y^*(x)$ 是非齐次方程的解. 由于齐次方程通解中含有两个相互独立的任意常数，所以 $y = Y(x) + y^*(x)$ 中也含有两个相互独立的任意常数，即它是非齐次方程的通解.

例如，方程 $y'' - 5y' + 6y = e^{2x}$ 是二阶非齐次线性方程，已知
$$y = C_1 e^{3x} + C_2 e^{2x}$$
是对应齐次方程 $y'' - 5y' + 6y = 0$ 的通解，又知
$$y^* = -x e^{2x}$$
是非齐次方程 $y'' - 5y' + 6y = e^{2x}$ 的特解，因此
$$y = C_1 e^{3x} + C_2 e^{2x} - x e^{2x}$$
是所给非齐次线性方程的通解.

非齐次线性方程 $y'' + p(x)y' + q(x)y = f(x)$ 的特解，有时也用下面定理求出.

定理 9.4.5(解的叠加原理)　设函数 $y_1^*(x), y_2^*(x)$ 分别是二阶非齐次线性方程
$$y'' + p(x)y' + q(x)y = f_1(x)$$
与
$$y'' + p(x)y' + q(x)y = f_2(x)$$
的特解，则
$$y_1^*(x) + y_2^*(x)$$
是微分方程 $y'' + p(x)y' + q(x)y = f_1(x) + f_2(x)$ 的特解.

证　将 $y_1^*(x) + y_2^*(x)$ 代入 $y'' + p(x)y' + q(x)y = f_1(x) + f_2(x)$ 的左端，得
$$[y_1^*(x) + y_2^*(x)]'' + p(x)[y_1^*(x) + y_2^*(x)]' + q(x)[y_1^*(x) + y_2^*(x)]$$
$$= [y_1^{*''}(x) + p(x)y_1^{*'}(x) + q(x)y_1^*(x)] + [y_2^{*''}(x) + p(x)y_2^{*'}(x) + q(x)y_2^*(x)]$$
$$= f_1(x) + f_2(x).$$

故 $y_1^*(x) + y_2^*(x)$ 是该方程的特解.

定理 9.4.3 和定理 9.4.4 的结论可以推广到 n 阶线性方程
$$y^{(n)} + a_1(x)y^{(n-1)} + a_2(x)y^{(n-2)} + \cdots + a_{n-1}(x)y' + a_n(x)y = f(x).$$

9.4.2 二阶线性常系数齐次微分方程

由解的结构定理可知,求 $y'' + py' + qy = 0$ 的通解可归结为求它的两个线性无关的特解,什么样的函数 y 有可能成为 $y'' + py' + qy = 0$ 的特解呢?

由于 y'',y',y 各自乘上常数因子后相加为零,即 y 和它的导数 y'',y' 之间只相差常数因子,当 λ 为常数时,指数函数 $y = e^{\lambda x}$ 恰好具备这一性质,因此我们用 $y = e^{\lambda x}$ 来尝试,看能否选取适当的常数 λ,使得 $y = e^{\lambda x}$ 满足 $y'' + py' + qy = 0$.

设 $y = e^{\lambda x}$,求 y' 和 y'',并将 y,y',y'' 代入 $y'' + py' + qy = 0$ 中,有
$$(\lambda^2 + p\lambda + q)e^{\lambda x} = 0,$$
即有
$$\lambda^2 + p\lambda + q = 0.$$
称此式为方程 $y'' + py' + qy = 0$ 的**特征方程**.

显然 $y = e^{\lambda x}$ 是 $y'' + py' + qy = 0$ 的特解的充分必要条件是 λ 为特征方程的根. 下面根据特征根的取值情况给出 $y'' + py' + qy = 0$ 的通解.

设 $\Delta = p^2 - 4q$,C_1,C_2 是独立的任意常数.

(1) 当 $\Delta > 0$ 时,特征方程有两个相异实根 λ_1 和 λ_2,这时方程有两个特解
$$y_1 = e^{\lambda_1 x},\quad y_2 = e^{\lambda_2 x}.$$
由于 $\dfrac{y_1}{y_2} = e^{(\lambda_1 - \lambda_2)x}$ 不为常数,所以 y_1,y_2 线性无关,故方程的通解为
$$y(x) = C_1 e^{\lambda_1 x} + C_2 e^{\lambda_2 x}.$$

(2) 当 $\Delta = 0$ 时,特征方程有二重根 λ. 这时方程有一个特解 $y_1 = e^{\lambda x}$,设另一个特解为 y_2,因为 $\dfrac{y_2}{y_1}$ 不为常数,故设 $\dfrac{y_2}{y_1} = u(x)$,即 $y_2 = u(x)y_1 = u(x)e^{\lambda x}$. 求 y_2',y_2'' 并将 y_2,y_2',y_2'' 代入 $y'' + py' + qy = 0$ 中得,
$$u''(x) + (2\lambda + p)u'(x) + (\lambda^2 + p\lambda + q) = 0,$$
由于 λ 是特征方程的二重根,因此
$$\begin{cases} 2\lambda + p = 0, \\ \lambda^2 + p\lambda + q = 0. \end{cases}$$
于是有 $u''(x) = 0$,因为这里只要得到一个不为常数的解,所以就取 $u(x) = x$,由此得
$$y_2 = xe^{\lambda x}.$$
故方程的通解为
$$y(x) = C_1 e^{\lambda x} + C_2 x e^{\lambda x} = (C_1 + C_2 x)e^{\lambda x}.$$

(3) 当 $\Delta < 0$ 时,特征方程有两个共轭复根:$\lambda_1 = \alpha + \beta i$,$\lambda_2 = \alpha - \beta i$.
$$y_1 = e^{(\alpha + i\beta)x},\quad y_2 = e^{(\alpha - i\beta)x}$$
是微分方程 $y'' + py' + qy = 0$ 的两个特解,但它们是复数形式,为了得到实值函数形式的解,利用欧拉公式 $e^{i\theta} = \cos\theta + i\sin\theta$ 把 y_1 和 y_2 改写成

$$y_1 = e^{(\alpha+i\beta)x} = e^{\alpha x}(\cos\beta x + i\sin\beta x),$$
$$y_2 = e^{(\alpha-i\beta)x} = e^{\alpha x}(\cos\beta x - i\sin\beta x),$$

利用解的叠加原理，有

$$\bar{y}_1 = \frac{1}{2}(y_1 + y_2) = e^{\alpha x}\cos\beta x,$$
$$\bar{y}_2 = \frac{1}{2i}(y_1 - y_2) = e^{\alpha x}\sin\beta x,$$

也是方程 $y'' + py' + qy = 0$ 的解，且 $\dfrac{\bar{y}_1}{\bar{y}_2} = \cot\beta x$ 不为常数，故方程的通解为

$$y(x) = e^{\alpha x}(C_1\cos\beta x + C_2\sin\beta x).$$

综上所述，求齐次微分方程 $y'' + py' + qy = 0$ 的通解的步骤是：

(1) 写出特征方程 $\lambda^2 + p\lambda + q = 0$；

(2) 求出两个特征根 λ_1，λ_2；

(3) 根据两个特征根的不同情形，写出通解.

为了便于记忆，将上述三种情况汇总见表 9.1.

表 9.1　二阶线性常系数齐次微分方程通解形式

微分方程	特征方程	特征根	微分方程通解
$y'' + py' + qy = 0$ 其中 p，q 为常数	$\lambda^2 + p\lambda + q = 0$	不等实根 $\lambda_1 \neq \lambda_2$	$y(x) = C_1 e^{\lambda_1 x} + C_2 e^{\lambda_2 x}$
		相等实根 $\lambda_1 = \lambda_2 = \lambda$	$y(x) = (C_1 + C_2 x)e^{\lambda x}$
		一对共轭复根 $\lambda_{1,2} = \alpha \pm i\beta$	$y(x) = e^{\alpha x}(C_1\cos\beta x + C_2\sin\beta x)$

例 9.4.1　求下列方程的通解：

(1) $y'' - y' - 6y = 0$；　(2) $y'' + 2y' + y = 0$；　(3) $y'' + 2y' + 5y = 0$.

解　(1) 特征方程为 $\lambda^2 - \lambda - 6 = 0$，特征根为 $\lambda_1 = 3$，$\lambda_2 = -2$，故所求的通解为

$$y = C_1 e^{3x} + C_2 e^{-2x}.$$

(2) 特征方程为 $\lambda^2 + 2\lambda + 1 = 0$，特征根为 $\lambda_1 = \lambda_2 = -1$，故所求的通解为

$$y = (C_1 + C_2 x)e^{-x}.$$

(3) 特征方程为 $\lambda^2 + 2\lambda + 5 = 0$，特征根为 $\lambda_{1,2} = -1 \pm 2i$，故所求的通解为

$$y = e^{-x}(C_1\cos 2x + C_2\sin 2x).$$

例 9.4.2　求微分方程 $y'' - 4y' + 3y = 0$ 满足初始条件 $y|_{x=0} = 6$，$y'|_{x=0} = 10$ 的特解.

解　特征方程 $\lambda^2 - 4\lambda + 3 = 0$ 的根为 $\lambda_1 = 1, \lambda_2 = 3$，故方程的通解为

$$y = C_1 e^x + C_2 e^{3x},$$

又
$$y' = C_1 e^x + 3C_2 e^{3x},$$
代入初始条件 $y|_{x=0} = 6$，$y'|_{x=0} = 10$，得 $C_1 = 4$，$C_2 = 2$，
故所求特解为
$$y = 4e^x + 2e^{3x}.$$

9.4.3 二阶线性常系数非齐次微分方程

二阶线性常系数非齐次微分方程 $y'' + py' + qy = f(x)$ 的通解等于它的一个特解加上对应齐次微分方程的通解. 而对应齐次微分方程的通解的求法已经在 9.4.2 节的内容中介绍过了. 下面将介绍微分方程 $y'' + py' + qy = f(x)$ 的特解 y^* 的求法，我们主要介绍两种 $f(x)$ 为特殊形式时 y^* 的求法.

1. $f(x) = e^{rx} P_m(x)$

这里 r 为常数，$P_m(x)$ 是关于 x 的一个 m 次多项式，先看特解 y^* 的形式.

分析 多项式 $P_m(x)$ 与指数函数 e^{rx} 乘积的导数应该也是一个多项式与指数函数的乘积，因此设方程的特解为 $y^* = Q(x) e^{rx}$，其中 $Q(x)$ 是某个多项式函数. 将
$$y^{*'} = [rQ(x) + Q'(x)] e^{rx},$$
$$y^{*''} = [r^2 Q(x) + 2rQ'(x) + Q''(x)] e^{rx},$$
分别代入方程 $y'' + py' + qy = f(x)$ 并消去 e^{rx}，得
$$Q''(x) + (2r + p) Q'(x) + (r^2 + pr + q) Q(x) = P_m(x). \quad (9.4.4)$$

从以下三种不同的情形，分别讨论特解 y^* 的形式：

（1）若 r 不是特征方程 $\lambda^2 + p\lambda + q = 0$ 的根，即 $r^2 + pr + q \neq 0$，要使式(9.4.4)的两端恒等，$Q(x)$ 也应为一个 m 次多项式，设为 $Q_m(x)$，从而得到所求方程的特解形式为
$$y^* = Q_m(x) e^{rx}.$$

（2）若 r 是特征方程 $\lambda^2 + p\lambda + q = 0$ 的单根，即 $r^2 + pr + q = 0$，$2r + p \neq 0$，要使式(9.4.4)的两端恒等，$Q'(x)$ 应为一个 m 次多项式，于是特解形式可写为
$$y^* = xQ_m(x) e^{rx}.$$

（3）若 r 是特征方程 $\lambda^2 + p\lambda + q = 0$ 的重根，即 $r^2 + pr + q = 0$，$2r + p = 0$，要使式(9.4.4)的两端恒等，$Q''(x)$ 应为一个 m 次多项式，于是特解形式可写为
$$y^* = x^2 Q_m(x) e^{rx}.$$

综上，当 $f(x) = e^{rx} P_m(x)$ 时，可设特解形式为
$$y^* = x^k e^{\lambda x} Q_m(x),$$
其中
$$k = \begin{cases} 0, & \lambda \text{ 不是根}, \\ 1, & \lambda \text{ 是单根}, \\ 2, & \lambda \text{ 是重根}. \end{cases}$$

特解形式确定后，我们应如何求特解 y^* 呢？

首先根据特解应有的形式设出特解，再将设出的特解代入原方程，用待定系数法求出特解的具体表达式即可．

例 9.4.3 求微分方程 $y'' - 2y' - 3y = 3x + 1$ 的一个特解．

解 这是二阶线性常系数非齐次微分方程，且函数 $f(x)$ 是 $P_m(x)e^{rx}$ 型，其中 $P_m(x) = 3x + 1$，$r = 0$．设特解形式为

$$y^* = x^k(ax + b),$$

对应的齐次方程 $y'' - 2y' - 3y = 0$ 的特征方程为 $\lambda^2 - 2\lambda - 3 = 0$，$r = 0$ 不是特征方程的根，所以 $k = 0$，将特解

$$y^* = ax + b$$

代入原方程，得

$$-3ax - 2a - 3b = 3x + 1,$$

比较两端 x 同次幂的系数，得

$$\begin{cases} -3a = 3 \\ -2a - 3b = 1 \end{cases},$$

解得 $a = -1$，$b = \dfrac{1}{3}$．于是求得一个特解为

$$y^* = -x + \frac{1}{3}.$$

微课：例 9.4.4

例 9.4.4 求方程 $y'' - 3y' + 2y = 3xe^x$ 的通解．

解 对应齐次方程的特征方程为

$$\lambda^2 - 3\lambda + 2 = 0,$$

解得特征根为 $\lambda_1 = 1$，$\lambda_2 = 2$，故对应的齐次方程的通解为

$$Y = C_1 e^x + C_2 e^{2x}.$$

因为 $f(x) = 3xe^x$，可设特解形式为

$$y^* = x^k(ax + b)e^x,$$

又 $r = 1$ 是特征方程的单根，所以 $k = 1$，特解形式为

$$y^* = x(ax + b)e^x,$$

代入原方程并化简，得

$$-2ax + (2a - b) = 3x,$$

比较系数，得 $a = -\dfrac{3}{2}$，$b = -3$，故原方程的特解为

$$y^* = -\frac{3}{2}x(x + 2)e^x,$$

从而原方程的通解为

$$y = Y + y^* = C_1 e^x + C_2 e^{2x} - \frac{3}{2}x(x + 2)e^x.$$

2. $f(x) = e^{rx}[p_l(x)\cos\omega x + p_n(x)\sin\omega x]$

其中 $p_l(x)$，$p_n(x)$ 分别为 l，n 次多项式，r 和 ω 是常数．应用欧拉公

式，把 $f(x)$ 表示成复指数函数的形式，有

$$f(x) = e^{rx}[p_l(x)\cos\omega x + p_n(x)\sin\omega x]$$

$$= e^{rx}\left[p_l \frac{e^{i\omega x}+e^{-i\omega x}}{2} + p_n \frac{e^{i\omega x}-e^{-i\omega x}}{2i}\right]$$

$$= \left(\frac{p_l}{2}+\frac{p_n}{2i}\right)e^{(r+i\omega)x} + \left(\frac{p_l}{2}-\frac{p_n}{2i}\right)e^{(r-i\omega)x},$$

设 $m = \max\{l, n\}$，则

$$p_m = \left(\frac{p_l}{2}+\frac{p_n}{2i}\right) = \frac{p_l}{2}-\frac{p_n}{2}i \text{ 与 } \bar{p}_m(x) = \left(\frac{p_l}{2}-\frac{p_n}{2i}\right) = \frac{p_l}{2}+\frac{p_n}{2}i,$$

是互成共轭的 m 次多项式。于是有

$$f(x) = p_m(x)e^{(r+i\omega)x} + \bar{p}_m(x)e^{(r-i\omega)x},$$

只要分别求出方程

$$y'' + py' + qy = p_m(x)e^{(r+i\omega)x}$$

与

$$y'' + py' + qy = \bar{p}_m(x)e^{(r-i\omega)x}$$

的一个特解 y_1^* 与 y_2^*，由叠加原理可知 $y_1^* + y_2^*$ 就是方程 $y'' + py' + qy = f(x)$ 的一个特解。

对 $y'' + py' + qy = p_m(x)e^{(r+i\omega)x}$，根据第一种类型的结果，可设 $y_1^* = x^k Q_m e^{(r+i\omega)x}$，其中 k 按 $r+i\omega$ 不是特征方程的根或是特征方程的单根依次取 0 或 1。

$\bar{p}_m(x)e^{(r-i\omega)x}$ 与 $p_m(x)e^{(r+i\omega)x}$ 共轭，所以与 y_1^* 成共轭的函数 $y_2^* = x^k \bar{Q}_m e^{(r-i\omega)x}$ 必为 $y'' + py' + qy = \bar{p}_m(x)e^{(r-i\omega)x}$ 的特解，这里 Q_m 与 $\bar{Q}_m$ 成共轭的 m 次多项式。因此方程 $y'' + p(x)y' + q(x)y = f(x)$ 的一个特解为

$$y^* = y_1^* + y_2^* = x^k e^{rx}(Q_m e^{i\omega x} + \bar{Q}_m e^{-i\omega x}).$$

因为括号中两项共轭，相加后无虚部，所以可写成实函数

$$y^*(x) = x^k e^{rx}(R_m^{(1)}(x)\cos\omega x + R_m^{(2)}(x)\sin\omega x).$$

综上所述，得出如下结论：

如果 $f(x) = e^{rx}[p_l(x)\cos\omega x + p_n(x)\sin\omega x]$，则二阶线性常系数非齐次微分方程具有特解形式为

$$y^*(x) = x^k e^{rx}(R_m(x)\cos\omega x + S_m(x)\sin\omega x),$$

其中 $R_m(x)$，$S_m(x)$ 都是 m 次多项式，但是系数不一定相同，$m = \max\{l, n\}$。当 $r+i\omega$（或 $r-i\omega$）不是特征方程的根时，取 $k = 0$；当 $r+i\omega$（或 $r-i\omega$）是特征方程的单根时，取 $k = 1$。

例 9.4.5 求微分方程 $y'' + y = x\cos 2x$ 的一个特解。

解 $f(x) = x\cos 2x$ 属于 $f(x) = e^{rx}[p_l(x)\cos\omega x + p_n(x)\sin\omega x]$ 型。设特解形式为

$$y^* = x^k[(ax+b)\cos 2x + (cx+d)\sin 2x],$$

这里的 $r = 0, \omega = 2, p_l(x) = x, p_n(x) = 0$，对应的齐次方程 $y'' + y = 0$ 的特征方程为

$$\lambda^2 + 1 = 0,$$

特征根为 $\lambda = \pm i$,由于 $r \pm \omega i = \pm 2i$ 不是特征方程的根,所以取 $k=0$,特解

$$y^* = (ax+b)\cos 2x + (cx+d)\sin 2x.$$

把它代入所给方程,得

$$(-3ax - 3b + 4c)\cos 2x - (3cx + 3d + 4a)\sin 2x = x\cos 2x,$$

比较系数,得

$$\begin{cases} -3ax - 3b + 4c = x, \\ -3cx - 3d - 4a = 0, \end{cases}$$

即有

$$\begin{cases} -3a = 1, \\ -3b + 4c = 0, \\ -3c = 0, \\ -3d - 4a = 0, \end{cases}$$

解得

$$a = -\frac{1}{3}, b = 0, c = 0, d = \frac{4}{9},$$

即特解为

$$y^* = -\frac{1}{3}x\cos 2x + \frac{4}{9}\sin 2x.$$

例 9.4.6 求微分方程 $y'' + 3y' - y = e^x \cos 2x$ 的一个特解.

解 $f(x) = e^x \cos 2x$ 属于 $e^{rx}[p_l(x)\cos\omega x + p_n(x)\sin\omega x]$ 型.设特解形式为

$$y^* = x^k e^x (a\cos 2x + b\sin 2x).$$

这里的 $r=1$,$\omega=2$,$p_l(x)=1$,$p_n(x)=0$,且 $r \pm \omega i = 1 \pm 2i$,它不是对应的齐次方程的特征方程 $\lambda^2 + 3\lambda - 1 = 0$ 的根,所以取 $k=0$,特解为

$$y^* = e^x(a\cos 2x + b\sin 2x),$$

求导后有

$$y^{*\prime} = e^x[(a+2b)\cos 2x + (b-2a)\sin 2x],$$
$$y^{*\prime\prime} = e^x[(4b-3a)\cos 2x + (-4b-3a)\sin 2x],$$

代入所给方程,得

$$(10b-a)\cos 2x - (b+10a)\sin 2x = \cos 2x,$$

比较系数,得

$$\begin{cases} 10b - a = 1, \\ b + 10a = 0, \end{cases}$$

解得

$$a = -\frac{1}{101}, \quad b = \frac{10}{101},$$

于是求得特解为

$$y^* = e^x\left(-\frac{1}{101}\cos 2x + \frac{10}{101}\sin 2x\right).$$

9.4.4 同步习题

1. 求下列微分方程的通解：
(1) $y'' - 4y' + 3y = 0$；
(2) $y'' - 4y' = 0$；
(3) $y'' - 4y' + 4y = 0$；
(4) $y'' - 4y' + 5y = 0$.

2. 求微分方程 $y'' + 4y' + 29y = 0$ 满足 $y|_{x=0} = 0$，$y'|_{x=0} = 15$ 的特解.

3. 求下列微分方程的通解：
(1) $y'' - 2y' + 2y = e^x$；
(2) $y'' - 5y' + 6y = xe^{2x}$；
(3) $y'' + 4y = 2\cos 2x$；
(4) $y'' - 4y = e^{2x}$；
(5) $y'' + y = -2x$；
(6) $y'' + y = x + \cos x$.

4. 求微分方程 $y'' - 3y' + 2y = 5$ 满足 $y|_{x=0} = 1$，$y'|_{x=0} = 2$ 的特解.

5. 选择题

(1) 设函数 $y_1(x)$，$y_2(x)$，$y_3(x)$ 线性无关，而且都是非齐次线性微分方程 $y'' + p(x)y' + q(x)y = f(x)$ 的解，C_1，C_2 为任意常数，则该非齐次线性微分方程的通解是( ).

A. $C_1 y_1 + C_2 y_2 + y_3$
B. $C_1 y_1 + C_2 y_2 - (C_1 + C_2) y_3$
C. $C_1 y_1 + C_2 y_2 - (1 - C_1 - C_2) y_3$
D. $C_1 y_1 + C_2 y_2 + (1 - C_1 - C_2) y_3$

(2) 设函数 $y_1(x)$，$y_2(x)$ 为二阶变系数齐次线性方程 $y'' + p(x)y' + q(x)y = 0$ 的两个特解，则 $C_1 y_1 + C_2 y_2$，C_1，C_2 为任意常数，是该方程通解的充分条件是( ).

A. $y_1(x) y_2'(x) - y_2(x) y_1'(x) = 0$
B. $y_1(x) y_2'(x) - y_2(x) y_1'(x) \neq 0$
C. $y_1(x) y_2'(x) + y_2(x) y_1'(x) = 0$
D. $y_1(x) y_2'(x) + y_2(x) y_1'(x) \neq 0$

(3) 微分方程 $y'' + y = x^2 + 1 + \sin x$ 的特解形式可设为( ).

A. $y^*(x) = ax^2 + bx + c + x(A\sin x + B\cos x)$
B. $y^*(x) = x(ax^2 + bx + c + A\sin x + B\cos x)$
C. $y^*(x) = ax^2 + bx + c + A\sin x$
D. $y^*(x) = ax^2 + bx + c + A\cos x$

(4) 具有特解 $y_1 = e^{-x}$，$y_2 = 2xe^{-x}$，$y_3 = 3e^x$ 的三阶常系数齐次线性微分方程是( ).

A. $y''' - y'' - y' + y = 0$
B. $y''' + y'' - y' - y = 0$
C. $y''' - 6y'' + 11y' - 6y = 0$
D. $y''' - 2y'' - y' + 2y = 0$

6. 填空题

(1) 若二阶线性常系数齐次微分方程 $y'' + ay' + by = 0$ 的通解为 $y = (C_1 + C_2 x)e^x$，则非齐次方程 $y'' + ay' + by = x$ 满足条件 $y(0) = 2$，$y'(0) = 0$ 的特解为_____.

(2) 已知 $y_1 = e^{3x} - xe^{2x}$，$y_2 = e^x - xe^{2x}$，$y_3 = -xe^{2x}$，是某二阶线性常系数非齐次微分方程的三个解，则该方程的通解为_____，其中 C_1，C_2 为任意常数.

9.5 微分方程的简单应用

9.5.1 微分方程的简单应用

微分方程在各个领域中有着广泛的应用，我们在此不打算进行理论上的阐述，只是通过举几个简单的实例，介绍微分方程的一些简单应用.

例 9.5.1 已知某公司的纯利润 y 对广告费 x 的变化率与常数 a 和纯利润 y 之差成正比，当 $x = 0$ 时，$y = a_0$，试求纯利润 y 与广告费 x 之间的函数关系.

解 依题意有

$$\frac{dy}{dx} = k(a-y), k \text{ 为常数},$$

分离变量得

$$\frac{dy}{a-y} = k dx,$$

积分得通解为

$$y = a + Ce^{-kx},$$

代入条件 $x=0$ 时,$y=a_0$ 得 $C = a_0 - a$,所以纯利润 y 与广告费 x 之间的函数关系为

$$y = a + (a_0 - a)e^{-kx}.$$

例 9.5.2 设需求价格弹性 $M = -\dfrac{3}{\sqrt{Q}}$,$Q > 0$,且当 $Q = 81$ 时,$P = 1$,试将价格 P 表示为需求 Q 的函数.

解 所求函数 $P = P(Q)$ 是需求函数的反函数,则按需求价格弹性的定义有

$$\frac{P}{Q}\frac{dQ}{dP} = -\frac{3}{\sqrt{Q}},$$

这是可分离变量的微分方程. 分离变量,得

$$\frac{1}{Q}\sqrt{Q}\,dQ = -\frac{3}{P}dP,$$

两端积分得通解为

$$P = Ce^{-\frac{2}{3}\sqrt{Q}},$$

代入条件 $Q = 81$ 时,$P = 1$ 得 $C = e^6$,故所求函数为

$$P = e^{6 - \frac{2}{3}\sqrt{Q}}.$$

例 9.5.3 某公司 t 年净资产有 $p(t)$(单位:百万元),并且资产本身以每年 4% 的速度连续增长,同时该公司每年要以 20 百万元的数额连续支付职工工资. (1) 给出描述净资产 $p(t)$ 的微分方程;(2) 假设初始净资产为 p_0,求解方程.

解 (1) 利用平衡法,即由净资产增长速度 = 资产本身增长速度 - 职工工资支付速度,可得方程

$$\frac{dp}{dt} = 0.04p - 20.$$

(2) 由 $\dfrac{dp}{dt} = 0.04p - 20 = 0.04(p - 500)$,分离变量得

$$\frac{dp}{p - 500} = 0.04\,dt,$$

积分得通解为

$$p = 500 + Ce^{0.04t},$$

将 $p(0) = p_0$ 代入,得

$$p = 500 + (p_0 - 500)e^{0.04t}.$$

上式推导过程中 $p\neq 500$, 当 $p=500$ 时, $\dfrac{\mathrm{d}p}{\mathrm{d}t}=0$, 可知 $p=500=p_0$, 通常称为平衡解, 仍包含在通解表达式中.

例 9.5.4 在某池塘内养鱼, 该池塘最多能养鱼 1000 尾, 在时刻 t, 鱼尾数 y 是时间 t 的函数, 其变化率与鱼数 y 及 $1000-y$ 的乘积成正比. 已知在池塘内放养鱼 100 尾, 3 个月后池塘内有鱼 250 尾, 求放养 t 个月后池塘内鱼数 $y(t)$ 的公式, 放养 6 个月后有鱼多少尾?

解 依题意有
$$\frac{\mathrm{d}y}{\mathrm{d}t}=ky(1000-y),$$
分离变量得
$$\frac{\mathrm{d}y}{y(1000-y)}=k\mathrm{d}t,$$
积分得
$$\frac{y}{1000-y}=C\mathrm{e}^{1000kt},$$
将 $t=0$, $y=100$ 代入得
$$C=\frac{1}{9},$$
又将 $t=3$, $y=250$ 代入, 得
$$k=\frac{\ln 3}{3000},$$
故放养 t 个月后池塘内鱼数为
$$y(t)=\frac{1000\cdot 3^{\frac{t}{3}}}{9+3^{\frac{t}{3}}},$$
放养 6 个月后有鱼 $y(6)=500$ 尾.

微课: 例 9.5.4

例 9.5.5 已知高温物体置于低温介质中, 任一时刻该物体温度对时间的变化率与该时刻物体和介质的温差成正比, 现将一初始温度为 120℃ 的物体在 20℃ 的恒温介质中冷却, 30min 后该物体降至 30℃, 若要将该物体的温度继续降至 21℃, 还需冷却多长时间?

解 设 t 时刻物体温度为 $x(t)$℃, 比例常数为 k, $k>0$, 介质温度为 20℃, 则有
$$\frac{\mathrm{d}x}{\mathrm{d}t}=-k(x-20),$$
分离变量并积分得
$$x(t)=C\mathrm{e}^{-kt}+20,$$
又由 $x(0)=120$ 有 $C=100$, 即
$$x(t)=100\mathrm{e}^{-kt}+20,$$
又 $x(30)=30$, 所以 $k=\dfrac{\ln 10}{30}$, 所以

$$x(t) = 100e^{-\frac{\ln 10}{30}t} + 20,$$

当 $x = 21$ 时，$t = 60$，所以还需要冷却 30min.

9.5.2 同步习题

1. 一条曲线通过点 $(2, 3)$，它在两坐标轴间的任意切线均被切点平分，求曲线方程.

2. 设 $\int_0^x \left(2y(t) + \sqrt{t^2 + y^2(t)}\right) \mathrm{d}t = xy(x)$，$x > 0$，且 $y|_{x=1} = 0$，求函数 $y(x)$.

3. 设商品 A 和商品 B 的售价分别为 x，y，已知价格 x，y 相关，且价格 x 相对 y 的弹性为 $\dfrac{y\mathrm{d}x}{x\mathrm{d}y} = \dfrac{y-x}{y+x}$，求 x 与 y 的函数关系式.

4. 2016 年国内生产总值约为 12.25 万亿元，若平均每年增长 6.8%，国内生产总值再翻一翻需要多少年？

9.6 MATLAB 数学实验

9.6.1 求微分方程的通解

在 MATLAB 中函数 dsolve 用于求微分方程通解，该函数的调用格式如下：

```
dsolve(eqn1,eqn2,…,eqnm);   % m 个微分方程
```

例 9.6.1 求微分方程 $y'' = \sin 2x - y$ 的通解.

程序

```
syms y(x)
% 定义微分方程
eq = diff(y, x, 2) == sin(2*x) - y;
% 解微分方程
sol = dsolve(eq);
% 显示解
disp(sol);
```

运行结果

```
C1* cos(x) - sin(2* x)/3 - C2* sin(x)
```

因此通解为：$y = C_1 \cos x - \dfrac{\sin 2x}{3} - C_2 \sin x$.

9.6.2 求微分方程的特解

在 MATLAB 中函数 dsolve 还可用于求微分方程特解，调用格式如下：

```
dsolve(eqn, condition1, …, conditionn);   % n 个初始条件
```

例 9.6.2 求微分方程 $y''+y'-2y=x$ 满足条件 $y|_{x=0}=4$ 和 $y'|_{x=0}=1$ 的特解.

程序

```
syms y(x)     % 定义 y 为 x 的函数
% 定义微分方程
eq = diff(y, x, 2) + diff(y, x) - 2* y == x;
% 定义初始条件
cond1 = y(0) == 4;    % y(0) = 4
cond2 = subs(diff(y,x),x,0) == 1   % y'(0) = 1
% 解微分方程并应用初始条件
sol = dsolve(eq, cond1, cond2);
% 显示解
disp(sol);
```

运行结果

```
y = (11* exp(-2* x))/12 - x/2 + (10* exp(x))/3 -1/4
```

因此通解为：$y = \dfrac{11\mathrm{e}^{-2x}}{12} - \dfrac{x}{2} + \dfrac{10\mathrm{e}^{x}}{3} - \dfrac{1}{4}$.

9.7 阅读材料

9.7.1 微分方程的出现[一]

微分方程（Differential Equation）是**常微分方程**与**偏微分方程**的总称. 含自变量、未知函数和它的微商（或偏导数）的方程被称为微分方程. 微分方程是数学的重要分支之一，它几乎与微积分同时产生，并随实际需要而发展.

微分方程的出现，可以追溯到 16 世纪与 17 世纪分野时期. 在科学家创立对数的时候，第一次遇到本质上属于微分方程的问题. **纳皮尔**考虑了两个相关的连续直线运动，他的工作实质上相当于建立了微分方程

$$\frac{\mathrm{d}y}{\mathrm{d}x} = -\frac{10^7}{x}$$

的近似积分法. 与此同时，**伽利略**所研究的自由落体运动，光的折射定律的发现及**笛卡儿**提出并解决的"切线的反问题"等都包含着某种形式的微分方程问题.

从**牛顿**和**莱布尼茨**创立微积分到 18 世纪末是微分方程发展的第一个阶段. 牛顿和莱布尼茨在建立微分与积分运算时，指出了它们的互逆性，实际上是解决了最简单的微分方程 $y=f'(x)$ 的求解问题. 围绕某些质点动力

一 杜瑞芝. 数学史辞典新编[M]. 济南：山东教育出版社，2017.

学和刚体动力学的问题及某些几何问题的研究,用微积分的方法很快就可以化为一阶或二阶常微分方程中的一些最简单的方程.

在 18 世纪前半叶,常微分方程不只是研究力学的基本工具,而且也是研究微分几何学和变分法的基本工具. 18 世纪中叶,为了探究关于弦振动的问题,科学家开始了偏微分方程的研究. 而在 18 世纪后半叶这种方程被推广到二维和三维的情形,在对位势理论的研究中又出现了调和方程.

在整个 18 世纪,学者们在各种具体的微分方程领域取得了显著成就,包括建立了一些特殊的积分法,将解化为初等函数及其积分表达式的方法,以及用近似积分法来求解等.

到 18 世纪末期,微分方程理论已发展成为一门极重要的数学学科,并且成为研究自然科学的有效工具. 可用初等积分法求解的常微分方程的基本类型已经研究清楚;建立了几种系统的近似解法;引入了一系列基本概念,如微分方程的奇解、通解、全积分、通积分、特积分等;偏微分方程几何理论的基础已经奠定;二阶偏微分方程的一些经典类型也已确立.

在这一时期,微分方程与变分法及微分几何的关系更加密切,并且应用到复变函数、三角级数、特殊函数与椭圆积分等许多领域.

到了 19 世纪,微分方程在数学分析的新概念和新方法的影响下,进入了新的发展阶段. 首先提出来的是解的存在性问题. 柯西的工作改变了 18 世纪人们相信微分方程的通解必定存在的观念. 他提出了常微分方程中第一个定解问题(又称为初值问题),后被称为"柯西问题",并给出该问题解的存在性与唯一性的证明. 后来德国数学家李普希茨和法国数学家皮卡等人改进了他的工作. 柯西还把存在性定理推广到高阶方程和一阶偏微分方程组在复数域上的初值问题,俄国数学家柯瓦列夫斯卡娅在这方面也有重要的推进工作,因此这个存在性定理现在通称为柯西-柯瓦列夫斯卡娅定理. 这些定理奠定了各种近似解法的基础,在整个 19 世纪都研究这些解法. 微分方程的奇解理论也在 19 世纪得到发展.

19 世纪上半叶,人们逐渐发现能用初等积分法求解的微分方程十分有限. 与代数学中提出的方程根式可解性问题相似,在微分方程中也提出了用初等积分法求解的可能性问题. 法国数学家刘维尔证明里卡蒂方程一般不能通过初等积分法来求解的事实改变了人们以往的看法.

与此同时,二阶偏微分方程理论得到进一步发展,并且与数学物理、弹性理论、复变函数论、三角级数和变分法密切相关,到 19 世纪前半叶已经取得了许多重要成果. 特别是对热传导方程的研究所引出的函数用三角级数表示的问题对实变函数论和积分理论的发展都有重要意义.

在 19 世纪后半叶和 20 世纪初期,常微分方程理论中又出现了两个新的方向. 一是常微分方程变换群理论的产生,二是常微分方程定性理论的建立. 19 世纪 70 年代,挪威数学家李把变换群理论应用于常微分方程理论的研究,并用这种方法把微分方程进行分类,建立解常微分方程的方法. 与此同时,由于对天体力学及天文学中某些问题的研究,需要考虑由微分方程所确定的函数在整体范围内的性质,法国数学家庞加莱和俄国数学家李雅普诺夫建立了常微分方程定性理论，后来他们又研究了运动稳定性的一般问题.

20 世纪以来，由于众多的边缘学科的产生和发展，微分方程的理论研究更加深入，应用范围更加广大.

1949 年以来，微分方程的研究在中国得到重视和发展，在全国各地都培养了一批优秀的微分方程工作者，在常微分方程和偏微分方程的许多研究方向上都做出了大量高水平的工作.

9.7.2 常微分方程的发展

常微分方程(Ordinary Differential Equation)是分析数学的重要分支之一. 包括一个自变量和它的未知函数及未知函数的微商的等式叫作常微分方程. 常微分方程研究的内容包括解的基本性质(如存在性、唯一性等)，解的解析表达式或近似的解析表达式，解的定性理论(如运动稳定性、周期解的存在性等)及方程的数值解法.

常微分方程的发展历史大体可分为四个阶段：18 世纪及其以前；19 世纪初期和中期；19 世纪末期及 20 世纪初期及 20 世纪中期以后.

18 世纪及其以前是常微分方程产生和发展的第一个阶段. 伽利略在研究自由落体运动时，发现物体的加速度 $\ddot{x}(t)$ 是常数，作为微分方程 $\ddot{x}(t) = g$ 的解而得到物体的运动规律 $x(t) = \frac{1}{2}gt^2$，这是常微分方程的第一个例子，同时也是开创微积分学的先驱性工作. 质点运动学是这个阶段所研究的问题的主要来源之一，例如牛顿建立了太阳系行星运动方程

$$\frac{d^2 R(t)}{dt^2} = -GM \frac{R(t)}{|R(t)|^3},$$

并求出其通解的显式解析表达式.

这一阶段的主要特征是寻求常微分方程的通解，主要成果有：莱布尼茨给出齐次方程和线性方程的通解；伯努利兄弟和莱布尼茨用同样方法(利用变换 $u = y^{1-n}$ 化为线性方程)解出了雅各布·伯努利所提出来的微分方程

$$\frac{dy}{dx} + P(x)y = Q(x)y^n.$$

同时，莱布尼茨在 1676 年给牛顿的信中，第一次使用了"微分方程"这一名词，1684 年以后开始在杂志上使用. 对某些方程，约翰·伯努利还使用了积分因子方法，特别是在 1700 年，他指出用形如 x^p 的因子可以逐次降低线性方程

$$a_0 x^n \frac{d^n y}{dx^n} + a_1 x^{n-1} \frac{d^{n-1} y}{dx^{n-1}} + \cdots + a_n y = 0$$

的阶数. 1740 年，欧拉用代换 $x = e^t$ 求得这个方程的通解，后来这个方程被称为欧拉方程. 在 1743 年的论文中，欧拉还给出了任何阶常系数线性齐次方程的古典解法，他在这篇文章中，最早引入"通解"和"特解"的名词. 1774~1775 年，拉格朗日发展了参数变异法，解决了一般 n 阶变系数常微分方程的求解问题，后来他又将参数变异法应用于解高阶常微分方程组.

这些工作都标志着常微分方程求解技巧的进步.

但是，求常微分方程显式通解的可能性十分有限，上述努力经过一段时间后便停滞．当时的许多实际问题只能用数值方法求近似解，欧拉折线法便是这方面工作的开端.

19 世纪初期和中期是数学发展史上的一个转折时期，分析基础的重建、复变函数、群论和非欧几何的创立都在这一时期．这些新概念和新方法极大地影响了常微分方程的发展．在这种形势下，常微分方程的发展进入了第二个阶段.

在这一阶段，柯西首先指出，对于常微分方程，必须改变先求通解后求特解的次序，在 1820～1830 年的讲义中，他给出一阶常微分方程 $y' = f(x,y)$ 在初始条件 $x = x_0$，$y = y_0$ 及在 $f(x,y)$ 连续的区域内解的存在性与唯一性的证明．由此引起了著名的"柯西问题"(又称初值问题)的研究．柯西还创造性地把常微分方程的研究由实数域扩展到复数域.

1841 年，法国数学家刘维尔证明了形式上很简单的里卡蒂方程

$$\frac{dy}{dx} = p(x)y^2 + q(x)y + r(x)$$

一般不能通过初等积分法来求解，这一事实迫使数学家们放弃将主要注意力放在寻求各种微分方程通解上的想法．虽然在这个时期又补充了一些可用初等积分法解出的方程类型，但微分方程研究的主要目标和主要方法从此开始转移.

围绕着"柯西问题"出现了许多工作．德国数学家李普希茨改进了柯西的存在性与唯一性定理的证明，提出了更广泛适用的"李普希茨条件"．意大利数学家皮亚诺、法国数学家皮卡等也对这个问题进行了研究.

1874 年，挪威数学家李将群的概念应用于常微分方程，引入了将常微分方程的解变为解的连续变换群的概念．当连续变换群已知时，常微分方程的积分因子即可显式地写出，从而解决了解的可积性问题.

19 世纪末和 20 世纪初是常微分方程发展的第三个阶段，主要在以下三个方面有重大发展：首先是关于常微分方程的解析理论的研究(见常微分方程解析理论)，其次是常微分方程实域定性理论的创立，最后是常微分方程摄动理论即小参数理论的建立.

从 20 世纪中期起，常微分方程的发展既深又广，进入了一个新的阶段，有以下几方面的工作.

由于工程技术的需要而产生了新型问题和新的分支．例如工程控制论中火箭发动机的燃烧过程由于时滞现象而产生的带有时滞的常微分方程(或称微分差分方程)，以及更广义的泛函微分方程．又如由于空气中的湍流对飞机运动的影响，使微分方程中带有随机摄动项，这类问题产生了随机微分方程.

此外，由于应用问题的需要还产生了一些解析形式的近似解的求法．电子计算机的出现与发展推动了常微分方程的研究，并取得一系列成果．起初，常微分方程由于解析解难求而转向定性研究，当定性研究也困难时，

又转而用计算机"强攻",得出一定的数值模拟结果后,反过来为定性研究提供了新信息,这方面的研究正在兴起.

常微分方程理论本身向高维数、抽象化的方向发展. 例如从普通空间常微分方程向抽象空间常微分方程发展,从具体动力系统向抽象动力系统发展,从实数域定性理论向复数域定性理论发展等.

9.7.3 一阶常微分方程的历史

一阶常微分方程(Ordinary Differential Equation of the First Order),未知函数的微商的最高阶数是一阶的常微分方程.

在微积分学创立的初期,围绕着动力学和几何学的问题就解出了一些最简单的一阶方程. 例如关于求等时问题的解,求悬链线、跟踪曲线的方程等.

莱布尼茨最早用变量分离法解一阶常微分方程,他把形如

$$y\frac{dx}{dy}=f(x)g(y)$$

的方程写成

$$\frac{dx}{f(x)}=\frac{g(y)dy}{y}$$

再在两边进行积分求解. 他还对一阶齐次方程

$$y'=f\left(\frac{y}{x}\right)$$

用变换 $y=ux$ 使其变量可以分离. 1694 年**约翰·伯努利**对莱布尼茨的工作进行了系统的整理. 不久,莱布尼茨又给出了一阶线性方程的初等积分法.

雅各布·伯努利在 1695 年提出了求解现被称为伯努利方程

$$\frac{dy}{dx}+P(x)y=Q(x)y^n$$

的问题,在第二年莱布尼茨就给出了变量替换 $z=y^{1-n}$,把该方程化为一次方程.

18 世纪上半叶,人们开始认识一阶恰当方程,即方程

$$M(x,y)dx+N(x,y)dy=0$$

的左端是某个函数 $z=f(x,y)$ 的恰当微分. **克莱罗**和**欧拉**分别独立地给出方程是恰当的条件,并指出恰当方程是可积分的. 欧拉在 1734~1735 年的论文中给出当一阶方程不是恰当方程时,求方程的积分因子的方法. 克莱罗在 1739 年独立地引进积分因子的概念,并建立相应的理论. 至此,求解一阶常微分方程的所有初等方法都已清楚.

9.7.4 二阶常微分方程的历史

二阶常微分方程(Ordinary Differential Equation of the Second Order),未知函数的微商的最高阶数是二阶的常微分方程.

早在 17 世纪上半叶,**伽利略**所研究的自由落体运动就导致了一个二阶常微分方程 $\ddot{x}(t)=g$. 到 17 世纪末,在许多物理问题的研究中都出现了二

阶方程. 例如, 为研究质点在不同外界条件下做直线运动的问题, 牛顿解出了下列两个二阶方程:

$$\frac{d^2 x}{dt^2} + k^2 x = 0,$$

$$\frac{d^2 x}{dt^2} = m \pm n \left(\frac{dx}{dt}\right)^2.$$

雅各布·伯努利研究膜盖问题时(1691), 引出二阶方程

$$\frac{d^2 x}{ds^2} = \left(\frac{dy}{ds}\right)^3 = 0 \,(\text{其中 } s \text{ 为弧长}).$$

18 世纪初, **泰勒**在求一根伸张的振动弦的基频时, 解出了方程

$$a^2 \ddot{x}(t) = \sqrt{\dot{x}^2(t) + \dot{y}^2(t)} \, y\dot{y}(t),$$

并且指出, 在任何时刻弦的形状必定是正弦曲线. 约翰·伯努利解出简谐运动方程

$$\frac{d^2 x}{dt^2} = -kx,$$

等. 1728 年, **欧拉**开始了二阶方程的系统研究, 他引用的指数函数法对求解二阶与高阶方程有特别重要的作用. 在 1743 年的工作中, 欧拉用代换 $y = e^{kx}$ 给出任何阶常系数齐次线性方程的古典解法, 对于二阶的情况, 问题归结为解方程

$$\frac{d^2 u}{dx^2} + \beta^2 u = 0.$$

欧拉得到了两种不同形式的特解, 即 $2\cos x$ 和 $e^{ix} + e^{-ix}$, 并利用展成级数的办法证明它们恒等, 从而发现了著名的欧拉公式. **丹尼尔·伯努利**也是在 18 世纪上半叶研究振动悬链线问题时, 导出了微分方程

$$\alpha \frac{d}{dx}\left(x \frac{dy}{dx}\right) + y = 0,$$

并求出了它的一个无穷级数形式的解, 后来这个解被称为第一类贝塞尔函数. 欧拉紧接着对丹尼尔·伯努利的工作进行补充研究, 给出了一个二阶方程用积分表示的解. 在早期的研究中, 还出现了一些有特殊意义的二阶常微分方程, 例如伯努利方程和里卡蒂方程等.

19 世纪上半叶, 瑞士数学家**斯图姆**和法国数学家**刘维尔**开始研究二阶常微分方程的一般问题. 他们考虑二阶方程

$$Ly'' + My' + \lambda N_y = 0,$$

其中 L, M, N 是 x 的连续函数, λ 为参数, 建立了著名的斯图姆—刘维尔理论. 刘维尔还给出了二阶齐次线性方程解的零点分布的重要定理.

19 世纪以后, 为了处理更为复杂的物理现象, 求解偏微分方程的需求增加, 一些特殊的二阶常微分方程得到了发展, 包括贝塞尔方程、勒让德方程、富克斯方程、班勒卫方程等. 由于许多方程不能求出封闭形式的解, 所以人们采用无穷级数解, 于是产生了各种类型的特殊函数. 这些工作还推动了发散级数理论的研究.

总复习题

第一部分：基础题

1. 选择题

(1) 已知 $y = \dfrac{x}{\ln x}$ 是微分方程 $y' = \dfrac{y}{x} + \varphi\left(\dfrac{x}{y}\right)$ 的解，则 $\varphi\left(\dfrac{x}{y}\right)$ 的表达式为(　　).

A. $-\dfrac{y^2}{x^2}$ B. $\dfrac{y^2}{x^2}$

C. $-\dfrac{x^2}{y^2}$ D. $\dfrac{x^2}{y^2}$

(2) 函数 $y = C_1 e^x + C_2 e^{-2x} + x e^x$ 满足的一个微分方程是(　　).

A. $y'' - y' - 2y = 3x e^x$　B. $y'' - y' - 2y = 3 e^x$
C. $y'' + y' - 2y = 3x e^x$　D. $y'' + y' - 2y = 3 e^x$

(3) 在下列微分方程中，以 $y = C_1 e^x + C_2 \cos 2x + C_3 \sin 2x$，$C_1$，$C_2$，$C_3$ 为任意常数，为通解的是(　　).

A. $y''' + y'' - 4y' - 4y = 0$
B. $y''' + y'' + 4y' + 4y = 0$
C. $y''' - y'' - 4y' + 4y = 0$
D. $y''' - y'' + 4y' - 4y = 0$

(4) 已知 $y = \dfrac{1}{2} e^{2x} + \left(x - \dfrac{1}{3}\right) e^x$ 是微分方程 $y'' + a y' + b y = c e^x$ 的一个特解，则(　　).

A. $a = -3$，$b = 2$，$c = -1$
B. $a = 3$，$b = 2$，$c = -1$
C. $a = -3$，$b = 2$，$c = 1$
D. $a = 3$，$b = 2$，$c = 1$

2. 求下列微分方程的通解：

(1) $y' = \dfrac{y(1-x)}{x}$；

(2) $x(y^2 - 1)\mathrm{d}x + y(x^2 - 1)\mathrm{d}y = 0$；

(3) $y \mathrm{d}x + (x^2 - 4x)\mathrm{d}y = 0$；

(4) $x y' = \dfrac{y^2}{x} + y$；

(5) $\dfrac{\mathrm{d}y}{\mathrm{d}x} = \dfrac{1}{xy + y^3}$；

(6) $(x - 2xy - y^2)\dfrac{\mathrm{d}y}{\mathrm{d}x} + y^2 = 0$.

3. 求下列微分方程满足所给初始条件的特解：

(1) 求微分方程 $xy' + y = 0$ 满足初始条件 $y(1) = 2$ 的特解；

(2) 求微分方程 $(y + x^3)\mathrm{d}x - 2x \mathrm{d}y = 0$ 满足 $y|_{x=1} = \dfrac{6}{5}$ 的特解；

(3) 求微分方程 $\dfrac{\mathrm{d}y}{\mathrm{d}x} = \dfrac{y}{x} - \dfrac{1}{2}\left(\dfrac{y}{x}\right)^3$ 满足 $y|_{x=1} = 1$ 的特解；

(4) 求微分方程 $xy \dfrac{\mathrm{d}y}{\mathrm{d}x} = x^2 + y^2$ 满足条件 $y|_{x=e} = 2e$ 的特解.

4. 求下列微分方程的通解：

(1) $x y'' + 3 y' = 0$；

(2) $y'' + \dfrac{1}{1-y}(y')^2 = 0$；

(3) $y'' + 2 y' + 5 y = 0$；

(4) $y'' - 4 y' + 3 y = 2 e^{2x}$；

(5) $y'' - 3 y' + 2 y = x e^x$；

(6) $y'' + y' = x^2$；

(7) $y'' + 4 y = e^x + 2 \cos x$；

(8) $y^{(4)} - y = 0$.

5. 已知 $y_1(x) = e^x$，$y_2(x) = u(x) e^x$ 是二阶微分方程 $(2x - 1) y'' - (2x + 1) y' + 2 y = 0$ 的解，若 $u(-1) = e$，$u(0) = -1$，求 $u(x)$，并写出该微分方程的通解.

6. 设二阶线性常系数微分方程 $y'' + \alpha y' + \beta y = \gamma e^x$ 的一个特解为
$$y = e^{2x} + (1 + x) e^x,$$
试确定常数 α，β，γ，并求该方程的通解.

7. 已知函数 $f(x)$ 满足方程 $f''(x) + f'(x) - 2f(x) = 0$ 及 $f'(x) + f(x) = 2 e^x$，求函数 $f(x)$ 的表达式.

8. 已知函数 $y = y(x)$ 满足微分方程 $x^2 + y^2 y' = 1 - y'$ 且 $y(2) = 0$，求 $y(x)$ 的极大值和极小值.

9. 设函数 $y = y(x)$ 是微分方程 $y'' + y' - 2y = 0$ 的解，且在 $x = 0$ 处 $y(x)$ 取得极值 3，求 $y(x)$.

10. 设非负函数 $y = y(x)$，$x \geq 0$，满足微分方程 $x y'' - y' + 2 = 0$，当曲线 $y = y(x)$ 过原点时，其与直线 $x = 1$ 及 $y = 0$ 围成平面区域的面积为 2，求 $y(x)$.

第二部分：拓展题

1. 求下列微分方程的通解：

(1) $y' + \dfrac{x}{1-x^2}y = \arcsin x$;

(2) $yy'' + 2y'^2 = 0$;

(3) $y'' - y = e^x \cos 2x$.

2. 求下列微分方程的特解:

(1) 求微分方程 $y'' = \dfrac{y'}{x}$ 满足条件 $y|_{x=1} = \dfrac{1}{2}$, $y'|_{x=1} = 1$ 的特解.

(2) 求微分方程 $\dfrac{d^2 y}{dx^2} + \dfrac{dy}{dx} + 2y = x^2 - 3$ 的一个特解.

3. 设 $f(x) = \sin x - \int_0^x (x-t)f(t)\,dt$, 其中 $f(x)$ 是连续函数, 求证:

$$f(x) = \dfrac{1}{2}\sin x + \dfrac{x}{2}\cos x.$$

第三部分: 考研真题

一、选择题

1. (2023 年, 数三) 若 $y'' + ay' + by = 0$ 的通解在 $(-\infty, +\infty)$ 上有界, 则( ).

A. $a < 0$, $b > 0$

B. $a > 0$, $b > 0$

C. $a = 0$, $b < 0$

D. $a = 0$, $b > 0$

2. (2019 年, 数三) 已知微分方程 $y'' + ay' + by = ce^x$ 的通解为

$$y = (C_1 + C_2 x)e^{-x} + e^x,$$

则 a, b, c 依次为( ).

A. 1, 0, 1   B. 1, 0, 2

C. 2, 1, 3   D. 2, 1, 4

二、填空题

(2023 年, 数三) 某公司在时刻的资产为 $f(t)$, 则从 0 时刻到 t 时刻的平均资产等于 $\dfrac{f(t)}{t} - t$, 假设 $f(t)$ 连续且 $f(0) = 0$, 则 $f(t) = $ _____.

三、简答题

1. (2022 年, 数三) 设函数 $y(x)$ 是微分方程 $y' + \dfrac{1}{2\sqrt{x}}y = 2 + \sqrt{x}$ 满足 $y(1) = 3$ 的解, 求 $y(x)$ 的渐近线.

2. (2020 年, 数三) 设函数 $y = f(x)$ 满足 $y'' + 2y' + 5y = 0$, $f(0) = 1$, $f'(0) = -1$, 求 $y = f(x)$.

3. (2019 年, 数三) 设函数 $y = y(x)$ 满足 $y' - xy = \dfrac{1}{2\sqrt{x}}e^{\frac{x^2}{2}}$, 且有 $y(1) = \sqrt{e}$, 求 $y = y(x)$.

自测题

(满分 100 分, 测试时间 45min)

一、单项选择题(本题共 10 个小题, 每小题 5 分, 共 50 分)

1. 下列命题正确的是( ).

A. 微分方程中含有任意独立常数的解叫作此微分方程的通解

B. 微分方程的通解不一定包含它的所有解

C. $(y')^2 - 2yy' + x = 0$ 是二阶微分方程

D. $\dfrac{dy}{dx} = \dfrac{1}{x+y^2}$ 一定不是一阶线性微分方程

2. $\dfrac{dy}{dx} + y = e^{-x}$ 的通解为( ).

A. $y = e^{-x}(x + C)$ B. $y = Ce^{-2x}$

C. $y = e^{-2x} + 1$ D. $y = Ce^x$

3. 方程 $y'' - y = e^x + 1$ 的一个特解形式为( ).

A. $ae^x + b$ B. $axe^x + b$

C. $ae^x + bx$ D. $axe^x + bx$

4. 设 $y = e^x(C_1 \sin x + C_2 \cos x)$, C_1, C_2 为任意常数, 为某二阶线性常系数齐次线性方程的通解, 该方程为( ).

A. $y'' + y' + 2y = 0$ B. $y'' - 2y' + 2y = 0$

C. $y'' - 2y' + y = 0$ D. $2y'' - y' + 3y = 0$

5. 设 $y'(x) = e^{2x}$, $y_2(x) = e^{-3x}$ 是微分方程 $y'' + y' - 6y = 0$ 的两个特解, 则不构成该方程解的是( ).

A. $C_1 e^{2x} + C_2 e^{-3x}$ B. $e^{2x} + 1$

C. $e^{2x} + 2e^{-3x}$ D. $3e^{2x} + 2e^{-3x}$

6. 微分方程 $\dfrac{dy}{dx} = 2x$ 的通解为( ).

A. $y = x^2 + C$ B. $y = 2x + C$

C. $x = y^2 + C$ D. $x = 2y + C$

7. 微分方程 $x^2 y^{(4)} + 2y^5 y' - 3x = \dfrac{1}{2}y$ 的阶数是( )阶.

A. 2   B. 3   C. 4   D. 5

8. 曲线 $y = y(x)$ 经过点 $(0, -1)$ 且满足 $y' + 2y = 4x$, 则 $x = 1$ 时, $y = ($).

A. 1   B. 2   C. 3   D. 4

9. 微分方程 $y'' + y' - 6y = 3e^{2x}$ 的特解形式为 $y^* = Ax^k e^{2x}$，则 $k = ($ $)$.
A. 0   B. 1   C. 2   D. 3

10. 微分方程 $y'' - 4y' + 4y = e^{2x}(1 + \cos 2x)$ 的特解形式为 $y^* = ($ $)$.
A. $Ae^x + e^x(B\cos 2x + C\sin 2x)$
B. $Ax^2 e^{2x} + e^{2x}(B\cos 2x + C\sin 2x)$
C. $Ae^x + e^x(B\cos x + C\sin x)$
D. $Ae^x + e^{2x}(B\cos 2x + C\sin 2x)$

二、判断题(用√、×表示. 本题共 10 个小题，每小题 5 分，共 50 分)

1. 微分方程 $y'' + 2y' - 3y = e^{-3x}$ 的特解为 $y^* = -\dfrac{1}{4}xe^{-3x}$.   ( )

2. 微分方程 $y'' + y = x\cos 2x$ 的特解为 $y^* = -\dfrac{1}{3}x\cos 2x + \dfrac{4}{9}\sin 2x$.   ( )

3. 方程 $y'' - 4y' + 3y = 0$ 满足 $y|_{x=0} = 6$, $y'|_{x=0} = 10$ 的特解为 $y = 4e^x + e^{3x}$.   ( )

4. 以 $y = C_1 e^x + C_2 e^{2x}$ 为通解的微分方程为 $y'' - 3y' + 2y = 0$.   ( )

5. 微分方程 $x\dfrac{dy}{dx} = x - y$ 的通解为 $y = \dfrac{x}{2} + Cx$.   ( )

6. 微分方程 $x^2 y dx - (x^3 + y^3) dy = 0$ 的通解为 $\ln y - \dfrac{x^3}{3y^2} = C$.   ( )

7. 假设某一曲线通过原点并且它在点 (x, y) 处的切线斜率等于 $2x + y$，则该曲线为 $y = 2(e^x - x - 1)$.   ( )

8. 某类商品的需求量 Q 对价格 P 的弹性为 $-\dfrac{5P + 2P^2}{Q}$，又已知 $P = 10$ 时 $Q = 500$，则需求量 Q 对价格 P 的函数关系为 $Q = 650 - 5P - P^2$.   ( )

9. 若已知二阶微分方程 $y'' + 3y' = f(x)$ 的一个特解为 $y^*(x)$，则该方程的通解为 $y = c_1 e^{-3x} + c_2 + y^*(x)$.   ( )

10. 微分方程 $y'' + y' = x\cos 2x$ 的特解形式为 $y^* = x^k[(Ax+B)\cos 2x + (Cx+D)\sin 2x]$，则 $k = 1$.   ( )

第 10 章
差分方程及其应用

【学习目标】

1. 了解差分与差分方程及其通解与特解的概念.
2. 了解一阶常系数线性差分方程的求解方法.

微分方程处理的量是连续变量,如果我们处理的量是依次取非负整数值的离散变量,欲寻求它们之间的关系和变化规律,则需要靠差分方程来解决. 比如,银行的定期存款是按所设定的时间等间隔计息,外贸出口额按月统计,国民收入按年统计,产品的产量按月统计等. 这些量是变量,通常称这类变量为离散型变量. 描述离散型变量之间的关系的数学模型称为离散型模型. 差分方程是研究离散化经济变量的变化规律的有效方法.

本章介绍差分方程的一些基本概念、常见方程类型及其解法. 差分方程与微分方程在基本概念及其解法上有许多类似之处,可对照微分方程的知识学习本章内容.

本章知识结构图

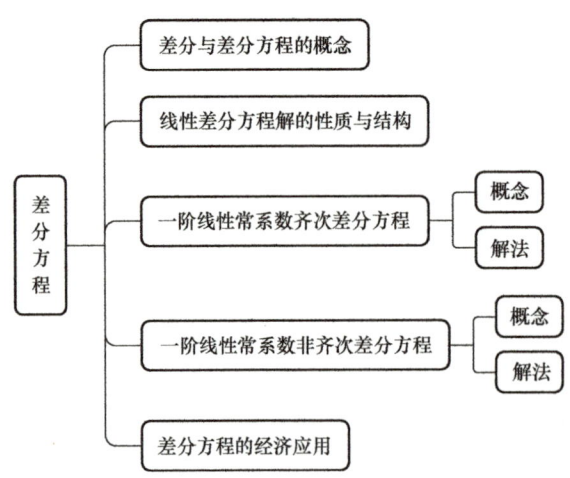

10.1 差分方程的基本概念

10.1.1 差分的概念

对于离散型变量,差分是一个重要概念. 下面给出差分的定义.

定义 10.1.1 设函数 $y_t = f(t)$,当自变量 t 依次取离散的等间隔整数值 $0, \pm 1, \pm 2, \cdots$ 时,相应的函数值可以排成一个数列:
$$\cdots, f(-1), f(0), f(1), \cdots, f(t), f(t+1), \cdots$$
将之简记为 $\cdots, y_{-1}, y_0, y_1, \cdots, y_t, y_{t+1}, \cdots$.

当自变量由 t 变到 $t+1$ 时,函数的改变量称为函数 $y_t = f(t)$ 在点 t 的**一阶差分**,记作 Δy_t,即
$$\Delta y_t = y_{t+1} - y_t = f(t+1) - f(t).$$

由于函数 $y_t = f(t)$ 的函数值是一个序列,按一阶差分的定义,差分就是序列的相邻项取值之差. 当函数 $y_t = f(t)$ 的一阶差分为正值时,表明序列是增加的,而且其值越大,表明序列增加得越快;当一阶差分为负值时,表明序列是减少的.

例如,设某公司经营一种商品,第 t 月初的库存量是 $R(t)$,第 t 月调进和销出这种商品的数量分别是 $P(t)$ 和 $Q(t)$,则下个月月初,即第 $t+1$ 月月初的库存量 $R(t+1)$ 应是
$$R(t+1) = R(t) + P(t) - Q(t),$$
若将上式写作
$$R(t+1) - R(t) = P(t) - Q(t),$$
则等式两端就是相邻两月库存量的改变量. 若记
$$\Delta R(t) = R(t+1) - R(t),$$
将库存量 $R(t)$ 理解为时间 t 的函数,则称上式为库存量函数 $R(t)$ 在 t 时刻(此处 t 以月为单位)的差分.

按一阶差分的定义方式,我们可以定义函数的高阶差分.

当自变量由 t 变到 $t+1$ 时,一阶差分的差分称为函数 y 在点 t 的**二阶差分**,记为 $\Delta^2 y_t$,即
$$\Delta^2 y_t = \Delta(\Delta y_t) = \Delta(y_{t+1} - y_t) = \Delta y_{t+1} - \Delta y_t = y_{t+2} - 2y_{t+1} + y_t.$$
依次定义函数 $y_t = f(t)$ 在 t 的**三阶差分**为
$$\Delta^3 y_t = \Delta(\Delta^2 y_t) = \Delta^2 y_{t+1} - \Delta^2 y_t = \Delta y_{t+2} - 2\Delta y_{t+1} + \Delta y_t = y_{t+3} - 3y_{t+2} + 3y_{t+1} - y_t.$$
一般地,函数 $y_t = f(t)$ 在 t 的 n **阶差分**定义为
$$\Delta^n y_t = \Delta(\Delta^{n-1} y_t) = \Delta^{n-1} y_{t+1} - \Delta^{n-1} y_t$$
$$= \sum_{k=0}^{n} (-1)^k \frac{n(n-1)\cdots(n-k+1)}{k!} y_{t+n-k}.$$

上式表明，函数 $y_t = f(t)$ 在 t 的 n 阶差分是该函数的 n 个函数值 y_{t+n}，$y_{t+n-1}, \cdots, y_t$ 的线性组合.

由差分的定义，容易得到，差分具有以下性质：

(1) $\Delta C y_t = C \Delta y_t$，$C$ 为常数；

(2) $\Delta (y_t \pm z_t) = \Delta y_t \pm \Delta z_t$；

(3) $\Delta (y_t \cdot z_t) = y_{t+1} \cdot \Delta z_t + z_t \Delta y_t$；

(4) $\Delta \left(\dfrac{y_t}{z_t} \right) = \dfrac{z_t \cdot \Delta y_t - y_t \Delta z_t}{z_t \cdot z_{t+1}}$.

例 10.1.1 已知 $y_t = t$，求 Δy_t.

解 $\Delta y_t = y_{t+1} - y_t = (t+1) - t = 1$.

例 10.1.2 已知 $y_t = t^2 - 3t$，求 Δy_t，$\Delta^2 y_t$.

解 $\Delta y_t = y_{t+1} - y_t = (t+1)^2 - 3(t+1) - (t^2 - 3t) = 2t - 2$，

$\Delta^2 y_t = \Delta(\Delta y_t) = \Delta(y_{t+1} - y_t) = 2(t+1) - 2 - (2t - 2) = 2$.

微课：例 10.1.1

10.1.2 差分方程的概念

应用举例

设 A_0 是初始存款（$t = 0$ 时的存款），年利率 r，$0 < r < 1$，如以复利计息，试确定 t 年末的本利和 A_t.

在该问题中，如将时间 t（t 以年为单位）看作自变量，则本利和 A_t 可看作 t 的函数：$A_t = f(t)$. 这个函数是离散的未知函数. 虽然不能立即写出 $A_t = f(t)$ 的函数关系，但可以写出相邻两个函数值之间的关系式

$$A_{t+1} = A_t + r A_t, t = 0, 1, 2, \cdots, \tag{10.1.1}$$

若记作函数 $A_t = f(t)$ 在 t 的差分 $\Delta A_t = A_{t+1} - A_t$ 的形式，则上式为

$$\Delta A_t = r A_t, t = 0, 1, 2, \cdots, \tag{10.1.2}$$

由 $A_{t+1} = A_t + r A_t$ 可算出 t 年末的本利和为

$$A_t = (1 + r)^t A_0, t = 0, 1, 2, \cdots. \tag{10.1.3}$$

在 $A_{t+1} = A_t + r A_t$ 和 $\Delta A_t = r A_t$ 中，因含有未知函数 $A_t = f(t)$，所以这是一个函数方程；又由于在方程 $A_{t+1} = A_t + r A_t$ 中含有两个未知函数的函数值 A_t 和 A_{t+1}，在方程 $\Delta A_t = r A_t$ 中含有未知函数的差分 ΔA_t，像这样的函数方程称为**差分方程**. 在方程 $\Delta A_t = r A_t$ 中，仅含未知函数的函数值 $A_t = f(t)$ 的一阶差分，在方程 $A_{t+1} = A_t + r A_t$ 中，未知函数的下标最大差数是 1，即 $(t+1) - t = 1$，故方程 $A_{t+1} = A_t + r A_t$ 或方程 $\Delta A_t = r A_t$ 称为**一阶差分方程**.

$A_t = (1 + r)^t A_0$ 是 A_t 在 t 之间的函数关系式，就是要求的未知函数，它满足差分方程 $A_{t+1} = A_t + r A_t$ 或 $\Delta A_t = r A_t$，这个函数称为**差分方程的解**.

由上面例题分析，差分方程的基本概念如下：

定义 10.1.2 含有未知函数的差分的方程或含有多个点的未知函数值的方程称为**差分方程**.

如 $y_{t+1}+y_t=2^t$，$\Delta^3 y_t+y_t+1=0$，$y_{t+5}-y_{t+3}=3y_{t+2}$ 都是差分方程，差分方程的不同表达形式之间可以互相转化.

定义 10.1.3 未知函数的最大下标与最小下标的差，称为差分方程的**阶**.

例如 $y_{t+5}-4y_{t+3}+3y_{t+2}-2=0$ 是三阶差分方程. 方程 $\Delta^3 y_t+y_t+1=0$ 可化为 $y_{t+3}-3y_{t+2}+3y_{t+1}+1=0$，所以它是二阶差分方程.

定义 10.1.4 如果一个函数代入差分方程中，方程两边恒等，我们称此函数为差分方程的**解**. 差分方程的解中含有独立的任意常数，且常数的个数等于差分方程的阶数，此解称差分方程的**通解**，给通解中任意常数以确定值的解称为差分方程的**特解**.

例如把 $y_t=(C+2t)$，C 是任意常数，代入差分方程 $y_{t+1}-y_t=2$ 中，方程成立，所以 $y_t=(C+2t)$ 是 $y_{t+1}-y_t=2$ 的解，这是一个一阶差分方程，且有一个独立常数，故 $y_t=(C+2t)$ 是 $y_{t+1}-y_t=2$ 的通解. 而 $y_t=2t$，$y_t=15+2t$ 都是 $y_{t+1}-y_t=2$ 的特解.

用以确定通解中任意常数的条件称为**初始条件**. 一阶差分方程的初始条件为一个，一般是 $y_0=a_0$，a_0 是常数；二阶差分方程的初始条件为两个，一般是 $y_0=a_0$，$y_1=a_1$，a_0，a_1 是常数；依次类推.

10.1.3 同步习题

1. 求下列函数的差分：
(1) $y_t=c$，求 Δy_t；
(2) $y_t=t^3+3$，求 $\Delta^3 y_t$；
(3) $y_t=e^t$，求 $\Delta^2 y_t$；
(4) $y_t=\log_a t$，求 Δy_t.

2. 确定下列差分方程的阶：
(1) $8y_{t+2}-y_{t+1}=\sin t$；
(2) $3y_{t+2}-2y_{t+1}=6t+1$；
(3) $7y_{t+3}-y_t=9$；
(4) $5y_{t+5}-7y_t=7$；
(5) $8y_{t+2}-9y_{t+1}+7y_t=\cos t$；
(6) $2y_{t+2}-3y_{t+1}+y_t=t^2+1$.

3. 将下列差分方程化成用函数值形式表示的方程：
(1) $\Delta y_t=3$；
(2) $\Delta^2 y_t-3\Delta y_t=5$；
(3) $\Delta y_t+2y_t-3=0$；
(4) $\Delta^3 y_t+2\Delta^2 y_t+\Delta y_t=5$.

10.2 线性差分方程解的性质与结构

现在我们讨论线性差分方程解的性质与结构，我们将以二阶线性差分方程为例，任意阶线性差分方程都有类似结论.

10.2.1 线性差分方程解的性质与结构

二阶线性差分方程的一般形式
$$y_{t+2}+a(t)y_{t+1}+b(t)y_t=f(t), \tag{10.2.1}$$
其中 $a(t)$，$b(t)$ 和 $f(t)$ 均为 t 的已知函数，且 $b(t)\neq 0$. 若 $f(t)\neq 0$，则式(10.2.1)称为**二阶线性非齐次差分方程**；

若 $f(t) \equiv 0$，则称
$$y_{t+2} + a(t)y_{t+1} + b(t)y_t = 0, \tag{10.2.2}$$
为二阶线性齐次差分方程.

> **定理 10.2.1** 若函数 $y_1(t)$，$y_2(t)$ 是二阶线性齐次差分方程(10.2.2)的特解，则
> $$y(t) = C_1 y_1(t) + C_2 y_2(t)$$
> 也是该方程的解，其中 C_1，C_2 是任意常数.

> **定理 10.2.2（解的结构）** 若函数 $y_1(t)$，$y_2(t)$ 是二阶线性齐次差分方程 (10.2.2) 的线性无关的特解，则 $y(t) = C_1 y_1(t) + C_2 y_2(t)$ 是该方程的通解，其中 C_1，C_2 是任意常数.

> **定理 10.2.3（解的结构）** 若 $y^*(t)$ 是二阶非齐次线性差分方程 (10.2.1) 的一个特解，$\overline{y_t}$ 是齐次线性差分方程 (10.2.2) 的通解，则差分方程 (10.2.1) 的通解为
> $$y_t = \overline{y_t} + y^*(t).$$

> **定理 10.2.4（解的叠加原理）** 若函数 $y_1^*(t)$，$y_2^*(t)$ 分别是二阶非齐次线性差分方程
> $$y_{t+2} + a(t)y_{t+1} + b(t)y_t = f_1(t)$$
> 与
> $$y_{t+2} + a(t)y_{t+1} + b(t)y_t = f_2(t)$$
> 的特解，则 $y_1^*(t) + y_2^*(t)$ 是差分方程 $y_{t+2} + a(t)y_{t+1} + b(t)y_t = f_1(t) + f_2(t)$ 的特解.

10.2.2 同步习题

1. 试证明下列函数是差分方程的解.
(1) $y_t = C + 2t$，$y_{t+1} - y_t = 2$；
(2) $y_t = C_1 + C_2 2^t$，$y_{t+2} - 3y_{t+1} + 2y_t = 0$；
(3) $y_t = \dfrac{C}{1+Ct}$，$(1+y_t)y_{t+1} = y_t$.

2. 试证函数 $y_1(t) = (-2)^t$ 和 $y_2(t) = t(-2)^t$ 是方程 $y_{t+2} + 4y_{t+1} + 4y_t = 0$ 的两个线性无关的特解，并求该方程的通解.

10.3 一阶线性常系数差分方程

10.3.1 一阶线性常系数差分方程

形如

$$y_{t+1} + ay_t = 0, a \text{ 为常数}, a \neq 0 \qquad (10.3.1)$$

的方程称为**一阶线性常系数齐次差分方程**.

形如

$$y_{t+1} + ay_t = f(t), a \text{ 为常数}, a \neq 0, f(x) \text{ 不恒为零} \qquad (10.3.2)$$

的方程称为**一阶线性常系数非齐次差分方程**.

10.3.2 一阶线性常系数齐次差分方程通解的求法

方程 $y_{t+1} + ay_t = 0$ 可变形为 $\Delta y_t + (a+1)y_t = 0$. 与线性微分方程的情形类似, 可设 y_t 的形式为某个指数函数, 即设

$$y_t = \lambda^t, \lambda \neq 0,$$

代入方程 $y_{t+1} + ay_t = 0$, 得

$$\lambda^{t+1} + a\lambda^t = 0,$$

即

$$\lambda + a = 0,$$

称此方程为一阶线性常系数齐次方程 $y_{t+1} + ay_t = 0$ 的**特征方程**, 且称

$$\lambda = -a$$

为特征方程的**特征根**, 于是

$$y_t = (-a)^t$$

是齐次方程 $y_{t+1} + ay_t = 0$ 的一个特解, 从而通解为

$$y_t = C(-a)^t, C \text{ 为任意常数}.$$

例 10.3.1 求方程 $4y_{t+1} + 3y_t = 0$ 的通解.

解 方程可变形为

$$y_{t+1} + \frac{3}{4}y_t = 0,$$

特征方程为 $\lambda^{t+1} + \frac{3}{4}\lambda^t = 0$, 解得特征根 $\lambda = -\frac{3}{4}$, 从而原方程的通解为

$$y_t = C\left(-\frac{3}{4}\right)^t.$$

例 10.3.2 求方程 $y_t - 2y_{t-1} = 0$ 满足 $y_0 = 2$ 的解.

解 特征方程为 $\lambda - 2 = 0$, 解得特征根 $\lambda = 2$, 于是原方程的通解为

$$y_t = C \cdot 2^t,$$

将 $y_0 = 2$ 代入得 $C = 2$, 故所求特解为

$$y_t = 2^{t+1}.$$

10.3.3 一阶线性常系数非齐次差分方程通解的求法

由定理 10.2.3 可知, 非齐次方程 $y_{t+1} + ay_t = f(t)$ 的通解结构是它的特解 y_t^* 加上对应齐次方程 $y_{t+1} + ay_t = 0$ 的通解, 下面我们主要介绍两种 $f(t)$ 为特殊形式时, y_t^* 的求法. 根据 $f(t)$ 的形式, 确定特解的形式, 见表 10.1.

表 10.1　一阶线性常系数非齐次差分方程特解形式

$f(t)$的表达式	确定待定特解的条件	待定特解 y_t^* 形式
$f(t)=\mu^t p_m(t)$ $p_m(t)$ 是 m 次多项式 μ 为常数，且 $\mu>0$.	μ 不是特征方程的根	$y_t^* = \mu^t q_m(t)$ $q_m(t)$ 是 m 次多项式
	μ 是特征方程的根	$y_t^* = t\mu^t q_m(t)$ $q_m(t)$ 是 m 次多项式
$f(t)=\mu^t P_m(x)\cos\beta t$ $f(t)=\mu^t P_m(x)\sin\beta t$ 令 $r=\mu(\cos\beta+i\sin\beta)$ μ 为常数，$\mu>0$.	r 不是特征方程的根	$y_t^* = \mu^t(R_m(x)\cos\beta t + S_m(x)\sin\beta t)$
	r 是特征方程的根	$y_t^* = t\mu^t(R_m(x)\cos\beta t + S_m(x)\sin\beta t)$

例 10.3.3　求差分方程 $y_{t+1}+y_t=2^t$ 的通解.

解　对应齐次差分方程的特征方程为 $\lambda+1=0$，特征根为 $\lambda=-1$，故齐次差分方程的通解为
$$\overline{y_t}=C(-1)^t,$$
又 $f(t)=2^t$，而 $\mu=2$ 不是特征根，所以设已知方程特解为
$$y_t^*(t)=A\cdot 2^t,$$
将其代入已知方程有
$$A\cdot 2^{t+1}+A\cdot 2^t=2^t,$$
解得
$$A=\frac{1}{3},$$
于是所求通解为
$$y_t=C(-1)^t+\frac{1}{3}\cdot 2^t.$$

微课：例 10.3.3

例 10.3.4　求差分方程 $y_{t+1}-y_t=2t+3$ 的通解.

解　齐次差分方程的特征方程为 $\lambda-1=0$，解得特征根为 $\lambda=1$，故齐次差分方程的通解为
$$\overline{y_t}=C,$$
又 $\mu=1$ 是特征根，设原方程的特解为 $y_t^*=t(at+b)$，将其代入已知方程，得
$$(t+1)[a(t+1)+b]-t(at+b)=2t+3,$$
比较系数得 $a=1$，$b=2$，于是所求通解为
$$y_t=C+t^2+2t.$$

例 10.3.5　求差分方程 $y_{t+1}+2y_t=2^t\cos\pi t$ 的通解.

解　齐次差分方程的特征方程为 $\lambda+2=0$，解得特征根为 $\lambda=-2$，故齐次差分方程的通解为

$$\overline{y_t} = C(-2)^t,$$

又 $f(t) = 2^t\cos\pi t$，$\mu = 2$，$\beta = \pi$，令 $r = \mu(\cos\beta + i\sin\beta) = -2$. 因为 $r = -2$ 是特征根，所以设特解为

$$y^*(t) = t2^t(A\cos\pi t + B\sin\pi t),$$

将其代入原方程得

$$2^{t+1}(t+1)[A\cos\pi(t+1) + B\sin\pi(t+1)] + 2 \cdot t2^t(A\cos\pi t + B\sin\pi t) = 2^t\cos\pi t,$$

整理得

$$-2A\cos\pi t - 2B\sin\pi t = \cos\pi t,$$

比较系数得 $A = -\dfrac{1}{2}$，$B = 0$，于是通解为

$$y_t = C(-2)^t - t2^{t-1}\cos\pi t.$$

10.3.4 同步习题

1. 求下列差分方程的通解：
(1) $y_{t+1} - 5y_t = 4$；
(2) $2y_{t+1} - y_t = 3 + t$；
(3) $y_{t+1} - y_t = 2t^2$；
(4) $2y_{t+1} - 6y_t = 3^t$.

2. 求下列差分方程满足初始条件的特解：

(1) $y_{t+1} + 3y_t = -1$，$y_0 = 1$；
(2) $8y_{t+1} + 4y_t = 3$，$y_0 = \dfrac{1}{2}$；
(3) $2y_{t+1} - y_t = 2 + t$，$y_0 = 4$；
(4) $y_{t+1} - y_t = 2^t - 1$，$y_0 = 5$.

10.4 差分方程在经济学中的应用

下面通过几个简单的实例，介绍差分方程在经济学中的一些简单应用.

10.4.1 筹措教育经费模型

例 10.4.1 某家庭从现在着手从每月工资中拿出一部分资金存入银行，用于投资子女的教育，并计划 20 年后开始从投资账户中每月支取 2000 元，直到 10 年后子女大学毕业用完全部资金. 要实现这个投资目标，20 年内共需筹措多少资金？每月要向银行存入多少钱？假设投资的月利率为 0.5%.

微课：例 10.4.1

解 设 20 年后开始，第 n 个月投资账户资金为 S_n 元，每月存入资金为 a 元. 于是，关于 S_n 的差分方程模型为

$$S_{n+1} = 1.005 S_n - 2000 \tag{10.4.1}$$

并且 $S_{120} = 0$，$S_0 = x$，x 为 20 年投资总额.

解方程 (10.4.1)，得通解

$$S_n = 1.005^n C - \dfrac{2000}{1 - 1.005} = 1.005^n C + 400000,$$

以及

$$S_{120} = 1.005^{120} C + 400000 = 0,$$
$$S_0 = C + 400000 = x,$$

从而有
$$x = 400000 - \frac{400000}{1.005^{120}} = 180147.$$

从现在到 20 年内，y_n 满足的差分方程为
$$y_{n+1} = 1.005 y_n + a, \tag{10.4.2}$$

且 $y_0 = 0$，$y_{240} = 180147$.

解方程(10.4.2)，得通解
$$Y_n = 1.005^n C + \frac{a}{1 - 1.005} = 1.005^n C - 200a,$$

以及
$$Y_{240} = 1.005^{240} C - 200a = 180147,$$
$$Y_0 = C - 200a = 0,$$

从而有 $a = 389.89$.

即要达到投资目标，20 年内要筹措资金 180147 元，平均每月要存入银行 389.89 元.

10.4.2 价格与库存模型

设 P_t 为第 t 个时段某类产品的价格，L_t 为第 t 个时段产品的库存量，$\overline{L}$ 为该产品的合理库存量. 一般情况下，如果库存量超过合理库存，则该产品的价格下跌，如果库存量低于合理库存，则该产品的价格上涨，于是有方程
$$P_{t+1} - P_t = c(\overline{L} - L_t), \tag{10.4.3}$$

其中 c 为比例常数. 由式(10.4.3)变形可得
$$P_{t+2} - 2P_{t+1} + P_t = -c(L_{t+1} - L_t). \tag{10.4.4}$$

又设库存量 L_t 的改变与产品销售状态有关，且在第 $t+1$ 时段库存增加量等于该时段的供求之差，即
$$L_{t+1} - L_t = S_{t+1} - D_{t+1}, \tag{10.4.5}$$

若设供给函数和需求函数分别为
$$S_t = a(P_t - \alpha), D_t = -b(P_t - \alpha),$$
$$S = a(P - \alpha),$$
$$D = -b(P - \alpha) + \beta,$$

代入到式(10.4.5)得
$$L_{t+1} - L_t = (a+b)P_{t+t} - a\alpha - b\alpha,$$

再由式(10.4.4)得方程
$$P_{t+2} + [c(a+b) - 2]P_{t+1} + P_t = (a+b)c\alpha. \tag{10.4.6}$$

设方程(10.4.6)的特解为 $P_t^* = A$，代入方程得 $A = \alpha$，方程(10.4.6)对应的齐次方程的特征方程为
$$\lambda^2 + [c(a+b) - 2]\lambda + 1 = 0,$$

解得 $\lambda_{1,2} = -r \pm \sqrt{r^2 - 1}$，$r = \frac{1}{2}[c(a+b) - 2]$，于是

若 $|r|<1$，并设 $r=\cos\theta$，则方程(10.4.6)的通解为
$$P_t = B_1\cos n\theta + B_2\sin n\theta + \alpha;$$
若 $|r|>1$，则 λ_1，λ_2 为两个实根，方程(10.4.6)的通解为
$$P_t = A_1\lambda_1^n + A_2\lambda_2^n + \alpha.$$
由于 $\lambda_2 = -r - \sqrt{r^2-1} < -r < -1$，则当 $t\to +\infty$ 时，λ_2^n 将迅速变化，方程无稳定解.

因此，当 $-1<r<1$，即 $0<r+1<2$，亦即 $0<c<\dfrac{4}{a+b}$ 时，价格相对稳定. 其中 a，b，c 为正常数.

10.4.3 同步习题

设 S_t 为 t 期储蓄，I_t 为 t 期投资，Y_t 为 t 期国民收入，哈罗德(Harrod·R·H)建立了如下宏观经济模型

$$\begin{cases} S_t = \alpha Y_{t-1}, \\ I_t = \beta(Y_t - Y_{t-1}), \\ S_t = I_t. \end{cases}$$

其中 $0<\alpha<1$，$\beta<1$，试求：Y_t, I_t, S_t.

10.5 阅读材料

差分方程的历史

差分方程(Difference Equation)是指由微分运算符引起的方程. 它根据一些已知条件求得满足某个特定函数的结果，可以使用有限差分和无限差分求解. 从本质上讲，它们求解的是一个不同点之间的变化.

差分方程在17世纪成功地被应用于经济和物理学中. 19世纪早期，克劳德·拉萨尔，布里安·安格斯拉纳，以及英国数学家亚瑟·柯克里和威廉·拉斐尔提出了一系列解决方案，使差分方程在这一时期得到了丰硕的发展. 20世纪中叶，保罗·冯诺依曼和沃尔夫冈·苏伯斯坦提出了不同的求解方法，使得差分方程的研究取得了长足的发展.

差分方程的研究主要围绕三个方法：精确解法、近似解法和数值解法. **精确解法**是指用其他的数学方法，如代数、几何、算子理论和变分法等，求解差分方程的一般解. 精确求解的方法可以用来求解特殊的差分方程，但不能求解普遍差分方程. **近似解法**则是采用解析和不同精度的数值方法求取差分方程的解，方法有积分法、快速傅里叶变换法、拉普拉斯变换法、傅里叶分析法等. **数值解法**是直接采用数值近似的方法，如差分格式、差分迭代法、有限元法和有限体积法等，来求解差分方程，使得计算量减少，计算精度提高.

总复习题

第一部分：基础题

1. 求下列函数的一阶与二阶差分：
   (1) $y_t = 3t^2 - t^3$；
   (2) $y_t = e^{2t}$；
   (3) $y_t = \ln t$；
   (4) $y_t = t^2 \cdot 3^t$.

2. 判别下列方程是否是差分方程，若是，确定差分方程的阶：
   (1) $y_{t+5} - y_{t+2} + y_{t-1} = 0$；
   (2) $\Delta^2 y_t - 2y_t = t$；
   (3) $\Delta^2 y_t = y_{t+2} - 2y_{t+1} + y_t$；
   (4) $2\Delta y_t = 3t - 2y_t$.

3. 求下列差分方程的通解：
   (1) $y_{t+1} - 2y_t = 0$；
   (2) $y_{t+1} + 3y_t = 0$；
   (3) $3y_{t+1} - 2y_t = 0$；
   (4) $y_t + y_{t-1} = 0$.

4. 求下列差分方程的通解：
   (1) $y_{t+1} + 2y_t = 3$；
   (2) $y_{t+1} - y_t = -3$；
   (3) $y_{t+1} - 2y_t = 3t^2$；
   (4) $y_{t+1} - y_t = t + 1$；
   (5) $y_{t+1} - \dfrac{1}{2} y_t = \left(\dfrac{5}{2}\right)^t$；
   (6) $y_{t+1} + 2y_t = t^2 + 4^t$.

5. 设某产品在时期 t 的价格、供给量与需求量分别为 P_t，S_t 与 Q_t，$t = 0, 1, 2, \cdots$. 并满足关系：
   (1) $S_t = 2P_t + 1$，(2) $Q_t = -4P_{t-1} + 5$，(3) $Q_t = S_t$.
   求证：由（1）、（2）、（3）可推出差分方程 $P_{t+1} + 2P_t = 2$. 若已知 P_0，求该差分方程的解.

第二部分：拓展题

1. 验证 $y_t = C(-2)^t$ 是差分方程 $y_{t+1} + 2y_t = 0$ 的通解.
2. 已知差分方程 $y_{t+1} + y_t = t \cdot 2^t$，求特解.
3. 已知通解是 $y_t = C + 2t + t^2$，求差分方程.
4. 已知差分方程 $2y_{t+1} - 3y_t = 0$，求通解.
5. 已知差分方程 $y_{t+1} - y_t = 0$，求通解.
6. 已知差分方程 $y_{t+1} + y_t = 0$，求通解.

第三部分：考研真题

填空题

1. (2021 年，数三) 差分方程 $\Delta y = t$ 的通解为_____.
2. (2018 年，数三) 差分方程 $\Delta^2 y_t - y_t = 5$ 的通解是_____.
3. (2017 年，数三) 差分方程 $y_{t+1} - 2y_t = 2^t$ 的通解为_____.

自测题

（满分 100 分，测试时间 45 分钟）

一、单项选择题（本题共 10 个小题，每小题 5 分，共 50 分）

1. 差分方程 $y_{x+1} + 2y_x = 3$ 的通解为（　　）.
   A. $y_x = C(-2)^x + 1$
   B. $y_x = C(-2)^x$
   C. $y_x = C(-2)^x - 1$
   D. $y_x = C \cdot 2^x + 1$

2. 差分方程 $y_{x+1} + y_x = 2^x$ 的通解为（　　）.
   A. $y_x = \dfrac{1}{4} \cdot 2^x + C(-1)^x$
   B. $y_x = \dfrac{1}{3} \cdot 2^x + C(-1)^x$
   C. $y_x = \dfrac{1}{3} \cdot 2^x + C \cdot 1^x$
   D. $y_x = \dfrac{1}{2} \cdot 3^x + C(-1)^x$

3. 差分方程 $\Delta^3 y_t + y_t + 2 = 0$ 的阶数是（　　）.
   A. 1　　B. 2　　C. 3　　D. 0

4. 已知 $y_t = \log_a^t$，则 $\Delta y_t = $（　　）.
   A. $\log_a \dfrac{t+1}{t}$
   B. $\log_a \dfrac{t}{t+1}$
   C. $\log_a \dfrac{t-1}{t}$
   D. $\log_a \dfrac{t}{t-1}$

5. 已知 $y_t = 2t^3 - t^2$，则 $\Delta^2 y_t = (\quad)$.
   A. $6t^2 + 4t + 1$　　B. $12t + 10$
   C. $12t^2 + 10$　　D. $6t^2 + 4t$

6. 差分方程 $\Delta^2 y_t + 2\Delta y_t = 0$ 表示成不含差分的形式为（　）.
   A. $y_{t+2} + y_t = 0$　　B. $y_{t+2} - 2y_t = 0$
   C. $y_{t+2} - y_t = 0$　　D. $y_{t+2} + 2y_t = 0$

7. 差分方程 $4y_{t+1} + 3y_t = 0$ 的通解为（　）.
   A. $y = C\left(\dfrac{3}{4}\right)^t$　　B. $y = C\left(-\dfrac{4}{3}\right)^t$
   C. $y = C\left(\dfrac{4}{3}\right)^t$　　D. $y = C\left(-\dfrac{3}{4}\right)^t$

8. 已知 $y_t = e^t$ 是方程 $y_{t+1} + ay_{t-1} = 2e^t$ 的一个解，则 $a = (\quad)$.
   A. $a = 2e + e^2$　　B. $a = e - e^2$
   C. $a = 2e - e^2$　　D. $a = e + e^2$

9. 方程 $y_{t+1} + 2y_t = 3 \cdot 2^t$，满足初始条件 $y_0 = 4$ 的特解为（　）.
   A. $y_t = \dfrac{13}{4}(-2)^t + \dfrac{3}{4} \cdot 2^t$
   B. $y_t = \dfrac{13}{4} \cdot 2^t + \dfrac{3}{4} \cdot 2^t$
   C. $y_t = \dfrac{13}{4}(-2)^t + \dfrac{3}{4} \cdot (-2)^t$
   D. $y_t = \dfrac{13}{4} \cdot 2^t + \dfrac{3}{4} \cdot 2^t$

10. 差分方程 $y_{t+1} - 2y_t = 3t^2$ 的通解为（　）.
    A. $y_t = C2^t - 3t^2 + 6t - 9$
    B. $y_t = C2^t + 3t^2 - 6t - 9$
    C. $y_t = C2^t - 3t^2 - 6t - 9$
    D. $y_t = C2^t - 3t^2 - 6t + 9$

二、**判断题**（用√、×表示. 本题共 10 个小题，每小题 5 分，共 50 分）

1. 已知 $y_t = t^2$，则 $\Delta y_t = 2t$.　　　　（　）
2. $\Delta^2(x^2) = 2x + 1$.　　　　　　　　　（　）
3. $y_{x+3} - x^2 y_{x+1} + 3y_x = 2$ 是三阶差分方程.
   　　　　　　　　　　　　　　　　　　　（　）
4. $y = C + 2t$ 是差分方程 $y_{t+1} - y_t = 2$ 的通解.
   　　　　　　　　　　　　　　　　　　　（　）
5. 差分方程 $y_{t+1} - 3y_t = 0$ 的特征方程为 $\lambda + 3 = 0$.　　　　　　　　　　　　　　（　）
6. 差分方程 $2y_{t+1} + y_t = 0$，满足初始条件 $y_0 = 3$ 的特解为 $y_t = 3\left(-\dfrac{1}{2}\right)^t$.　　（　）
7. $y_{x+2} - 4y_{x+1} + 3y_x = 8^x$ 可化为 $\Delta^2 y_x - 2\Delta y_x = 8^x$.
   　　　　　　　　　　　　　　　　　　　（　）
8. 差分方程 $y_{x+1} - 2y_x = -x^2 + x + 1$ 的通解为 $y_x = -x^2 + x + 1 + C \cdot 2^x$.　　（　）
9. 方程 $y_{t+1} - 2y_t = 3^t$，满足初始条件 $y_0 = 0$ 的特解为 $y_t = (-2)^t + 3^t$.　　（　）
10. 差分方程 $y_{t+1} - 2y_t = 2t^2 - 1$ 的通解为 $y = -2t^2 - 4t - 5 + C(-2)^t$.　　（　）

参 考 答 案

第6章参考答案

6.1.3 同步习题

1. (1) $\dfrac{1}{2}$；　　(2) 0.

2. 0.

3. (1) 成立；　(2) 不成立；　(3) 成立；　(4) 成立.

4. (1) $6 \leqslant \int_1^4 (x^2+1)\mathrm{d}x \leqslant 51$；(2) $2\mathrm{e}^{-\frac{1}{4}} \leqslant \int_0^2 \mathrm{e}^{(x^2-x)}\mathrm{d}x \leqslant 2\mathrm{e}^2$.

5. B.　　6. D.　　7. B.

6.2.3 同步习题

1. (1) $y' = 2x\cos x^2$；　　　　(2) $y' = -3x\sin x$；

   (3) $y' = \int_0^x \mathrm{e}^t \mathrm{d}t + x\mathrm{e}^x$；　　(4) $y' = \dfrac{3}{x^4} - \dfrac{2}{x^3}$.

2. (1) 0；　　(2) $\dfrac{1}{2}$；　　(3) 1.

3. (1) $\dfrac{21}{8}$；　(2) $1 - \dfrac{1}{\mathrm{e}} - \dfrac{\pi}{4}$；　(3) $\dfrac{1}{2} - \dfrac{\pi}{4} + \arctan 2$；　(4) $1 + \dfrac{\pi}{4}$.

4. A.　　5. B.　　6. 证明略.

6.3.3 同步习题

1. (1) $\dfrac{1}{3}(\mathrm{e}^3-1)^3$；　(2) $\sqrt{2}-1$；　　(3) $\dfrac{1}{2} - \dfrac{\pi}{8}$；

   (4) $\dfrac{1}{2} - \dfrac{1}{2}\cos\dfrac{\pi^2}{4}$；　(5) $2(\sqrt{2}-1)$；　(6) $\ln 2$；

   (7) $\dfrac{1}{16}$；　　　　(8) $\dfrac{2}{15}$；　　　(9) $7 + 2\ln 2$；

   (10) π；　　　　(11) $\sqrt{3} - \dfrac{\pi}{3}$；　(12) $\dfrac{\pi}{4}$.

2. (1) $\sqrt{2}$；　　(2) 0；　　(3) $\dfrac{1}{6}$；　　(4) $\dfrac{\pi}{8}$；

   (5) $2(\sqrt{2}-1)$；　(6) 2；　(7) $\dfrac{35}{256}\pi$；　(8) $\dfrac{16}{35}$.

3. $\dfrac{8}{3}$.

4. (1) $1 - \dfrac{2}{\mathrm{e}}$；　(2) $\dfrac{\pi}{4} - \dfrac{1}{2}\ln 2$；　(3) $\dfrac{1}{4}(\mathrm{e}^2+1)$；

(4) $\pi - 2$;   (5) $\dfrac{e^\pi - 2}{5}$;   (6) $2\left(1 - \dfrac{1}{e}\right)$.

5. 证明略.   6. 证明略.

6.4.3 同步习题

1. (1) 1;   (2) $\dfrac{1}{2}$;   (3) 0;   (4) ln3.

2. (1) 4;   (2) $\dfrac{8}{3}$;   (3) $\dfrac{\pi}{2}$;   (4) 发散.

3. D

4. $k = -2$.

6.5.5 同步习题

1. (1) $\dfrac{1}{6}$;   (2) $\dfrac{32}{3}$;   (3) $e - 1$;   (4) $e - 1$;

(5) $\dfrac{32}{3}$;   (6) $4 - \ln3$;   (7) $\dfrac{1}{3}$;   (8) $2\sqrt{2}$.

2. (1) $\dfrac{3\pi}{10}$;   (2) $\dfrac{1}{2}a^3\pi$;   (3) $160\pi^2$;

(4) $\dfrac{2\pi}{15}$;   (5) $2\pi^2$;   (6) $\dfrac{4\pi R^3}{3}$.

6.6.5 同步习题

1. (1) 75278; (2) 19850.

2. (1) $\Delta Q = 845\dfrac{1}{3}$; (2) $Q(t) = 200t + \dfrac{5}{2}t^2 - \dfrac{1}{6}t^3$.

3. $\dfrac{1}{3}$.

总复习题

第一部分：基础题

1. (1) $\dfrac{1}{3}$;   (2) 1;   (3) $\dfrac{2\sqrt{2}}{\pi}$ (4) $\dfrac{2}{\pi}$.

2. (1) $\int_0^x f(t)\,dt$;   (2) $2x[f(x^2+2) - f(x^2+1)]$;

(3) $-\dfrac{1}{x^2}\int_0^x f(u)\,du + \dfrac{1}{x}f(x)$.

3. $y' = -\dfrac{\cos x^2}{e^{y^2}}$.

4. 单调递减区间为 $(-\infty, -1] \cup [0,1]$, 单调递增区间为 $[-1, 0] \cup [1, +\infty)$; $x = 0$ 是极大值点, 极大值 $f(0) = \dfrac{1}{2}\left(1 - \dfrac{1}{e}\right)$; $x = \pm 1$ 是极小值点, 极小值 $f(\pm 1) = 0$.

5. (1) 1;   (2) $\dfrac{5}{8}\ln3 - \dfrac{1}{2}$;   (3) $\dfrac{2}{3}$;   (4) $\dfrac{1}{4}$;

(5) $\dfrac{2\pi}{3}$;   (6) $\dfrac{\sqrt{3}}{2} + \ln(2 - \sqrt{3})$;   (7) $\dfrac{\sqrt{3}}{3}\pi$;   (8) $\dfrac{\pi}{4} - \dfrac{1}{2}\ln2$.

6. (1) 1;　　(2) $\dfrac{\pi}{2}$;　　(3) $\dfrac{\pi}{2}$;

　(4) $\ln\sqrt{2}$;　(5) 2;　　(6) 6.

7. 证明略.　　8. $\dfrac{3\pi}{16}+\dfrac{3}{4}$.　　9. $\tan\dfrac{1}{2}-\dfrac{1}{2}\mathrm{e}^{-4}+\dfrac{1}{2}$.

10. 2.　　11. $\dfrac{1}{3}$.

12. $\dfrac{\pi^2}{2}-\dfrac{2\pi}{3}$　　13. $\dfrac{128\pi}{15}$.　　14. 2; $\dfrac{2}{3}\pi(\mathrm{e}^2-1)$.

15. $p=\dfrac{120}{7}$ 时利润达到最大,最大利润 $\max L\left(\dfrac{120}{7}\right)\approx 23.21$.

16. (1) 39 万元, 36 万元;　　(2) 获得最大总利润的产量是 $Q=3$(百台);
　　(3) 63 万元, 60 万元, 3 万元.

17. (1) (2, 9);　　(2) $\dfrac{44}{3}$;　　(3) $\dfrac{22}{3}$.

第二部分:拓展题

1. $\dfrac{2\sqrt{3}}{3}-\dfrac{\pi}{6}$;　　2. $\mathrm{e}-2$;　　3. $\dfrac{\pi}{3}$;

4. $\dfrac{1}{2}\mathrm{e}^{\frac{1}{2}}$;　　5. $\dfrac{64}{3}$;　　6. $4-3\ln 3$; $\dfrac{8}{3}\pi$;

7. 提示: $\dfrac{\int_a^b f(x)g(x)\mathrm{d}x}{\int_a^b g(x)\mathrm{d}x}$ 介于 $f(x)$ 在 $[a,b]$ 上的最大值 M 与最小值 m 之间;

8. $111\dfrac{1}{3}$.

第三部分:考研真题

一、选择题

1. A;　　2. A;　　3. B;　　4. C;　　5. D;
6. D;　　7. C;　　8. D;　　9. C.

二、填空题

1. $\dfrac{1}{2}\ln 3-\dfrac{1}{8}\pi$;　2. 4;　　3. $\dfrac{8\sqrt{3}}{9}\pi$;　4. $\ln 3-\dfrac{\sqrt{3}}{3}\pi$;

5. $\dfrac{\pi}{4}$;　　6. $\dfrac{1}{\ln 3}$;　　7. 6;　　8. $\dfrac{\pi}{4}$;

9. $\dfrac{\cos 1-1}{4}$;　10. $\dfrac{1-2\sqrt{2}}{18}$;　11. $2\ln 2-2$;　12. $\dfrac{1}{2}\ln 2$;

13. 1;　　14. $\dfrac{\pi^3}{2}$;　　15. $\dfrac{1}{2}$;　　16. $\sin 1-\cos 1$;

17. $\dfrac{\pi^2}{4}$;　　18. $\dfrac{3\pi}{8}$.

三、解答题

1. (1) $\dfrac{1}{2}\ln\dfrac{\sqrt{2}+1}{\sqrt{2}-1}$; (2) $\pi\left(1-\dfrac{\pi}{4}\right)$; 2. $\dfrac{1}{2}$; 3. $\dfrac{x}{\sqrt{x^2+1}}$; $\dfrac{\pi^2}{6}$;

4. $\dfrac{e^{\pi}+1}{2(e^{\pi}-1)}$; 5. $\dfrac{2}{3}$; 6. $\dfrac{1}{4}$; 7. $\dfrac{1}{4}$;

8. $V=\dfrac{18}{35}\pi$, $S=\dfrac{16}{5}\pi$; 9. $f(x)=-\dfrac{1}{2}(e^x+e^{-x})$.

四、证明题
略.

自测题
一、单项选择题
1. D;   2. A;   3. B;   4. B;   5. C;
6. D;   7. B;   8. B;   9. A;   10. D.

二、判断题
1. √;   2. ×;   3. ×;   4. √;   5. ×;
6. ×;   7. √;   8. ×;   9. √;   10. ×.

第 7 章参考答案

7.1.3 同步习题

1. (1) $u_n=\dfrac{1}{2n-1}$, $n=1,2,\cdots$; (2) $u_n=(-1)^{n-1}\dfrac{1}{n}$, $n=1,2,\cdots$;

(3) $u_n=\dfrac{x^n}{(3n+1)(3n+4)}$, $n=0,1,2,\cdots$; (4) $u_n=\dfrac{x^{\frac{n}{2}}}{2\cdot 4\cdots(2n)}$, $n=1,2,\cdots$.

2. (1) $1,\dfrac{4}{5},\dfrac{3}{5},\dfrac{8}{17}$; (2) $1,\dfrac{1}{2},\dfrac{2}{3},\dfrac{3}{2}$;

(3) $\dfrac{1}{5}$, $-\dfrac{1}{25}$, $\dfrac{1}{125}$, $-\dfrac{1}{625}$; (4) $\dfrac{\sin 2x}{\ln 2}$, $\dfrac{\sin 3x}{\ln 3}$, $\dfrac{\sin 4x}{\ln 4}$, $\dfrac{\sin 5x}{\ln 5}$.

3. $u_1=\dfrac{4}{5}$, $u_2=-\left(\dfrac{4}{5}\right)^2$, $u_n=(-1)^{n-1}\left(\dfrac{4}{5}\right)^n$; $s_1=\dfrac{4}{5}$, $s_2=\dfrac{4}{5}-\left(\dfrac{4}{5}\right)^2$,

$s_n=\dfrac{4}{5}-\left(\dfrac{4}{5}\right)^2+\left(\dfrac{4}{5}\right)^3-\cdots+(-1)^{n-1}\left(\dfrac{4}{5}\right)^n$.

4. $\sum\limits_{n=1}^{\infty}\dfrac{3}{n(n+1)}$, 3.

5. (1) 收敛, $\dfrac{1}{5}$; (2) 发散; (3) 发散; (4) 收敛, $1-\sqrt{2}$.

6. (1) 发散; (2) 发散; (3) 收敛; (4) 发散; (5) 发散; (6) 发散.

7. (1) 发散;   (2) 收敛, $\dfrac{4}{9}$;   (3) 发散;

(4) 收敛, $\dfrac{3}{4}$;   (5) 发散;   (6) 收敛, 5108.

7.2.5 同步习题

1. (1) 发散; (2) 发散; (3) 发散; (4) 发散; (5) 发散; (6) 收敛;
(7) 发散; (8) 收敛; (9) 收敛; (10) 发散; (11) 收敛; (12) 当 $a>1$ 时收敛; 当

$a \leqslant 1$ 时发散.

2. (1) 收敛；(2) 收敛；(3) 发散；(4) 收敛；
   (5) 收敛；(6) 收敛；(7) 发散；(8) 收敛.
3. (1) 收敛；(2) 发散；(3) 收敛；(4) 收敛；(5) 收敛；(6) 收敛.
4. (1) 发散；(2) 收敛；(3) 收敛；(4) 发散.
5. (1) 发散；(2) 发散；(3) 收敛；(4) 发散；(5) 收敛；(6) 发散.

7.3.3 同步习题

1. (1) ×；(2) √；(3) ×；(4) √.
2. (1) B；(2) D；(3) A；(4) C.
3. (1) 条件收敛；   (2) 绝对收敛；   (3) 绝对收敛；   (4) 条件收敛；
   (5) 绝对收敛；   (6) 发散；   (7) 绝对收敛；   (8) 绝对收敛；
   (9) 绝对收敛；   (10) 发散.

7.4.5 同步习题

1. (1) $R=1,(-1,1)$；   (2) $R=1,[-1,1]$；

   (3) $R=\dfrac{1}{2},\left(-\dfrac{1}{2},\dfrac{1}{2}\right)$；   (4) $R=0,\{0\}$；

   (5) $R=2,[-2,2)$；   (6) $R=\dfrac{1}{5},\left(-\dfrac{1}{5},\dfrac{1}{5}\right]$；

   (7) $R=\sqrt{3},(-\sqrt{3},\sqrt{3})$；   (8) $R=\dfrac{\sqrt{2}}{2},\left(-3-\dfrac{\sqrt{2}}{2},-3+\dfrac{\sqrt{2}}{2}\right)$；

   (9) $R=1,[1,3)$；   (10) $R=1,(1,2]$.

2. (1) $s(x)=\arctan x, x\in[-1,1]$；   (2) $s(x)=\dfrac{2x}{(1-x^2)^2}, x\in(-1,1)$；

   (3) $s(x)=\ln(x+1), x\in(-1,1]$；

   (4) $s(x)=\begin{cases}-\dfrac{1}{x}(\ln(x+1)-x), & x\in(-1,0)\cup(0,1], \\ 0, & x=0;\end{cases}$

   (5) $s(x)=\dfrac{2x}{(1-x)^3}, x\in(-1,1)$；

   (6) $s(x)=\begin{cases}-\dfrac{1}{x}\ln\left(1-\dfrac{x}{2}\right), & x\in[-2,0)\cup(0,2), \\ 0, & x=0.\end{cases}$

7.5.3 同步习题

1. (1) $\mathrm{e}^{-x^2}=\sum\limits_{n=0}^{\infty}\dfrac{(-1)^n}{n!}x^{2n},\ -\infty<x<+\infty$；

   (2) $\cos^2 x=1+\dfrac{1}{2}\sum\limits_{n=1}^{\infty}\dfrac{(-1)^n}{(2n)!}\cdot(2x)^{2n},\ -\infty<x<+\infty$；

   (3) $\dfrac{1}{\sqrt{1-x^2}}=1+\sum\limits_{n=1}^{\infty}\dfrac{(2n-1)!!}{(2n)!!}x^{2n},\ -1<x<1$；

   (4) $x^3\mathrm{e}^{-x}=\sum\limits_{n=0}^{\infty}\dfrac{(-1)^n}{n!}x^{n+3},\ -\infty<x<+\infty$；

(5) $\dfrac{1}{3-x} = \sum_{n=0}^{\infty} \dfrac{1}{3^{n+1}} x^n$, $-3 < x < 3$;

(6) $\ln(a+x) = \ln a + \sum_{n=1}^{\infty} (-1)^{n-1} \dfrac{1}{n} \left(\dfrac{x}{a}\right)^n$, $-a < x \leqslant a$.

2. $\dfrac{1}{x+2} = \dfrac{1}{4}\left[1 - \dfrac{x-2}{4} + \left(\dfrac{x-2}{4}\right)^2 - \left(\dfrac{x-2}{4}\right)^3 + \cdots + (-1)^n \left(\dfrac{x-2}{4}\right)^n + \cdots\right]$, $-2 < x < 6$

3. $\dfrac{1}{x^2+3x+2} = \sum_{n=0}^{\infty} \left(\dfrac{1}{2^{n+1}} - \dfrac{1}{3^{n+1}}\right)(x+4)^n$, $-6 < x < -2$.

4. $\cos x = \dfrac{1}{2}\sum_{n=0}^{\infty} (-1)^n \left[\dfrac{\left(x+\dfrac{\pi}{3}\right)^{2n}}{(2n)!} + \sqrt{3} \dfrac{\left(x+\dfrac{\pi}{3}\right)^{2n+1}}{(2n+1)!}\right]$, $-\infty < x < +\infty$.

7.6.4 同步习题

1. (1) $\dfrac{1}{2}\pi^2$;　　(2) 1.

2. (1) $f(x) = \pi^2 + 1 + 12 \sum_{n=1}^{\infty} \dfrac{(-1)^n}{n^2} \cos nx$, $-\infty < x < +\infty$;

(2) $f(x) = \dfrac{e^{2\pi} - e^{-2\pi}}{\pi}\left[\dfrac{1}{4} + \sum_{n=1}^{\infty} \dfrac{(-1)^n}{n^2+4}(2\cos nx - n\sin nx)\right]$
$x \neq (2k+1)\pi, k = 0, \pm 1, \pm 2, \cdots$;

(3) $f(x) = \dfrac{2}{\pi}\sum_{n=1}^{\infty}\left[\dfrac{1}{n^2}\sin\dfrac{n\pi}{2} + (-1)^{n+1}\dfrac{\pi}{2n}\right]\sin nx$
$x \neq (2k+1)\pi$, $k = 0, \pm 1, \pm 2, \cdots$.

3. (1) $\cos\dfrac{x}{2} = \dfrac{2}{\pi} + \dfrac{4}{\pi}\sum_{n=1}^{\infty}\dfrac{(-1)^{n-1}}{4n^2-1}\cos nx$, $-\pi \leqslant x \leqslant \pi$;

(2) $f(x) = \dfrac{1+\pi-e^{-\pi}}{2\pi} + \dfrac{1}{\pi}\sum_{n=1}^{\infty}\dfrac{(-1)^n}{n^2+4}\left\{\dfrac{1-(-1)^n e^{-\pi}}{1+n^2}\cos nx + \left[\dfrac{-n+(-1)^n n e^{-\pi}}{1+n^2} + \dfrac{1}{n}(1-(-1)^n)\right]\sin nx\right\}$, $-\pi < x < \pi$.

4. (1) $f(x) = \dfrac{11}{12} + \dfrac{1}{\pi^2}\sum_{n=1}^{\infty}\dfrac{(-1)^{n+1}}{n^2}\cos 2n\pi x$, $-\infty < x < +\infty$;

(2) $f(x) = -\dfrac{1}{4} + \sum_{n=1}^{\infty}\left\{\left[\dfrac{1-(-1)^n}{n^2\pi^2} + \dfrac{2\sin\dfrac{n\pi}{2}}{n\pi}\right]\cos n\pi x + \dfrac{1-2\cos\dfrac{n\pi}{2}}{n\pi}\sin n\pi x\right\}$
$x \neq 2k, 2k+\dfrac{1}{2}, k = 0, \pm 1, \pm 2, \cdots$;

(3) $f(x) = -\dfrac{1}{2} + \sum_{n=1}^{\infty}\left\{\dfrac{6}{n^2\pi^2}[1-(-1)^n]\cos\dfrac{n\pi x}{3} + \dfrac{6}{n\pi}(-1)^{n+1}\sin\dfrac{n\pi x}{3}\right\}$
$x \neq 3(2k+1), k = 0, \pm 1, \pm 2, \cdots$.

总复习题

第一部分：基础题

1. (1) 发散； (2) 收敛； (3) 收敛； (4) 收敛； (5) 收敛； (6) 收敛.
2. (1) 绝对收敛； (2) 条件收敛； (3) 发散； (4) 绝对收敛.
3. (1) $[-2,0)$; (2) $(2-\sqrt{2}, 2+\sqrt{2})$;
4. (1) $\dfrac{9}{64}$; (2) $2\ln 2 - 1$.

第二部分：拓展题

一、选择题

1. C;   2. A;   3. D;   4. B.

二、填空题

1. $\dfrac{1}{4}$;   2. $-\dfrac{1}{6}$;   3. 4;   4. $[-3,3)$;   5. $(-3,1)$;   6. $-\dfrac{1}{4}$.

三、计算题

1. $\sum\limits_{n=1}^{\infty} \dfrac{n}{2^{n+1}} x^{n-1}, \; x \in (-2,2)$.

2. $f(x) = \dfrac{e^{\pi} - 1}{2\pi} + \dfrac{1}{\pi} \sum\limits_{n=1}^{\infty} \left[\dfrac{(-1)^n e^{\pi} - 1}{n^2 + 1} \cos nx + \dfrac{n((-1)^{n+1} e^{\pi} + 1)}{n^2 + 1} \sin nx \right]$
$-\infty < x < +\infty$ 且 $x \neq k\pi, \; k = 0, \pm 1, \pm 2, \cdots$.

第三部分：考研真题

一、选择题

1. C;   2. B;   3. B;   4. A;   5. A.

二、填空题

$\dfrac{e^x + e^{-x}}{2}$.

三、解答题

1. 证明略.

2. 当 n 为偶数时，$a_n = (-1)^{\frac{n}{2}}\left(\dfrac{2^n}{n!} - n - 1\right)$;

   当 n 为奇数时，$a_n = (-1)^{n+1}(n+1)$.

3. $S(x) = \begin{cases} \dfrac{1}{x}(\arctan x) + \ln\dfrac{2+x}{2-x}, & -1 \leq x \leq 1 \text{ 且 } x \neq 0 \\ 2, & x = 0. \end{cases}$

自测题

一、单项选择题

1. C;   2. B;   3. A;   4. C;   5. C;   6. A;   7. A;   8. A;   9. B;   10. B.

二、判断题

1. √;   2. ×;   3. √;   4. √;   5. √;   6. √;   7. ×;   8. √;
9. √;   10. √.

第8章参考答案

8.1.4 同步习题

1. (1) $4xy$;   (2) $x^2 - 2y$;
   (3) $\{(x,y) \mid x \geq 0, -\infty < y < +\infty\}$;   (4) $\{(x,y) \mid x+y > 0\}$;
   (5) $\{(x,y) \mid 0 \leq y \leq 2, x > y\}$;   (6) $\{(x,y,z) \mid r^2 \leq x^2 + y^2 + z^2 \leq R^2\}$.

2. (1) D; (2) B; (3) D; (4) C; (5) B; (6) A.

3. (1) 不连续; (2) 不连续.

8.2.3 同步习题

1. (1) $3x^2 - 3y^2$, $3y^2 - 6xy$;   (2) $2xye^y$, $x^2 e^y (1+y)$;
   (3) 8, 4;   (4) 1, $\dfrac{\pi}{2}$, $\dfrac{\pi}{2}$.

2. (1) A; (2) B; (3) D; (4) C; (5) D.

3. (1) ×; (2) √; (3) √; (4) ×.

8.3.2 同步习题

1. (1) -4, 2; (2) $-\dfrac{1}{2}$, $-\dfrac{1}{2}$; (3) 2, 1; (4) 0, 1; (5) e^{-1}, $-2e^{-1}$.

2. (1) A; (2) B; (3) A; (4) B; (5) C.

3. (1) √; (2) √; (3) ×; (4) ×; (5) ×.

4. (1) $\dfrac{\partial z}{\partial x} = (x+y)^{xy} \left[\dfrac{xy}{x+y} + y\ln(x+y) \right]$, $\dfrac{\partial z}{\partial y} = (x+y)^{xy} \left[\dfrac{xy}{x+y} + x\ln(x+y) \right]$;

   (2) $\dfrac{\partial z}{\partial x} = 2x + \dfrac{2(x-y)}{2x+y} + \ln(2x+y)$, $\dfrac{\partial z}{\partial y} = \dfrac{(x-y)}{2x+y} - \ln(2x+y)$;

   (3) $\dfrac{\partial z}{\partial x} = 2xf'_1 + f'_2$, $\dfrac{\partial z}{\partial y} = -2yf'_1 + f'_3$;

   (4) $\dfrac{\partial z}{\partial x} = e^y f'_1 + f'_2$, $\dfrac{\partial z}{\partial y} = xe^y f'_1 + f'_3$.

5. $z'_x = y + y\varphi'(xy)$, $z''_{xx} = y^2 \varphi''(xy)$, $z''_{xy} = 1 + \varphi'(xy) + xy\varphi''(xy)$.

6. 证明略.

8.4.3 同步习题

1. (1) 1;   (2) $-\dfrac{3x^2 + yz}{3z^2 + xy}$, $-\dfrac{3y^2 + xz}{3z^2 + xy}$;
   (3) $\dfrac{2x+2}{2y+e^z}$, $\dfrac{2y-2z}{2y+e^z}$;   (4) 1, 1.

2. (1) B; (2) B; (3) A; (4) C.

3. (1) $\dfrac{dy}{dx} = \dfrac{x+y}{x-y}$;

   (2) $\dfrac{\partial z}{\partial x} = \dfrac{z}{x+z}$, $\dfrac{\partial z}{\partial y} = \dfrac{z^2}{y(x+z)}$;

   (3) $\dfrac{\partial z}{\partial x} = \dfrac{yz}{e^z - xy}$, $\dfrac{\partial z}{\partial y} = \dfrac{xz}{e^z - xy}$.

4. $\dfrac{du}{dx} = \dfrac{\partial f}{\partial x} + \dfrac{y^2}{1-xy} \dfrac{\partial f}{\partial y} + \dfrac{z}{e^2 - x} \dfrac{\partial f}{\partial z}$.

8.5.4 同步习题

1. (1) $dz = e^{xy}(ydx + xdy)$; (2) $du = (y+z)dx + (x+z)dy + (y+x)dz$;

   (3) $dz = \dfrac{2x}{x^2+y^2}dx + \dfrac{2y}{x^2+y^2}dy$; (4) $du = \dfrac{\sqrt{2}}{2}(dx + dy)$;

   (5) $du = e^{xy+z}(ydx + xdy + dz)$; (6) $dz = \dfrac{y}{1+x^2y^2}dx + \dfrac{x}{1+x^2y^2}dy$.

2. (1) B; (2) A; (3) D; (4) B.

3. (1) $dz = e^{-\arctan\frac{y}{x}}[(2x+y)dx + (2y-x)dy]$;

   (2) $-\dfrac{1}{3}(dx + 2dy)$;

   (3) $-dx + 2dy$.

4. 不可微.

8.6.3 同步习题

1. (1) 6; (2) (1,0); (3) (1,1); (4) 30.

2. (1) A; (2) B; (3) B.

3. (1) ×; (2) ×; (3) ×.

4. (1) 极大值 $f(3,-2) = 30$;

   (2) $a > 0$, 极大值 $f\left(\dfrac{a}{3}, \dfrac{a}{3}\right) = \dfrac{a^3}{27}$, $a < 0$, 极小值 $f\left(\dfrac{a}{3}, \dfrac{a}{3}\right) = \dfrac{a^3}{27}$;

   (3) 极大值 $f(3,2) = 36$; (4) 极小值 $f\left(\dfrac{1}{2}, -1\right) = -\dfrac{e}{2}$.

5. 4.

6. $x = 120$, $y = 80$.

8.7.3 同步习题

1. (1) <; (2) $\dfrac{16}{3}\pi$; (3) 负号; (4) 0.

2. (1) C; (2) B; (3) B; (4) D.

8.8.4 同步习题

1. (1) $\int_0^1 dy \int_0^{1-y} f(x,y)dx$; (2) $\int_0^1 dx \int_x^{2-x} f(x,y)dy$; (3) $\dfrac{1}{3}$; (4) $\pi\ln 5$.

2. (1) C; (2) D; (3) B.

3. (1) $\dfrac{20}{3}$; (2) $e-2$; (3) $\dfrac{76}{3}$; (4) $\dfrac{1}{2}$; (5) $\dfrac{1}{6}$.

4. (1) $\dfrac{10}{9}\sqrt{2}$; (2) $-6\pi^2$; (3) $\dfrac{9}{4}$;

   (4) $\dfrac{74}{3}$; (5) $\dfrac{R^3}{3}\left(\pi - \dfrac{4}{3}\right)$; (6) $\dfrac{3}{2}\pi$.

5. $\dfrac{5}{144}$.

总复习题

第一部分：基础题

1. $(1 + 2\ln 2)(dx - dy)$.

2. $\dfrac{\partial^2 z}{\partial x \partial y} = f''_{11}(2,2) + f'_2(2,2) \cdot f''_{12}(1,1)$.

3. $\left(1, -\dfrac{4}{3}\right)$ 为极小值点，极小值为 $-\mathrm{e}^{-\frac{1}{3}}$.

4. $5\pi + \dfrac{32}{3}$.

5. $-\dfrac{3}{4}$.

6. $f(u) = \dfrac{\mathrm{e}^{2u}}{4} - \dfrac{\mathrm{e}^{-2u}}{4} - u$.

7. $f(x,y)$ 在 D 上的最大值为 $f(2,1) = 4$，最小值为 $f(4,2) = -64$.

第二部分：拓展题
一、计算题

1. $\dfrac{\mathrm{e}^2}{\pi^2}$;　　2. $\dfrac{\partial z}{\partial x} = f'_1 - \dfrac{y}{x^2}f'_2$; $\dfrac{\partial^2 z}{\partial y^2} = \dfrac{1}{x^2}f''_{22}$.

3. $\dfrac{3}{2}x^2\sin 2y(\sin y - \cos y)$; $x^3(\sin y + \cos y)\left(\dfrac{3}{2}\sin 2y - 1\right)$;

4. $\dfrac{\pi}{8}(1 - \mathrm{e}^{-R^2})$;　　5. $\dfrac{5}{2}\pi$;　　6. $\dfrac{\mathrm{e}}{2} - 1$.

二、应用题
$K = 32$，$L = 8$ 成本最低，最低成本是 $C = 128$.

三、证明题
略.

第三部分：考研真题
一、选择题
1. D；　2. C；　3. C；　4. A；　5. A.

二、填空题

1. $1 - 3f''_{11} - f''_{22}$；　2. $(\pi - 1)\mathrm{d}x - \mathrm{d}y$；　3. $(\mathrm{e} - 1)^2$；　4. $\dfrac{\pi}{3}$；　5. $(1,1)$.

三、解答题

1. $\dfrac{\pi}{8}\left(1 - \dfrac{\sqrt{2}}{2}\right)$.　　2. $\dfrac{\sqrt{3}}{32}(\pi - 2)$.　　3. 极小值 $f\left(\dfrac{1}{6}, \dfrac{1}{12}\right) = \dfrac{1}{216}$.

4. $f(x,y)$ 在 $(-1,0)$ 处取得极小值 2，$f(x,y)$ 在 $\left(\dfrac{1}{2}, 0\right)$ 处取得极小值 $\dfrac{1}{2} - 2\ln 2$.

5. $\dfrac{1}{8}\mathrm{e}^2 - \dfrac{1}{4}\mathrm{e} + \dfrac{1}{8}$.　　6. 384.　　7. $2\pi - 2$.　　8. $\dfrac{32 - \pi}{9} + 3\sqrt{3}$.　　9. $\dfrac{8}{3}\ln 3$.

10. $-1 - 2\ln 2$.

自测题
一、单项选择题
1. C；　2. A；　3. D；　4. D；　5. C；　6. B；　7. A；　8. A；　9. B；　10. A.

二、判断题
1. ×；　2. ×；　3. √；　4. √；　5. √；　6. ×；　7. ×；　8. √；　9. ×；
10. ×.

第9章参考答案

9.1.3 同步习题

1. （1）一阶； （2）二阶； （3）一阶； （4）三阶.
2. （1）特解； （2）不是通解也不是特解； （3）通解.
3. $C_1 = 0$，$C_2 = 1$.
4. （1）$y' = 5x$； （2）$y' = \dfrac{1}{xy}$.

9.2.4 同步习题

1. （1）$y = \dfrac{1}{5}x^3 + \dfrac{1}{2}x^2 + C$； （2）$\arcsin x = \dfrac{2^y}{\ln 2} + C$；

   （3）$\arctan y = \dfrac{1}{2}x^2 + x + C$； （4）$Ce^{-\cot x} = \ln y$；

   （5）$\dfrac{y}{3+y} = Ce^{\frac{3}{2}x^2}$； （6）$(y^2 - 1)(x^2 - 1) = C$.

2. （1）$2e^y = e^{2x} + 1$； （2）$\cos y = \dfrac{\sqrt{2}}{2}\cos x$.

3. （1）$x^3 - 2y^3 = Cx$； （2）$e^{-\frac{y}{x}} = -\ln|x| + C$；

   （3）$y^2 = x^2(2\ln|x| + C)$； （4）$x + 2ye^{\frac{x}{y}} = C$.

4. （1）$y^2 = x^2(\ln x^2 + 4)$； （2）$y = xe^{2x+1}$.

5. （1）$y = \dfrac{1}{3}x^2 + \dfrac{3}{2}x + 2 + \dfrac{C}{x}$； （2）$y = \dfrac{1}{\ln x}\left(\dfrac{1}{2}\ln^2 x + C\right)$；

   （3）$x = Cy^3 + \dfrac{1}{2}y^2$； （4）$y = (C + x)\cos x$.

6. （1）$y = \dfrac{1}{3}x\ln x - \dfrac{1}{9}x$； （2）$x = y^2$.

7. （1）B； （2）A.
8. $f(x) = 3e^{3x} - 2e^{2x}$.
9. $y' - y = 2x - x^2$.

9.3.4 同步习题

1. （1）$y = \dfrac{1}{6}x^3 - \sin x + C_1 x + C_2$；

   （2）$y = xe^x - 2e^x + C_1 x + C_2$；

   （3）$y = \dfrac{1}{8}e^{2x} + \sin x + C_1 x^2 + C_2 x + C_3$.

2. （1）$y = C_1 \ln|x| + C_2$； （2）$y = \arcsin(C_2 e^x) + C_1$；

   （3）$y = C_2 e^{C_1 x}$； （4）$y = -\ln|\cos(x + C_1)| + C_2$.

3. （1）$y = x^3 + 3x + 1$； （2）$y = \sqrt{x+1}$.

9.4.4 同步习题

1. （1）$y = C_1 e^{3x} + C_2 e^x$； （2）$y = C_1 + C_2 e^{4x}$；

   （3）$y = (C_1 + C_2 x)e^{2x}$； （4）$y = e^{2x}(C_1 \cos x + C_2 \sin x)$.

2. $y = 3e^{-2x}\sin 5x$.

3. （1）$y = e^x(C_1 \cos x + C_2 \sin x) + e^x$；

(2) $y = C_1 e^{2x} + C_2 e^{3x} - x\left(\dfrac{1}{2}x + 1\right)e^{2x}$;

(3) $y = C_1 \cos 2x + C_2 \sin 2x + \dfrac{1}{2}x\sin 2x$;

(4) $y = C_1 e^{2x} + C_2 e^{-2x} + \dfrac{1}{4}x e^{2x}$;

(5) $y = C_1 \cos x + C_2 \sin x - 2x$;

(6) $y = C_1 \cos x + C_2 \sin x + x + \dfrac{1}{2}x\sin x$.

4. $y = -5e^x + \dfrac{7}{2}e^{2x} + \dfrac{5}{2}$.

5. (1) D; (2) B; (3) A; (4) B.

6. (1) $y = -xe^x + x + 2$; (2) $y = C_1 e^{3x} + C_2 e^x - xe^{2x}$.

9.5.2 同步习题

1. $xy = 6$.

2. $y = \dfrac{1}{2}(x^2 - 1)$.

3. $e^{\frac{y}{x}} = cxy$.

4. 约 10 年.

总复习题

第一部分：基础题

1. (1) A; (2) D; (3) D; (4) A.

2. (1) $y = Cxe^{-x}$; (2) $(y^2 - 1)(x^2 - 1) = C$; (3) $(x - 4)y^4 = Cx$;

(4) $y = \dfrac{-x}{\ln|x| + C}$; (5) $x = Ce^{\frac{1}{2}y^2} - y^2 - 2$; (6) $x = y^2 + Cy^2 e^{\frac{1}{y}}$.

3. (1) $y = \dfrac{2}{x}$; (2) $y = \dfrac{1}{5}x^3 + \sqrt{x}$;

(3) $y^2 = \dfrac{x^2}{1 + \ln|x|}$; (4) $y^2 = 2x^2(\ln|x| + 1)$.

4. (1) $y = C_1 x^{-2} + C_2$;

(2) $y = C_2 e^{C_1 x} + 1$;

(3) $y = e^{-x}[C_1 \cos 2x + C_2 \sin 2x]$;

(4) $y = C_1 e^x + C_2 e^{3x} - 2e^{2x}$;

(5) $y = C_1 e^x + C_2 e^{2x} - x\left(\dfrac{1}{2}x + 1\right)e^x$;

(6) $y = \dfrac{1}{3}x^3 - x^2 + 2x + C_1 + C_2 e^{-x}$;

(7) $y = C_1 \cos 2x + C_2 \sin 2x + \dfrac{1}{5}e^x + \dfrac{2}{3}\cos x$;

(8) $y = C_1 e^x + C_2 e^{-x} + C_3 \cos x + C_4 \sin x$.

5. $u(x) = -(2x + 1)e^{-x}$, $y = C_1 e^x + C_2 (2x + 1)$.

6. $\alpha = -3$, $\beta = 2$, $\gamma = -1$, $y = C_1 e^x + C_2 e^{2x} + xe^x$.

7. $f(x) = e^x$.

8. 极大值 $y(1)=1$；极小值 $y(-1)=0$.

9. $y(x)=e^{-2x}+2e^x$.

10. $y=2x+3x^2$，$x\geq 0$.

第二部分：拓展题

1. (1) $y=\sqrt{1-x^2}\left[\dfrac{1}{2}(\arcsin x)^2+C\right]$； (2) $\dfrac{1}{3}y^3=Cx+C_1$；

   (3) $y=C_1e^x+C_2e^{-x}-\dfrac{1}{8}e^x(\cos 2x-\sin 2x)$.

2. (1) $y^*=\dfrac{1}{2}x^2$； (2) $y^*=\dfrac{1}{2}x^2-\dfrac{1}{2}x-\dfrac{7}{4}$.

3. 证明略.

第三部分：考研真题

一、选择题

1. D；   2. D.

二、填空题

$2(e^t-t-1)$.

三、简答题

1. $y=2x$；

2. $f(x)=e^{-x}\cos 2x$；

3. $y(x)=\sqrt{x}e^{\frac{x^2}{2}}$.

自测题

一、单项选择题

1. B；   2. A；   3. B；   4. B；   5. B；

6. A；   7. C；   8. A；   9. B；   10. B.

二、判断题

1. √；   2. √；   3. ×；   4. √；   5. ×；

6. ×；   7. √；   8. √；   9. √；   10. ×.

第10章参考答案

10.1.3　同步习题

1. (1) 0；   (2) 6；   (3) $(e-1)^2e^t$；   (4) $\log_a\left(1+\dfrac{1}{t}\right)$.

2. (1) 一阶；   (2) 一阶；   (3) 三阶；
   (4) 五阶；   (5) 二阶；   (6) 二阶.

3. (1) $y_{t+1}-y_t=3$；   (2) $y_{t+2}-5y_{t+1}+4y_t=5$；
   (3) $y_{t+1}+y_t-3=0$；   (4) $y_{t+3}-y_{t+2}=5$.

10.2.2　同步习题

1. 略.   2. 证明略，$y_t=C_1(-2)^t+C_2t(-2)^t$.

10.3.4　同步习题

1. (1) $y_t=C5^t-1$；   (2) $y_t=C\left(\dfrac{1}{2}\right)^t+t+1$；

   (3) $y_t=\dfrac{2}{3}t^3-t^2+\dfrac{1}{3}t+C$；   (4) $y_t=C3^t+\dfrac{1}{6}t3^t$.

2. (1) $y_t = \dfrac{5}{4}(-3)^t - \dfrac{1}{4}$; (2) $y_t = \dfrac{1}{4}\left(-\dfrac{1}{2}\right)^t + \dfrac{1}{4}$;

   (3) $y_t = \left(\dfrac{1}{2}\right)^{t-2} + t$; (4) $y_t = 4 + 2^t - t$.

10.4.3 同步习题

$Y_t = \left(1 + \dfrac{\alpha}{\beta}\right)^t Y_0$；$S_t = I_t = \alpha Y_{t-1} = \alpha\left(1 + \dfrac{\alpha}{\beta}\right)^{t-1} Y_0$，$t = 0, 1, 2\cdots$.

总复习题

第一部分：基础题

1. (1) $\Delta y_t = -3t^2 + 3t + 2$, $\Delta^2 y_t = -6t$;
   (2) $\Delta y_t = e^{2t}(e^2 - 1)$, $\Delta^2 y_t = e^{2t}(e^2 - 1)^2$;
   (3) $\Delta y_t = \ln(t+1) - \ln t$, $\Delta^2 y_t = \ln(t+2) - 2\ln(t+1) + \ln t$;
   (4) $\Delta y_t = 3^t(2t^2 + 6t + 3)$, $\Delta^2 y_t = 3^t(4t^2 + 24t + 30)$.

2. (1) 是，6； (2) 是，2； (3) 不是； (4) 不是.

3. (1) $y_t = C2^t$; (2) $y_t = C(-3)^t$;
   (3) $y_t = C\left(\dfrac{2}{3}\right)^t$; (4) $y_t = C(-1)^t$.

4. (1) $y_t = C(-2)^t + 1$; (2) $y_t = -3t + C$;
   (3) $y_t = -9 - 6t - 3t^2 + C2^t$; (4) $y_t = \dfrac{1}{2}t(t+1) + C$;
   (5) $y_t = \dfrac{1}{2} \cdot \left(\dfrac{5}{2}\right)^t + C\left(\dfrac{1}{2}\right)^t$;
   (6) $y_t = -\dfrac{1}{27} - \dfrac{2}{9}t + \dfrac{1}{3}t^2 - \dfrac{1}{6} \cdot 4^t + C(-2)^t$.

5. $P_t = \dfrac{2}{3} + \left(P_0 - \dfrac{2}{3}\right)(-2)^t$.

第二部分：拓展题

1. 略； 2. $y_t = \left(\dfrac{1}{3}t - \dfrac{2}{9}\right) \cdot 2^t$； 3. $y_{t+1} - y_t = 3 + 2t$；

4. $y_t = C\left(\dfrac{3}{2}\right)^t$； 5. $y_t = C$； 6. $y_t = C(-1)^t$.

第三部分：考研真题

填空题

1. $y_t = \dfrac{1}{2}t^2 - \dfrac{1}{2}t + C$，$C$ 为任意常数.

2. $y_x = C2^x - 5$.

3. $y = C2^t + \dfrac{1}{2}t2^t$.

自测题

一、单项选择题

1. A； 2. B； 3. B； 4. A； 5. B； 6. C； 7. D； 8. C； 9. A； 10. C.

二、判断题

1. ×； 2. ×； 3. √； 4. √； 5. ×；
6. √； 7. √； 8. ×； 9. ×； 10. ×.

参 考 文 献

[1] 同济大学数学系. 高等数学：下册[M]. 7版. 北京：高等教育出版社, 2014.
[2] 林伟初, 郭安学. 高等数学：经管类下册[M]. 北京：北京大学出版社, 2018.
[3] 侯风波. 高等数学[M]. 2版. 北京：高等教育出版社, 2006.
[4] 顾聪, 姜永艳. 微积分：经管类上册[M]. 北京：人民邮电出版社, 2013.
[5] 顾聪, 姜永艳. 微积分：经管类下册[M]. 北京：人民邮电出版社, 2013.
[6] 国防科学技术大学数学竞赛指导组. 大学数学竞赛指导[M]. 北京：清华大学出版社, 2009.
[7] 华东师范大学数学科学学院. 数学分析：下册[M]. 5版. 北京：高等教育出版社, 2019.
[8] 复旦大学数学系. 数学分析：下册[M]. 4版. 北京：高等教育出版社, 2018.
[9] 李振杰. 微积分若干重要内容的历史学研究[D]. 郑州：中原工学院, 2019.
[10] 陈文灯. 高等数学复习指导：思路、方法与技巧[M]. 北京：清华大学出版社, 2011.
[11] 朱雯, 张朝伦, 刘鹏惠, 等. 高等数学：下册[M]. 北京：科学出版社, 2010.
[12] 范周田, 张汉林. 高等数学教程：下册[M]. 3版. 北京：机械工业出版社, 2018.
[13] 刘玉琏. 数学分析讲义[M]. 4版. 北京：高等教育出版社, 2006.
[14] 吴赣昌. 微积分：经管类[M]. 3版. 北京：中国人民大学出版社, 2010.
[15] 傅英定, 谢云荪. 微积分：下册[M]. 2版. 北京：高等教育出版社, 2003.